李锦宇　王东升　王贵波　主编

化学工业出版社
·北京·

内容简介

为了促进我国羊养殖业的健康持续发展，笔者广泛查阅和收集近年来中兽医工作者治疗羊病的资料，并根据我们自己的临床应用与学习体会，对羊传染性疾病、内科疾病、营养代谢性疾病、外科疾病、产科疾病、羔羊疾病、中毒性疾病、寄生虫病、公羊疾病等100多种兽医临床常见疾病，从疾病概念、病因、流行病学特点、辨证、中兽药治疗、针灸治疗等方面进行了详细介绍，尤其详述了这些疾病的中兽医学证型及其辨证施治方法，以弘扬中兽医辨证论治的优势，以更有效地提高中药的临床疗效。

本书适合专业兽医技术人员、养殖场技术人员和相关专业院校师生阅读和使用。

图书在版编目（CIP）数据

羊常见病中兽医诊治 / 李锦宇，王东升，王贵波主编. —北京：化学工业出版社，2021.10

ISBN 978-7-122-39522-1

Ⅰ. ①羊… Ⅱ. ①李…②王…③王… Ⅲ. ①羊病-中兽医学-诊疗 Ⅳ. ① S858.26

中国版本图书馆 CIP 数据核字（2021）第 135320 号

责任编辑：漆艳萍　　文字编辑：翟　珂　陈小滔

责任校对：宋　玮　　装帧设计：韩　飞

出版发行：化学工业出版社（北京市东城区青年湖南街13号　邮政编码100011）

印　　装：河北鹏润印刷有限公司

880mm×1230mm　1/32　印张11¼　字数303千字

2022年1月北京第1版第1次印刷

购书咨询：010-64518888　　售后服务：010-64518899

网　　址：http://www.cip.com.cn

凡购买本书，如有缺损质量问题，本社销售中心负责调换。

定　　价：68.00元

编写人员名单

主　　编　李锦宇　王东升　王贵波

副 主 编　王旭荣　杨　晓　赵芯瑶　周顺成　陈化琦

参编人员　谢家声　王学智　李建喜
严作廷　周　磊　刘丽娟
罗超应　李锦龙　徐继英

前言

Preface

近年来，在国家和各级政府的积极引导和支持下，我国羊养殖业快速发展，作为畜牧业的重要组成，羊的饲养规模日益扩大，集约化程度越来越高，为我国城乡居民的“菜篮子”提供了优质丰富的羊肉及羊奶，不断满足人们的生活需要，并逐渐成为农牧民脱贫致富的主导产业。随着食品安全防控、生态环境保护越来越受重视，现代养羊业更加注重标准化、健康化、生态化，羊病的科学化防治显得尤为重要。但是由于一些养殖户饲养管理水平不高、疾病防治水平较低，羊的各类疾病发病率居高不下，成为影响羊养殖效益和产品质量的重要因素，在一定程度上制约了我国羊养殖业的健康发展。目前，随着社会的发展，市场竞争日益激烈，养羊技术，特别是羊病的防治技术，已经成为羊场发展壮大，甚至是生存的关键因素。因此，开展羊病防治是促进羊养殖业健康持续发展的重要内容。

中兽医学是我国古代劳动人民创立的独特兽医学，也是目前世界上唯一保留完整的传统兽医学。中兽医学以独特的阴阳五行、脏腑经络、辨证论治等为理论，从源于对自然的观察，经与动物疾病斗争经验的总结，到汇成整体观念贯穿辨证论治，而形成完整独特的理论体系。近年来，化学药品、抗生素及激素的毒副作用和抗药性严重影响各种疾病的有效防治，尤其是易引起动物产品药物残留已成为一个全社会关注的问题。中兽药毒副作用小，不易产生抗药性，不易在肉、奶等产品中产生有害残留，这一独特优势，顺应了时代潮流，满足了人们回归自然、追求食品安全的愿望。中兽医学的另一个优势是辨证论治，由于同一种疾病可呈现不同的病症，而同一种病症可出现在不同的疾病过程中，通过辨证论治，可以提高疾病的治疗效果。例如，羊子宫内膜炎，西兽医学将其分为急性、慢性和隐性三类；中兽医辨证可分为湿热型、脾虚型、肾虚型、血瘀型和气血两伤型五种证型，而湿热型不仅见于子宫内膜炎，也可见于阴道炎、腹泻等疾病过程中。由于羊的品种、年龄和生产性能差异，羊病的性质、类型和证候既有区别也有类同，因此，只有在对疾病临床诊治时，仔细辨病及辨证，才能对症下药，提高疾病的治疗效果。因此，为了促进我国羊养殖业的健康持续发展，笔者广泛查阅和收集近年来中兽医工作者治疗羊病的资料，并根据我们自己的临床应用与学习体会，针对羊常见传染性疾病、内科疾病、营养与代谢性疾病、外科疾病、产科疾病、羔羊疾病、中毒性疾病、寄生虫病等100多种兽医临床上常见疾病，重点从疾病概念、临床症状、发病原因、中兽医学辨证及中兽药防治等方面进行了介绍，以弘扬中兽医辨证论治的优势，有效地提高中兽药的临床疗效。

本书在编写过程中，参考了近年来我国羊病防治工作的最新资料和羊病防治经验，正是基于这些资料作为参考，才丰富了本书内容，也为我们完成本书的编写奠定了基础。在此，我们对这些孜孜以求的羊病防治工作者表示衷心的感谢。限于笔者水平，不足之处在所难免，还望各位同仁不吝赐教。

编者

2020年10月

目 录
Contents

第一章 羊的基本特性和消化生理特点

第一节 羊的基本特性

一、性情温驯，胆小易惊

羊性情温驯，反应迟钝，胆小易惊，是最胆小的家畜之一。羊可以从暗处到明处，而不愿从明处到暗处。遇有折光、反光或闪光的物体，如药浴池和水坑的水面、门窗栅条的折射光线、板缝和洞眼的透光等，常表现畏惧不前。当想让羊群进入陌生的羊圈时，让头羊先入或先关进几头羊，能带动全群羊共同入圈。突然的惊吓，容易出现"炸群"，且不易上膘。当遇狼、犬等伤害时，羊自卫能力差，四散逃避，不会联合抵抗。鉴于此，管理人员平时对羊要和蔼，不应高声吆喝、扑打，以免引起惊吓，放牧时要跟群放牧，做好各种防范措施。

二、喜干燥，怕湿热

羊是世界上分布范围最广的家畜，适应性强，但是其汗腺不

发达，皮肤散热能力差，故喜欢干燥通风的环境。养羊的场地、圈舍和休息场所，都以干燥为宜。潮湿的草场或棚圈容易使羊感染各种寄生虫病和腐蹄病，如久居泥泞潮湿之地，羊易患皮肤寄生虫病和腐蹄病，甚至发生毛绒质量降低和脱毛现象。不同品种的羊对气候的适应性不同。细毛羊喜欢温暖、干旱、半干旱的气候；肉用羊和肉毛兼用羊则喜欢温暖、湿润、全年温差较小的气候；长毛肉用种的罗姆尼羊，较能耐湿热气候和适应沼泽环境，对腐蹄病有较强的抵抗力。

羊的体温较高，达 38 ～ 39℃，因而具有怕热不怕冷的特性。气温较高时，呼吸加快，呈现极不适应的状态。因此，在饲养管理过程中，气温高时应采取相应的预防措施，如放牧羊群应早出牧，中午在高处、树荫下休息，下午出牧晚些，约 16 时出牧，20 ～ 22 时归牧；舍饲羊群更应做好防暑降温工作，可采用遮阳网防晒、吹风扇、淋水等措施。

根据羊对湿度的适应性，一般相对湿度高于 85% 称为高湿环境，低于 50% 称为低湿环境。我国北方很多地区相对湿度平均在 40% ～ 60%（仅冬、春两季有时可高达 75%），故适宜养羊特别是养细毛羊；在南方的高湿高热地区，则较适宜养肉羊。

三、嗅觉灵敏

羊的嗅觉比视觉和听觉灵敏，这与其嗅觉器官发达有关。其具体作用表现在以下三个方面。

1. 靠嗅觉识别羔羊

羔羊出生后仅与母羊接触几分钟，母羊便能通过嗅觉鉴别出自己的羔羊。羔羊吮乳时，母羊总要先嗅一嗅其后躯部，以辨别是不是自己的羔羊，利用这一点可以在生产中寄养羔羊，即在被寄养的孤羔或多胎羔身上涂抹保姆羊的羊水或尿液，寄养大多会成功。

2. 靠嗅觉辨别植物种类和枝叶

羊在采食时，能依据植物的气味和外表细致地区分各种植物或同一种植物的不同品种（系）和部位，然后选择含蛋白质多、粗纤维少、没有异味的牧草进行采食。

3. 靠嗅觉辨别饮水的清洁度

在野外生活时，羊靠嗅觉能自行寻找和识别适于饮用的水源。

四、爱清洁

羊喜欢采食干净的饲草，饮用清洁的河水、泉水或井水。凡经践踏污染的草，羊不愿再采食，不吃混入粪、尿或泥土的饲料，对污水、脏水等拒绝饮用。因此，在羊舍内补饲时，应少喂勤添，以免造成草料和饮水的浪费。平时要加强饲养管理，注意羊的饲草和饲料的清洁卫生，饲槽要勤扫，饮水要勤换。

五、善于游走

游走有助于增加放牧羊的牧草采食量，特别是牧区的羊终年以放牧为主，需长途跋涉才能吃饱，常常一日往返里程达到 6 ～ 10 千米。不同品种的羊在不同牧草状况、牧场条件下，其游走能力有很大区别。例如，兰布列羊每日游走的距离比汉普夏羊多 25%；雪维特羊在山地牧场上和平原草场上每日游走的距离分别为 8.0 千米和 9.8 千米，而同是长毛种的罗姆尼羊则分别为 5.1 千米和 8.1 千米。在接近配种季节或牧草质量差时，羊的游走距离加长，游走距离的增加常伴随放牧时间的增加。

六、合群性好

羊喜群居，外出放牧同吃草、同休息，很容易建立起群体

结构，羊的合群性比其他家畜都好。羊主要通过视、听、嗅、触等感官活动来传递和接受各种信息，以保持和协调群体成员之间的活动，头羊和群体内的优胜序列有助于维系群体结构。羊群通常是原来相互熟悉的羊形成小群体，小群体再构成大群体。在自然群体中，头羊多由年龄较大、子孙较多的母羊来担任。

不同品种的羊群居行为强弱有别，毛用羊品种合群性比肉毛兼用品种强，粗毛羊的合群性好于细毛羊，肉用羊最差，培育品种的合群性较原始品种弱；夏、秋季牧草丰盛时，羊的合群性好于冬、春季牧草较差时。利用合群性，就可以大群放牧，节省劳动力。在羊群出圈、入圈、过河、过桥、饮水、换草场、运羊等活动时，只要有头羊先行，其他羊即跟随头羊前进并发出保持联系的叫声。合群性虽有好的一面，但也有不好的一面。比如有少数羊混了群，其他羊亦随之而来；或少数羊受了惊，其他羊亦跟着狂奔。故在管理上应避免混群和“炸群”。

七、采食能力强，利用饲料范围广

羊的颜面细长、嘴尖、齿利、唇薄而灵活，上唇中央有一中央纵沟，运动灵活，下腭门齿向外有一定的倾斜度，故能啃食紧贴地面的短草，对采食地面低草、小草、花蕾和灌木枝叶很有利，对草籽的咀嚼也很充分。羊的四肢强健有力，蹄质坚硬，边游走边采食，冬、春季雪盖草地时它能用蹄抓开覆雪寻找牧草。羊采食能力强，许多家畜不能利用的饲草、低矮草场羊都能很好地利用，同时也喜欢挑食小草、小叶和灌木嫩枝。由于羊善于啃食很短的牧草，只要不过度放牧，可以进行牛羊混牧，不能放牧马、牛的短草牧场却可放牧羊群。

羊对饲草料利用范围很广，如杂草、野菜、秸秆、糠秕、块根块茎、树叶、农副加工产品（如豆饼、豆腐渣、酒糟等）以及各种谷物籽实均可利用。实验证明，羊可采食占给饲植物种类80%

的植物，对粗纤维的利用率可达 50% ～ 80%。在半荒漠草场上，有 66% 的植物种类为牛所不能利用，而羊仅为 38%。在对 600 多种植物的采食试验中，羊能食用其中的 80%，而牛、马、猪分别为 73%、64% 和 46%，这说明羊的食谱较广，也表明羊对过分单调的饲草、饲料最易感到厌腻。

八、扎窝特性

由于羊被毛较厚、体表散热较慢，故怕热不怕冷。夏季炎热时，常有“扎窝子”现象，即一只羊将头部扎在另一只羊的腹下乘凉，互相扎在一起，越扎越热，越热越扎，挤在一起，很容易造成羊受伤。所以，夏季应有防暑措施，羊场要有遮阴设施，可栽树或搭遮阴棚，使羊可休息乘凉。

九、发病症状不明显

羊的抗病能力较强。其抗病力强弱，因品种而异。一般来说，粗毛羊的抗病力比细毛羊和肉用品种羊要强，山羊的抗病力比绵羊强。体况良好的羊对疾病有较强的耐受能力，病情较轻，一般不表现症状，有的甚至病死前还能勉强跟群吃草。因此，在放牧和舍饲管理中必须细心观察，才能发现病羊，并进行及时救治。如果等到羊已停止采食或停止反刍时再进行治疗，疗效往往不佳，会给生产造成很大损失。

十、适应性有明显的特点

适应性是由许多性状构成的一个复合性状，主要包括耐粗饲、耐渴、耐热、耐寒、抗病、抗灾度荒等方面的表现。这些能力的强弱，不仅直接关系到羊生产能力的发挥，同时也决定各品种的发展命运。例如，在干旱贫瘠的山区、荒漠地区和一些高温高湿地区，羊往往难以生存。

1. 耐粗饲性

羊在极端恶劣条件下，具有令人难以置信的生存能力，能依靠粗劣的秸秆、树叶维持生存。

2. 耐渴性

羊的耐渴性较强，尤其是当夏、秋季缺水时，能在黎明时分，沿牧场快速移动，用唇和舌接触牧草，以便更多地搜集草叶上凝结的露珠。在野葱、野韭、野百合、大叶棘豆等牧草分布较多的牧场放牧，可几天乃至十几天不饮水。

3. 耐热性

羊的汗腺不发达，蒸发散热主要靠喘气，其耐热性较差。当夏季中午炎热时，常有停食、喘气和“扎窝子”等表现。粗毛羊与细毛羊比较，前者较能耐热，只有当中午气温高于26℃时才开始“扎窝子”；而后者则在22℃左右即有此种表现。

4. 耐寒性

羊由于有厚密的被毛和较多的皮下脂肪，能减少体热散发，故较耐寒。细毛羊及其杂种羊的被毛虽厚，但皮板较薄，其耐寒能力不如粗毛羊；长毛肉用羊原产于英国的温暖地区，皮薄毛稀，被引入气候严寒之地后，为了增强抗寒能力，皮肤常会增厚，被毛有变密变短的倾向。

5. 抗病力

放牧条件下的各种羊，只要能吃饱饮足，一般发病较少，在夏、秋季膘肥时期，更是体壮少病。膘好时，对疾病的耐受能力较强，一般疾病不表现症状，有的到临死时还能勉强吃草跟群。为做到有病早发现、早治疗，必须仔细观察，才能及时发现。粗毛羊的抗病能力较细毛羊及其杂种羊强。

6. 抗灾度荒能力

羊对恶劣饲料条件的耐受力，其强弱除与放牧采食能力有关

外，还取决于脂肪沉积能力和代谢强度。不同品种羊的抗灾能力不同，因灾死亡的比例相差很大。例如，细毛羊因羊毛生长需要大量营养，而又因被毛的负荷较重，故易消瘦，其损失比例明显较粗毛羊大；公羊因强悍好斗，异化作用强，配种时期体力消耗大，如无补饲条件，则其损失比例要比母羊大，特别是育成公羊。

第二节　羊的消化生理特点

羊属于反刍类家畜，其复胃包括瘤胃、网胃、瓣胃和皱胃（真胃）四个胃，前三个胃没有胃腺，其作用是对食物进行发酵、过滤、磨碎以及对营养成分的粗吸收；皱胃胃壁具有腺体，分泌含有胃酸与蛋白酶的消化液。所谓反刍，就是羊将食入的草料在瘤胃中浸泡和软化一段时间后变成食糜，再由瘤胃经逆呕重新回到口腔中，继续进行咀嚼，再次混入唾液并吞咽再送回瘤胃中，这样食糜和瘤胃内微生物的接触面积大量增加，有利于瘤胃内细菌的正常生长和繁殖，增强了微生物对食糜进行发酵的作用和其他各种化学作用。

羊每天吞进瘤胃的唾液有 8.5 ～ 12.5 升，最高可达 16 升。羊每天平均反刍 15 次，每次反刍时间长短不等，短的数分钟，长的可达 2 小时。每吐出一个食糜团，咀嚼 7 ～ 8 次再咽下，羊每天用于反刍的时间为 8 ～ 10 小时。

在羊的瘤胃中，生长和繁殖着数量众多的共生微生物（如纤毛原虫与细菌），对于羊食入的营养物质的消化与代谢都有相当大的帮助。羊食入的牧草、饲料，大部分在瘤胃中被消化。据测定，食物在瘤胃中被消化的占 70%，在小肠中被消化的占 11%，在盲肠和结肠中被消化的占 19%。可见，瘤胃在羊的消化功能中发挥重要作用。

一、羊消化器官的特点

羊具有复胃结构，包括瘤胃、网胃、瓣胃和皱胃。其中，前三个胃称为前胃，胃壁黏膜无胃腺，犹如单胃的无腺区；最后一个胃是皱胃，也称为真胃，胃壁黏膜有腺体，其功能与单胃动物相同。据测定，绵羊的胃总容积约为30升，山羊为16升左右，各胃室容积占总容积比例明显不同（表1-1）。

表1-1 羊与其他畜种消化道相对容积的比较

畜别	各消化道部位的容积 /%				肠长是体长的倍数
	胃	小肠	盲肠	结肠与直肠	
羊	67	21	2	10	27
山羊	66	22	2	10	26
牛	71	18	3	8	20
马	9	30	16	45	12

羊瘤胃容积最大，其功能是贮藏较短时间内采食的未经充分咀嚼而咽下的大量饲草，待休息时反刍。瘤胃、网胃内有大量能够分解消化食物的微生物，构成一个由多种微生物区系组成的厌氧系统。

羔羊出生时，瘤胃、网胃不具有消化功能，吃进的母乳直接进入皱胃。瘤胃、网胃的发育过程需要建立微生物区系，瘤胃、网胃内微生物区系的建立是通过饲料和羊个体间的接触产生的。因此，瘤胃只有在羔羊开始采食干饲料时才逐渐发育，到完全转为反刍型消化系统，自然哺乳羔羊需要1.5～2个月，而在人工哺乳或自然哺乳阶段实行早期补饲时，仅需要4～5周。

瓣胃是一个小而致密的椭圆形器官，其黏膜形成新月状的瓣

叶，对食物起机械压榨作用。瓣胃的作用犹如过滤器，分出液体和消化食糜细粒，并将食糜细粒输送入皱胃。另外，进入瓣胃的水分有 30% ～ 60% 被吸收，同时也有 40% ～ 70% 的挥发性脂肪酸、钠、磷等物质被吸收。这一作用总的效果是显著减少进入皱胃的消化食糜体积。

皱胃黏膜腺体分泌胃液，主要是盐酸和胃蛋白酶，对食物进行化学性消化。

羊的小肠细长曲折，长约 25 米，相当于羊体长的 26 ～ 27 倍。胃内容物进入小肠后，经各种消化液（胰液和肠液等）进行化学性消化，分解的营养物质被小肠吸收。未被消化吸收的食物，随小肠的蠕动而进入大肠。

大肠的直径比小肠大，长度比小肠短，约为 8.5 米。大肠的主要功能是吸收水分和形成粪便。在小肠未被消化的食物进入大肠，也可在大肠微生物和由小肠带入大肠的各种酶的作用下继续消化吸收，余下部分被排出体外。

二、羊瘤胃内环境的特点

瘤胃、网胃是自然界中存在着的厌氧环境之一，氧化还原电位为 -350 ～ -330 毫伏。然而，瘤胃内也非绝对厌氧，大气中有些氧与饲料、反刍再吞咽食团或饮水一同进入瘤胃，经瘤胃壁也可渗入一些氧。但饱饲和发酵活力正常的瘤胃中产生大量的二氧化碳和甲烷，加之瘤胃中随饲料进入的少量需氧菌或兼性厌氧菌能迅速利用微量氧，因而能使瘤胃内氧化还原电位保持在较低的水平，为厌氧微生物提供适宜的栖息场所。在机体持续不断的调节之下，除严格厌氧外，瘤胃还具有许多独特的、不同于其他大多数厌氧发酵系统（如青贮窖、阴沟、淤泥等）的特点，通常内环境各种条件相对稳定，变动在有利于微生物繁殖与生长的范围内，使瘤胃成为自然界效率最高的厌氧发酵罐。可将其主要特点归纳如下。

1. 营养基质连续加入

经摄食与反刍食团再吞咽，水、饲料和唾液经常流入瘤胃，且流入量比较恒定。瘤胃内容物含干物质仅为10%～15%，含水率为85%～90%，但在瘤胃、网胃的不同部位是有差异的，瘤胃腹囊和网胃中含水率较高，背囊部分因粗大饲草、饲料颗粒的漂浮而较干。除饮水、饲料水（尤其是多汁饲料）外，唾液是瘤胃中水的重要来源。羊分泌唾液量很大，其中含水率高达99%，体重50千克的羊日分泌唾液量为6～16升。据估计，羊每日的唾液分泌量是瘤胃容积的1～3倍。瘤胃内水分还通过强烈的双向扩散作用与血液交换，其交换量可超过瘤胃液10倍之多，通过此途径流入和流出瘤胃的水量是相等的。

2. 饲料未降解部分、发酵终产物及废物不断移出

经前胃的不断运动，将未消化的饲草破碎成5立方毫米或更小的颗粒后，进入下段消化道。微生物发酵终产物（挥发性脂肪酸、多余的氨气、二氧化碳和甲烷等）与瘤胃微生物都不在瘤胃中积累，它们或被瘤胃壁吸收，或随食糜一起移入皱胃和肠，或通过嗳气逸出。终产物的逸出对生态平衡有重要的影响，是导致瘤胃发酵效率高于其他厌氧条件的决定性因素之一。人们熟知的青贮窖发酵与喂正常饲草的瘤胃发酵系统，具有相同的可利用基质，且常常都是厌氧的。但因青贮窖是一次装料培养设备，发酵产物也不会被及时移出，故只有简单的几类微生物生长，且互相竞争发酵的优势和基质。在青贮窖理想的条件下，乳酸菌发酵基质产生乳酸使基质的pH值降低，以致抑制了自身的生长与繁殖，故细胞合成被限制到5%以下；纤维分解菌不能在正常的青贮料中生长，故纤维素不被分解。而高的纤维素消化率和微生物细胞合成新的营养物质的高效性是正常瘤胃功能的两大特点。

3. 相对恒温

瘤胃内温度通常在 38 ～ 41℃，这是反刍动物恒温代谢调节的结果。因瘤胃发酵热的补充，使瘤胃内温度比体温高 1 ～ 2℃。在进食后 2 ～ 6 小时，微生物活动处于高峰，瘤胃内温度有所升高；由于饮水流入、唾液流入、食糜送入、皮肤传导和呼吸散热等，致使瘤胃内的温度相对恒定。

4. pH 值比较恒定

正常情况下，瘤胃内 pH 值保持在 6 ～ 7。虽然发酵过程中产生大量的低级挥发性脂肪酸，因发酵酸不断被瘤胃壁吸收或流入消化道下段，或被唾液中的缓冲物质中和，故瘤胃 pH 值通常被保持在有利于微生物生存和其所含酶活性的范围内。羊的唾液中含有重碳酸盐（0.7%）和磷酸盐缓冲体系，pH 值为 8.2；挥发性脂肪酸（VFA）本身也具有缓冲作用。在通常的 pH 值条件下，碳酸氢盐（pH 值 5 ～ 7）和磷酸盐（pH 值 4 ～ 6）在瘤胃内的 pH 值调节中起重要作用；在低 pH 值（pH 值 4 ～ 6）条件下，VFA 的作用较大。唾液分泌是自动调节的，瘤胃中酸量高时反射性增加分泌量；瘤胃中 pH 值低时，瘤胃壁的吸收也增强。进食饲草、饲料后，瘤胃内容物的 pH 值下降，降低的程度取决于饲料特性（与唾液混入量有关）和饲喂间隔，随着饲草料消化，pH 值逐渐上升至 6.5 左右。因受季节和饲料变化的影响，瘤胃内的 pH 值也会有较大的波动，可变动于 5 ～ 7.5 之间，饲喂稻草时可高达 7.5 ～ 8，饲喂高比例精料时可降至 6 以下。如果 pH 值降到 5.5 以下，瘤胃菌群生态系即遭破坏，未解离的酸能抑制许多瘤胃细菌，也可能抑制外来菌。pH 值降到 6.2 时，将严重抑制纤维分解菌的生长。淀粉分解菌对 pH 值变化的敏感性较低，在以大麦为单一饲料的羊瘤胃内，pH 值从 5.6 升高到 7 对淀粉的消化率没有影响。

5. 渗透压相对稳定

由于摄入饲料、饮水和流入唾液的稀释，发酵终产物的吸收

和流出，均调节了瘤胃内的离子浓度，故瘤胃内的渗透压偏离等渗水平很少，接近血液的渗透压。瘤胃与血液通过双向扩散交换的水量基本相等，由食管进入的水量大致相等于胃吸收的水量加上排入小肠的水量。进食引起瘤胃内渗透压产生一定的波动，进食前瘤胃内渗透压比血液渗透压低一些，进食数小时后则高于血液。饲料在瘤胃内消化分解释放的电解质和发酵产生的VFA、NH_3是瘤胃渗透压升高的主要原因，吸收Na^+和VFA是调节瘤胃渗透压的主要手段。随着唾液的流入、瘤胃壁渗入水的稀释和溶质的吸收，渗透压逐渐降低，饲喂后3～4小时降至饲喂前的水平。

瘤胃内环境保持相对的稳定状态是通过机体的神经调节和体液调节途径实现的。例如，采食受瘤胃内发酵强度及代谢水平的控制，当代谢产物（氮、VFA）达到相当高的浓度时，可反射性地抑制采食动作，减少营养物质的食入量。当喂给饲料的氮水平过低时，排入瘤胃的内源氮增加，使瘤胃内的含氮量提高。

三、羊的消化特点

1. 瘤胃的作用

瘤胃虽不能分泌消化液，但胃壁强大的纵行肌能够强有力地收缩和松弛，进行节律性的蠕动，以搅拌食物。胃黏膜上有许多乳头状突起，有助于食物的揉磨。瘤胃具有大量贮积、加工和发酵食物的能力，并且具有提供各种营养物质的功能。

羊的前胃，特别是庞大的瘤胃内，栖息着种类繁多、数量巨大的微生物。每毫升瘤胃内容物含有细菌10^{10}～10^{11}个、原虫10^5～10^6个。原虫中主要是纤毛虫，其体积大，是细菌的1000倍。瘤胃内环境适宜瘤胃微生物的栖息和繁殖。这些微生物（细菌与原虫、一类细菌与另一类细菌）形成一个复杂的生态

系统，羊采食大量草料并将其转化为肉、奶、毛畜产品，主要靠瘤胃（包括网胃）内复杂的消化代谢过程。瘤胃微生物在其消化过程中，把相当一部分饲料营养物质改造、同化为自身的物质，并将其代谢终产物排入网胃、瓣胃。微生物体及其代谢产物和未被其分解的饲料营养物质一起，最终被宿主消化吸收和利用，从而使瘤胃成为机体内的一个庞大的、高度自动化的“饲料发酵罐”。

2. 反刍

反刍是指草食动物在食物消化前把食团吐出经过再咀嚼和再咽下的活动。其机制是饲料刺激网胃、瘤胃前庭和食管的黏膜引起反射性逆呕。反刍是羊的重要消化生理特点，反刍停止是疾病的先兆，不反刍会引起瘤胃臌气。

羔羊出生后，40 天左右开始出现反刍行为。羔羊在哺乳期早期补饲容易消化的植物性饲料，能刺激前胃的发育，可提早出现反刍行为。采食后，食物经初步咀嚼，混入大量碱性（pH 值为 8.2 左右）唾液，形成食团，吞咽入瘤胃内浸泡软化。反刍包括逆呕、再咀嚼、再混合唾液、再吞咽四个过程。反刍多发生在食草之后的 30 ～ 60 分钟，反刍过程中也可随时转入食草状态。反刍是食欲的反应，有了反刍活动，可以保证羊在单位时间内采食最大量的食物，保证在比较安全的环境中和较适合的时间内完成大量的摄食过程。反刍时食团逆呕出后的再咀嚼很有规律，咀嚼速度 1 分钟可达 83 ～ 99 次，而一般进食时的咀嚼则无规律。羊 1 日内共反刍 6 ～ 8 次，相隔时间不定，总反刍时间约 8 小时。白天和夜间都有反刍，午夜到第二天中午期间反刍的再咀嚼速度较慢。每次反刍所需时间受饲料品质和气候状况的影响。牧草含水率高，反刍时间短；粗纤维含量高，反刍时间长；干草粉碎后饲喂的反刍活动快于长干草；同量饲料多次分批喂给时，反刍时逆呕食团的速度快于一次全量喂给。正常情况下，反刍时间与放牧采食时间的比值为 0.8 ： 1，与舍

饲采食时间的比值为1.6 ： 1。

由于瘤胃内的饲料滞塞引起局部炎症，导致反刍停止的时间过长，常使反刍难以恢复。有些外界因素常能使反刍活动暂停，如疾病、突发性声响、饥饿、恐惧、外伤等均能影响反刍行为。母羊发情、妊娠最后阶段和产后舐羔时，反刍活动或减弱，或暂停。幼龄羔羊胆小，稍有干扰，反刍停止。为保证羊有正常的反刍行为，必须提供安静的环境。由于反刍，羊不表现马、狗、猫等非反刍动物的睡眠状态。反刍姿势多为侧卧，少数为站立，躯体轮廓保持较直的躺卧姿势，以保证瘤胃和网胃的功能。胸部前倾、头垂于两前肢间的卧姿，不是羊应有的正常反刍姿势。

第二章 中兽医诊法与辨证施治方法

第一节 中兽医学概论

中兽医学是一个博大精深的文化宝库，是灿烂的中国古代文化的一部分。中兽医学既汲取了中国古代深邃的哲学、文化和科学思想，又对中华民族数千年来与畜禽疾病作斗争的经验进行了总结，所以，中兽医学不但具有极其丰富的理论思辨性和创造性，而且临床实用性极强。即使在现代医学十分发达的今天，中兽医学依然具有很强的生命力，其重要原因之一就在于其卓越的临床疗效。

中兽医学有两个基本特点，一是整体观念，二是辨证论治。中兽医学特点体现在对畜体生理功能和病理变化的认识，以及对疾病的诊断和治疗等各个方面。

中兽医学从整体观念来讲，即指畜体是一个统一的整体，以及畜与自然界相互关联的整体思想。中兽医学认为，畜体由许多组织器官所构成，包括脏腑经络、四肢百骸等，彼此之间在结构上、生理上、病理上有着密切的联系，是一个统一的整体。在结构上，以心、肝、脾、肺、肾五脏为中心，通过经络系统联系到相应的六腑、五体、五官、九窍等各组织器官，形成一个上下沟通、表里相连的统一整体。在生理方面，虽然各脏腑有不同的功能活动，但相互之间也是密切协调配合的。如草料入口，首先通过胃的受纳腐熟功能，进行初步的消化而输送到小肠，然后依靠脾的运化和小肠受盛化物、分清泌浊的功能，在进一步充分消化的基础上，吸收其中的精微物质而化生气血营养周身，剩余的食物糟粕又继续输送至大肠，再通过大肠的传导功能形成粪便而排出体外。由此可见，食物的消化吸收及其糟粕的排泄过程，是由多个脏腑的生理功能互相配合而完成的。在病理方面，畜体任何部位发生病变，都可影响其他的脏腑组织甚至整个机体，而整体的病变也可影响局部脏腑器官的功能。如肝的疏泄功能失常，可引起脾失健运，从而影响食物的消化吸收；心血瘀阻，使肺气运行不畅，可导致呼吸失调等。因此，在临床上诊治疾病时，必须从整体出发，通过五官、形体、色脉等外在的变化来分析和判断内脏的病变，从而在整体观念的指导下制订正确的治疗原则和方法。

畜体生活在自然界之中，自然界存在着各种畜体赖以生存的必要条件，如阳光、空气、水源等。同时自然界的各种变化又可以直接或间接地影响畜体，使畜体产生生理或病理上的相应反应。例如，一年四季有春温、夏热、秋凉、冬寒等不同的气候变化，会对畜体产生不同的影响。春夏季节，天气比较温热，阳气旺盛，畜体皮肤松弛，毛窍开张，汗出较多而排尿减少；秋冬季节，天气比较寒凉，阳气渐衰，畜体皮肤收缩，毛窍固密，排尿增多而出汗减少，这说明畜体的水液代谢是随着四时气候的变化而自动进行调节的。如果气候变化过于剧烈，超过了畜体的调节能力，或畜体本身抵抗力下降，调节功能失常时，就可引起季节性的多发病、流行病，如春多风病、夏多暑病、秋多燥病、冬多寒病等。

不仅季节变化对畜体有影响，地理环境的不同也影响畜体的生理活动和病理状态。如气候温热多雨的地区，畜体的肌肤疏松，体质较弱，容易感受外邪；而气候寒冷干燥的地区，畜体肌肤致

密，体质较强，一般外邪不易侵犯，其病多为内伤。正因为不同的地理条件造成了畜体体质上的差异，故一旦易地，原来的体质状况不能适应新的地理环境，短期内就会出现相应的病变和不适反应，也就是人们通常所说的水土不服，应激反应。

辨证论治就是将通过望、闻、问、切四诊所收集的症状、体征等临床资料，进行分析、归纳和总结，判断、概括为某种性质的证，然后再根据辨证的结果，确定相应的治疗方法。辨证论治是中兽医学认识疾病和治疗疾病的基本原则。所谓“证”，即“证候”，是对疾病发生、发展过程中某一阶段病理变化的概括，包括了疾病的部位、原因、性质以及邪正关系等内容，它比单一的症状能更全面、更深刻、更准确地反映出疾病的本质。例如，羊表现出恶寒、发热、疼痛、无汗、脉浮紧等临床症状，通过分析归纳，辨清病因为风寒之邪，病位在表，疾病性质为寒，邪正关系是实，于是就概括判断为风寒表实证，治以疏风散寒、辛温解表。可见辨证是决定治疗的前提和依据，论治是辨证的目的，也是检验辨证是否正确的方法和手段，辨证与论治是诊治疾病过程中相互联系且不可分割的两个方面。

在临床上，疾病与证候之间既有内在的联系，又有一定的区别。通常认为，疾病是包括其整个病理过程在内的，而证候则是疾病过程中某一阶段的病理概括。因此，同一种疾病可表现出不同的证，而不同的疾病在发展过程中又可出现相同的证。所以中兽医认识疾病和治疗疾病，主要是着眼于辨证，在辨病的过程中找出证的共性或差异性。如同一种疾病，由于羊的体质不同，或发病的时间、地区不同，或处于疾病不同的发展阶段等，可以表现不同的证候，因而治法也不一样。以感冒为例，由于羊感受的邪气不同，临床上有风寒证与风热证的区别，前者治以辛温解表，后者治以辛凉解表，中兽医学把这种情形叫做“同病异治”。又如不同的疾病，在其发展过程中，只要出现相同的证候，便可采用相同的治疗方法，如痢疾与黄疸，是两种不同的疾病，但如果都表现为湿热证，就都可用清热利湿的方法来进行治疗，中兽医学把这种情形叫做“异病同治”。由此可见，辨证论治能够从本质上理解病和证的关系，强调“证”在治疗中的首要作用，认为“证同治亦同，证异治亦异”。

第二节 中兽医诊法

诊法，是中兽医诊断疾病的方法，包括望、闻、问、切四诊。通过四诊搜集羊的症状，运用中兽医学整体观念、脏腑、经络理论，按八纲辨证等方法进行综合分析，判断病症，为治疗打下基础。望、闻、问、切四诊，它们不仅很有特色，而且也是中兽医辨证论治的基础之一。在诊察疾病中，它们各有侧重，又相互联系且不可分割，必须有机地结合应用，才能全面系统地掌握病情，作出正确判断，即所谓的要“四诊合参”。

羊就诊前应休息数分钟后再行诊断。中兽医的诊断顺序一般是：诊病时，先向畜主了解羊的性格，询问发病状况，然后由远而近，由前向后，先望后触，依次观察羊的精神、外形、姿态，详细察看耳、眼、鼻、唇、口腔，触摸槽口及其他发病部位，而后诊脉，并配合心、肺、胃、肠听诊，最后进行运动检查。

一、望诊

望诊为四诊之首，在临床实践中具有重要意义，分整体望诊和局部望诊两个方面。

1. 整体望诊

（1）望精神　羊的精神状态反映脏腑的功能活动，一般从眼、耳和姿态上表现出来。健康羊表现为眼明有神、两耳灵敏、昂头站立、行动灵活，若静卧时，有人畜接近即迅速站起。羊患病时，其

精神的变化表现为沉郁与兴奋两方面。

① 沉郁

a. 精神不振，眼睛半闭，耳不灵活，低头伫立，行动缓慢，为脏腑发病的轻症，如脾胃不和、心脾血虚等证。

b. 精神沉郁，闭目无神，耳耷头低，呆立少动，行动迟缓，严重者出现四肢难抬，行动困难，为脏腑发病的重症。若兼有热象多为热毒在内，如心肺壅热的中暑等；若兼有寒象多为寒湿内侵，如肝胆寒湿的阴黄等；若兼有虚象多为脏腑虚损，如劳伤、瘦弱病等。

c. 精神极度沉郁兼有意识障碍，昏迷嗜睡，目不视物，反应迟钝，兼见各种异常姿态，多为毒邪内侵或痰迷心窍所致，见于脾虚湿邪、脑黄等病证。

d. 精神衰惫，目瞪呆立，耳耷头低，肌肉震颤，行如酒醉，口唇松弛，全身大汗，口色苍白，脉象微弱等症，为脏腑衰竭、亡阳暴脱的危急重证。

② 兴奋

a. 心神不安，眼光四顾寻物，时发叫声，或有前肢刨地、起卧、跳跃等现象。若羊能听吆唤，多为敏感体质，或有轻度疼痛。应注意带羔母羊或羊发情期也有类似表现。

b. 心神狂乱，眼急惊狂，四方张望，两耳前竖，咬胸刨地，突起突卧，向前奔走，撞壁冲墙等，多为毒邪内攻、邪入心包、痰火扰心等证，如心热风邪、心风黄等。

c. 心悸惊恐，目光直射，两耳直立，心悸气促，怕光易惊，伴有肌肉强直等症，多为破伤风等。

（2）望形态　中兽医从观察羊的外形来诊断疾病，积累了丰富的经验，并根据脏腑与体表组织器官的联系以判断病位。

① 观形体：凡形体健壮，营养优良，骨骼坚实，膘肥体壮，皮毛光泽，常表示体内正气充足，血气旺盛，多为无病的征象。即或有病，其病也轻，多为实证。反之，形体消瘦，皮毛枯焦，胸廓狭窄，骨骼纤细，发育不良，常为体内正气不足、气血虚若所致，

发病多属虚证、寒证。

② 望姿态：主要是观察羊的动静姿态。异常的动静姿态和疾病有着密切的关系，通过望姿态以诊断疾病，在整体望诊中占有重要地位。

a. 常态　是指健康羊的动静姿态。由于羊种类的不同，其固有的动静姿态亦不同。

羊在休息时，常侧卧于地，舌舐鼻孔或被毛，鼻镜湿润，常有汗珠，两耳翕动，生人接近即行起立。起立时，前肢跪地，后肢先起。站立或侧卧休息时，常常间歇性地进行反刍。睡卧时，四肢屈曲集于胸腹下。

b. 病态　是指羊在发病后，随着病症的不同而动静姿态也有变化。临床上常根据这些病理姿态的变化，作为判断病症的辨证依据。

痛证：羊表现起卧不安，拱背缩腰，回头顾腹或呻吟、磨齿，或蹲腰踏地，或前肢刨地，或后肢踢腹，或拉肚腰，或倒地滚转，或滚转时四脚蹬空而仰卧片刻，或喘粗鼻咋且呈犬坐势，或行走时小颠小跑，或滚转起立后猛向前冲，或直尾行，或卷尾行等。

寒证：羊表现形体蜷缩，伏卧懒动，避寒就温，行步拘束，把前把后，两肷颤抖，二便频繁等。

热证：病羊表现四肢开张，见水就饮，喜凉避热，张口掀鼻，呼吸喘粗等。

风证：病羊表现狂奔乱走，撞墙碰壁，目无所视，攻击人畜；牙关紧闭，耳竖尾直，四肢僵硬，角弓反张，口眼歪斜；或头垂于地，站立如痴，反应迟钝，目瞪看人；或突然倒地，昏迷不醒，二便失禁等。

虚证：羊精神委顿，毛焦肷吊，骨瘦如柴，站立不稳，行走缓慢无力，飞节碰撞，系部软踏，动则气喘，或咳嗽连声，甚则卧地难起等。

c. 死态　是指羊病症垂危或临死前所表现的特殊姿态。一般

多呆立失神，步态蹒跚，后退，倒地四肢划水，羊头贴地，发出“吭～，哧～”的长短不一的间歇性呼吸声等。

（3）察口色　察色是检查羊可视黏膜以及分泌物、排泄物的色彩，以诊断脏腑病证的方法。中兽医经常应用察口色的方法诊断疾病，并积累了丰富的经验。检查口色除观察口内色彩变化外，还包括察看口舌的形态、动态、湿度、温度等。口色的变化反映体内气血盛衰，脏腑的寒热虚实，是辨证论治的重要依据。

① 察口色的方法：由于羊不能自行把口张开将舌伸出而与兽医合作，因此必须由兽医动手将口打开，以观察生理或病理变化的口色。但是，往往由于检查方法不对，影响色泽和湿润度致使作出错误的结论，所以必须掌握正确的术式。鉴于羊的种类不同，术式亦不同，应特别注意不同羊的不同术式。

察口色的检查方法：首先术者应站于羊头的侧面，一手提高缰绳，另一手先翻开上下唇，看排齿、唇和口角的变化；然后将手指并拢从口角平插于口腔中，先感觉口腔的温度、湿度和津液的稀稠，继则将手掌竖立于口中，将口撑开，以观察舌面、舌底和卧蚕的色泽；最后将舌拉出、翻转，以观察舌下静脉的充盈程度和色泽变化，以及牙齿的磨损情况与口腔黏膜有无损伤等。

由于羊的舌上乳头已角质化，对是否需要察看舌苔问题，有两种说法，一种说法是无苔可看；另一种说法是有苔可看，不是以常规的方法去观察，而是用手去感触舌津的黏稠程度和角质化的乳头是否像正常那样刺手等以辅助判断。

② 察口色的检查部位：检查口色一般要看唇、口角、排齿、卧蚕（舌下肉阜）、舌等五处。由于羊的种类不同，望口色的部位也有所侧重。主要观察舌和口角。

口唇：“脾连唇”，唇色及其温度和唇态主要反映脾胃的功能变化。

口角：指察看颊部黏膜，一般反映三焦的功能变化。

排齿：指察看齿龈黏膜，由于“肾主骨”“齿为骨之余”“胃脉络齿龈”等，所以排齿主要反映肾、脾、胃的功能变化。

卧蚕：卧蚕指舌尖下方，舌系带前方两侧，颌下腺开口处的舌下肉阜，形状像蚕，故称卧蚕。左侧肉阜称为金关，内应肝脏；右侧肉阜称为玉户，内应肺。在临床上，当口舌黏膜被青草或药物等着染，真正的口色被遮盖时，可以察看卧蚕以诊病。

舌诊：是望诊中的重要内容之一，主要是观察舌质和舌苔两部分。舌质是舌的肌肉脉络组织，又称舌体。舌苔，是舌面上附着的苔状物。正常舌象为舌体柔软，活动自如，颜色淡红，舌面上有一层湿润的薄苔。通过对舌质、舌苔的观察，借以判断病邪的深浅、病性的寒热、病情的虚实和预后的好坏。

望舌质主要观察舌质的老、嫩、胀、瘪、裂纹、芒刺等。

舌质纹理粗糙为“老”，多属实证、热证；舌质纹理细腻为“嫩”，多属虚证或虚寒证。舌体较正常舌胖大，为胀舌。舌质淡白肿胀，多属脾肾阳虚；舌质红赤肿胀，多属热毒亢盛或湿热内蕴。舌体瘦小而薄为瘪舌。舌质淡而瘪，多为气血不足，心脾两虚；舌质红绛而瘪，多属阴虚热盛，津液耗伤，往往表明病情比较严重。舌体上有各种形状的裂沟或皱纹，为裂纹舌。舌质红绛而有裂纹者，多属热盛；舌质淡白而有裂纹者，多属阴血不足。舌乳头增生而肥大，称为芒刺，多属热邪亢盛，且热邪越重则芒刺越多、越大。舌尖有芒刺，多属心火亢盛；舌边有芒刺，多属肝胆火盛；舌中有芒刺，多属胃肠热盛。

望舌态主要观察舌体的形态和动态。健畜舌体胖瘦适度，有弹力，灵活自如。

舌体胖大，色红，阻碍咀嚼，多为心脾积热。舌肿满口，板硬不灵活，多为心火太盛，称为木舌。舌体伸缩无力，多为气虚。舌软如棉，伸缩不灵，垂于口外，多为心经败绝，病危。

望舌苔主要是观察舌面上的苔垢。舌苔由胃气上蒸而成，它主要反映脾、胃、肠的消化功能，并受脏腑气血津液的影响而有所变化。因此，检查舌苔的颜色、厚薄、润燥、深浅等变化，也是诊断疾病的重要依据。健畜的舌面上有时见一层淡白色湿润的薄苔。病羊的舌苔表现得比较多样，一般苔薄、苔浅、无根易脱，表示病

轻、浅；苔厚、苔深有根，不易剥脱，表示病深、重。苔色多见白苔、黄苔和灰苔，有时可见黑苔。检查舌苔时，应注意带有不同色素的草料、药物或泥沙污染的舌面。

白苔多主表证、虚证、寒证，邪在卫分，见于外感风寒、阳虚内寒、脏腑气虚以及疾病恢复期等。苔白而薄主表寒，苔白薄腻主寒湿，苔白厚而干主寒邪化热、津液耗伤。

黄苔多主里证、热证，邪在气分。见于胃热、大肠湿热等病证。苔淡黄润而薄，热轻；苔深黄而厚，热重；苔黄滑腻为痰湿、湿热、积食；苔黄糙而干燥，为胃热伤津。

灰苔表示疾病较重，灰苔滑润，为虚寒重症；灰苔干燥为实热重症。灰苔再进一步发展，可呈黑苔，表示病情已达严重的阶段。黑苔滑润表示阳虚寒盛，黑苔干燥，甚至苔面干裂，表示热盛津枯。

羊舌面光滑无苔，表示机体正气不足，胃气受损，抗病力低下；若舌色红绛，干而无苔，则表示热盛伤阴，阴虚有火，邪入营血。

（4）望色泽　色泽是脏腑气血盛衰的外候，在疾病过程中，口腔色泽显示异常，则可测知内部脏腑疾病的发展与变化过程。色可分为正色、病色和绝色三大类。正色，是指正常的口色；病色，是指有病的口色；绝色，是指病症垂危时的口色。观察羊口色，以有光泽、红润、鲜明为吉，以无光泽、枯槁、晦暗为凶。观察口色和光泽变化，以分辨羊的生理变化和病理变化及预后的吉凶。

① 正色：粉红光润，粉红或红黄相济，鲜明光润。由于四季气候不同，气血盛衰在正常范围内也有一定差异，因而反映在口色上也会有一些变化。

② 病色：光主气，气虚则光暗，气绝则光无。色主血，血盛则色红，血虚则色淡，热证色红，虚寒证色淡。润主津主水，津充则润泽，津枯则干燥，湿盛则滑利。由于病症的复杂多样，临床上可见红、黄、白、青、黑等口色。

a. 红色主热证，实证。一般可分微红、鲜红、深红、紫红等。微红是较正常口色稍红，见于轻型的热证，如外感风热，心、肺、胃、肠有火等；鲜红是较微红色稍深，色彩较鲜明，见于中度以上的热证，如心经积热，肺经实火等；深红（绛色）是色红而暗，口内常干燥，见于热盛伤津的证候，如结证、肠黄等；紫红是色红而紫，见于重症热病，如重症肠黄、心风黄、中毒等。

b. 黄色主湿证、黄疸。一般分淡黄色、黄色或深黄色等。淡黄色（微黄色）是正常口色中稍带黄色，多见于消化不良、过劳等病，如肝脾不和、脾蕴湿热等；黄色或深黄色是在病色中带有黄色或深黄色，为肝胆疏泄不畅所致的黄疸。如色红而带黄，黄色明亮如橘子，为湿热阳黄；黄色晦暗如烟熏，为寒湿阴黄。

c. 白色主虚证。一般分淡白、苍白、黄白、枯骨白等。淡白是较正常口色稍淡，也称色淡，多见于气血虚弱的病证，如脾胃虚弱、心脾两虚、肺脾气虚等；苍白是口色白而发暗，为气血过度虚弱，多见于贫血性疾患；黄白色是口色淡白而带黄，为气血虚弱兼有黄疸，多见于劳伤、久病贫血等；枯骨白是口色苍白带黄，干枯无光泽，为气血衰败的危象，多见于内脏破裂的濒死期。

d. 青色为口舌黏膜下静脉瘀血的色彩，主寒证、疼痛。一般分青黄、青白等。青黄是色青带黄，为脏腑内寒夹湿，多见于脾胃寒湿（冷肠泄泻），寒滞小肠（冷痛）等病；青白是色青而白，为脏腑虚寒，多见于胃寒、脾寒等病。

e. 黑色即黑紫色，为津液极度匮乏，气血停滞的重症，多见于重症濒死期。

③ 绝色：是指危重病症临死前的口色，多为青黑色或紫黑色。

2. 局部望诊

(1) 望眼 正常羊眼光明亮，洁净无眵。由于“肝连眼”，而眼又分血、肉、气、风、水五轮，内应五脏，“五脏六腑之精其皆上注于目”，因此，眼部的病变可反映脏腑的功能变化。

① 闭目不睁表示精神过度沉郁，多为过劳或重病。

② 眼胞肿胀兼有色红，畏光流泪，多为肝热初起；兼有水疱、瘙痒，多属风火；若眼胞虚肿，兼寒者多为脾寒、体内寄生虫等。

③ 流泪生眵轻症多为结膜囊不洁，若为黄白色黏液、脓性分泌物则为肝火，若为大量脓性分泌物，则为毒火。

④ 闪骨（瞬膜）外露伴有肌肉强直，多为破伤风；外露而生有壅肉，瘀血肿胀，多为骨眼。

⑤ 闪骨色红，生有瘀斑，多为心热内盛、过劳或肠黄。

⑥ 睛生云翳指黑睛（角膜）生白色翳膜，伴有畏光流泪，多为肝火或外伤，属外障眼；若黑睛表层无病，而眼内虹膜及房水变色、变质，并有絮状物者，属内障眼；若黑睛灰蓝色，昏暗不清，有小血管新生，为眼的久病，属月盲眼。

⑦ 睛珠（晶状体）圆翳圆形如玉石样，为眼久病，属白内障。

⑧ 瞳仁飞散即瞳孔突然散大，多为危象。

（2）望耳　健康羊两耳灵活，听觉正常，感觉敏锐。由于“肾连耳”“十二经脉皆连于耳”，因此，根据耳部的状态，可以诊断脏腑的疾病。

① 耳耷头低，多为心气不足、重病等精神沉郁现象。

② 两耳直立不灵活，伴有全身肌肉强直，多为破伤风。

③ 两耳歪斜，前后相错，多为双目失明或耳聋。

④ 一耳下垂，松弛无力，多见于面瘫、耳肌麻痹或耳黄。

（3）望鼻　健畜鼻翼随呼吸微微活动，鼻孔内外洁净。由于“肺连鼻”，十四经脉中胃、大肠、肺、小肠以及任、督等经脉与鼻有直接或间接联系，因此，鼻部的病变除主要表现肺、呼吸道变化外，也可反映其他脏腑功能变化。

鼻孔开张，表示呼吸困难，呼吸道通气障碍。

鼻孔开张，常伴随鼻翼翕动，若为气促喘粗，多属肺火；若喉中有声，气喘痰鸣，多属肺痈、哮喘或喘鸣症等；若气短无力，多属肺虚（如过力伤肺）。

鼻翼开张如喇叭状，而呼吸极度困难，多为呼吸道狭窄或阻塞；若鼻孔开张如喇叭状，而鼻翼翕动不显著，多为抽搐，见于破伤风等。

鼻肥面肿，松骨肿大，即鼻骨硬固肿胀、无痛，叩诊呈鼓音，多属骨质松软，见于反胃吐草（骨软症）等。

（4）望口唇 健康羊口唇紧闭洁净，采食时以唇采草，柔软灵活。老弱羊唇哆开或下垂。“脾连唇”，胃、大肠以及任、督等经脉也与口唇联接，所以唇也反映脾与其他脏腑的功能变化。

① 蹇唇似笑，上唇轻度挛缩，口裂微哆开，表示腹痛，见于冷痛等。故有“蹇唇似笑脾之疾”的说法。

② 口唇紧闭伴有肌肉强直，多为破伤风；伴有意识障碍，多为中毒等。

③ 下唇松弛下垂，多为脾虚、气血虚弱，见于老龄、久病体弱、虚寒证。

④ 口唇麻痹，口唇无力，甚至偏侧歪斜，多为肝风、脾风，见于吊线风（面瘫）、脾虚湿邪等。

⑤ 唇不固齿，口唇发凉，松弛无力，下唇下垂，伴有全身衰竭症状，为脏腑内伤的重危现象。

（5）望咽喉 因咽喉为食管、气管的开端，饮食、呼吸的通道。因此，咽喉的病变可以反映脾、胃、肺等脏腑的功能变化。咽喉发病常见伸头直项、口内流涎、咽喉肿痛、吞咽困难、鼻回草水、时发咳嗽等症，见于喉骨胀、嗓黄、草噎等病。

（6）望槽口（下颌间隙） 又叫食槽，健康羊槽口宽大、柔软、平坦、干净，表示肺和脾气充足，胃肠消化旺盛。因此，槽口的病变常反映肺、脾、胃的功能变化。

① 槽内生结（下颌淋巴结肿胀），柔软活动，多为肺火。

② 槽内生结，硬而不移，多为肺痨、肺败。

③ 槽口漫肿、热痛、伴有咳嗽流涕，多为槽结（腺疫）。

④ 槽口狭窄，下颌骨肿大，多为反胃吐草（骨软症）。

⑤ 食槽侧壁瘘孔，多为腮腺或牙齿疾患。

（7）望皮毛 健康羊皮肤柔软有弹性，被毛细密平顺有光泽。肺主皮毛，肺经有病经常可反映皮毛的变化。但皮毛必须有全身气

血营养的灌注，所以皮毛也能反映脏腑的功能变化。

① 皮肤弹性稍差，毛长粗乱，多为脾胃虚弱、气血津液不足、营养不良等。

② 被毛稀疏焦枯，多为肺虚久病、津液过伤，或大病恢复期、气血失调等。

③ 皮肤瘙痒，脱毛结痂或遍体疙瘩，多为肺风毛燥、疥癣或肺风黄等。

（8）望呼吸　出气为呼，入气为吸。呼吸是畜体内外气体交换的一种生理机制，与肺的功能密切相关。健康羊呼吸平顺，协调自如。

呼吸次数变动不大或减少，微弱无力，多为正气不足，常属于虚证、寒证；呼吸次数增多，呼吸粗大、亢盛，多为邪气有余，常属于实证、热证。腹部活动加强而胸部活动减弱者，多为胸部痛证，见于肺痈、肺胀等证；胸部活动加强而腹部活动减弱者，多为腹部痛证，见于肠黄、结证等。呼吸时头颈伸直，鼻孔开张，多见于草噎；羊呼吸困难，张口掀鼻，呈犬坐姿势者，多为大肚结。此外，羊张口掀鼻，吸气短而呼气长，或呼吸极其微弱，或呼吸深而迟缓，时快时慢，多为危象，预后常不良。

（9）望饮欲、食欲及咀嚼　健康羊食欲旺盛，对饲草和饲料选择性不强，每次能吃饱而达一定数量，有时虽因饲料品质的好坏和调制方法的优劣对食欲有所影响，但一般也不甚显著。饮欲虽随饲料的干湿而有差异，但一般差异也不太大。当羊发生疾病时，特别是脾胃病症，常可使饮欲、食欲发生变化，有时甚至波及咀嚼。

① 望饮欲：凡口渴见水急饮者，多为热证或津伤之证。口不渴或食欲大减者，多为寒证或水湿内停之证。见水欲饮，但口不能开，多属风证，如破伤风、歪嘴风等。见水即饮，但中途突然停止，且显惊恐之状者，常为牙齿疾患。见水即饮，饮水从鼻中流出者，多见于草噎或咽喉疾病。

② 望食欲：病后食欲如常，多为胃有生气，脾胃未伤；若食欲减少，多为病的初期，病轻；食欲废绝，常为病的后期，病

重。羊吃干草、干料多属寒证、湿证，如伤水、寒湿困脾等。只吃青草多汁饲料，多为肠胃有热，属热证。食欲时好时坏，多为消化不良，常见于脾胃不和之证。羊不吃草料，肚腹胀痛，不断嗳气，偶有呕吐者，多为食滞肚胀，属实证。边食边吐，不敢下咽，食可下咽，多为咽喉疼痛。食可下咽，且无痛苦现象，但边食边吐，或朝食暮吐者，多为反胃呕吐。吃食少而嗽多，常为胃寒不吃。

③ 望咀嚼：羊咀嚼小心，不敢用力，且明显痛苦者，多为牙齿疾病或口腔疾病，如口舌生疮等。咀嚼无力，多为脾胃疾病，常见于慢草、脾胃不和。

（10）望反刍 反刍是反刍动物特有的消化过程，健康羊采食后 30 ～ 60 分钟出现反刍，每次持续 40 ～ 50 分钟，一昼夜反刍 6 ～ 8 次，每口咀嚼 30 ～ 50 次。如反刍次数减少，多为脾胃不和，如宿草不转、百叶干病等。

（11）望分泌物及排泄物

① 鼻液：水样鼻液，有白沫，伴有喷鼻、咳嗽，多为风寒束肺。白色黏液性或黄白色黏液脓性鼻液，伴有咳嗽，多为肺火。白色黏性鼻液，伴有咳嗽无力，多为肺虚。一侧流鼻液，黄白脓性带臭味，多为脑颡黄。

② 口津和口涎（口腔湿度）：口腔内的湿度是检查口色中的一个重要环节，它与口舌色泽有着密切的联系。口内的津液，简称口津，口内水液过多，则称口涎。口津和口涎是口内干湿度的表现。因此，口内湿度反映体内津液的变化，健康羊口内湿润、口津适量，口内色正而光润。羊体内津液的盛衰可在口腔表现出不同的症状。

口津干燥，多为津液不足（伤阴）。伴有热象，为热盛伤阴，见于肺热、胃热等；伴有虚象，多为虚火，见于肺燥、胃燥等。

口内干枯，多为津液过耗。严重者还有唇颊焦燥，破裂出血，舌苔粗糙干裂等症。伴有热象，多为毒热过盛，见于各种热性病，如心风黄、脑黄等；伴有全身衰竭，多为亡阴危象。

口内湿滑，多为水湿偏盛。口内湿滑，黏腻，口温高，为湿热内盛，如肠黄等。口内滑利，口水清稀，口温低，为寒湿内郁，如冷肠唧泻等。

口内垂涎，多为水湿过盛。口流清涎，稀薄量多，伴有寒象，多为脾胃阳虚，水湿停留，见于胃冷吐涎、脾寒等病症。口流黏涎，伴有口唇水疱、烂斑，为脾经湿毒。口舌生疮，咽喉、齿龈肿痛等病症，也可见到口内流涎。口流黏涎，透明，量多，为心热舌疮，或为药物、毒物刺激所致。口流黏涎伴有咀嚼障碍，为齿槽肿痛等；伴有咽喉、舌根、两腮肿痛，则为喉骨胀、嗓黄、腮黄等。个别病羊经常口流清涎，并啃咬缰绳、槽桩等物，则属癖病（俗称水口）。

③ 汗液：汗为津液所化生，查看汗的有无和异常，对于了解津液的正常与亏损和辨别病的寒热虚实均有一定意义。由于羊的解剖生理特点与其他家畜不同，故汗液的分布与排泄情况就有很大差异。

羊的汗腺虽在全身分布，但较马属动物不仅少而且也不发达。只在鼻镜、鼻唇处的汗较易观察，故查羊的出汗以鼻汗为主。

凡不因气温变化、劳役等外因所引起的出汗异常，都属病理现象，是羊有病的表现。

无汗：风寒外来，毛窍闭塞，腠里不通，肺气不宣即可无汗，多见于外感风寒表实证；阴寒内盛，阳气遇阻，不能蒸化津液，也可无汗，多见于实寒证；阴虚血少津枯，汗源不足也可无汗，多见于素体亏虚，阴液暗耗的慢性、久病的羊，也可见于长期发热、燥热伤阴、津液耗伤太过的羊。

多汗：内热炽盛，热逼津出，致大汗淋漓，多见于里热实证；阳虚不能卫外，腠里不固，津液外泄，亦可在不活动时出汗，多见于阳虚羊，特别是种畜配种过度较为多见；久病、重病后，元阳受损也常可发生；剧烈疼痛，往往导致大汗；过服发表剂，亦可导致大汗；阴阳离决，阴液暴脱，即可出现汗出如油、淋漓不断，名为“绝汗”，多见于黑汗证。

④ 粪便：健畜粪便成形，外表光滑、湿润，粪色多为棕黄色，但也因草料变换而不同，如食青粱则为绿色，多食高粱则为暗红色等。粪便异常主要反映脾、胃、肠的病变。

粪干：若粪干而球形未变，多为伤阴；若粪球干小而硬，量少，多为阴液过伤或阴虚有火。

粪粗和泄泻：粪便粗糙，味带酸臭，伴有胀肚，多为饲料积滞；若粪粗、松软带水，量少，次数多，多为脾胃虚弱；若粪粗、松软带水，先水后粪，排气，臭味不大，多为冷肠泄泻；粪稀而黏，内有黏液、黄白色伪膜或混血液，有酸臭味，多为肠黄作泻。

⑤ 尿液：正常羊因种类不同，其尿的性状也略有差异。尿短少而色深，多为热证、实证；小便频数而清长者，多属寒证、虚证；尿少而色红赤，排尿时微显痛苦，多为心热下移小肠；尿黄而浓稠如油，多为下焦湿热；排尿淋漓不畅，呈明显疼痛者，多为膀胱积热；频频作排尿姿势而无尿液排出者，多属尿结；尿中混杂有沙石、脂膏、血液者，多为淋证。

⑥ 带下：正常母羊除发情外，阴道一般清洁湿润，无液体流出。若阴道中经常有白色或赤白色的污秽黏液或脓血流出，就谓之带下。带下是湿浊郁结，下注子宫，从阴道不断流出。一般带下量多，色白而清稀，其气腥秽不显者，多属虚证，见于脾虚带下；若带下浓稠，其色黄白相夹，甚或红、绿相兼，其气秽臭难闻者，一般见于湿热带下。

（12）望四肢　健康羊四肢发育匀称，比例适中，肌肉坚实。站立时，四肢平均负重，昂头静立。行走时，四肢运步轻捷，灵活有力，步幅大小适度，举踏无异常。一旦发病，可能呈现各种异常姿态。

点痛证：是腰肢气血不通而运步呈现跛行的证候。由于病因与部位不同，其状亦殊。一般来说，点痛证可分寒伤和闪伤两大类。

闪伤跛行：大多突然发生，常发于四肢，且多为一肢，运动

后跛行增剧，局部升温、红肿，疼痛剧烈，触按敏感，病期短。

寒伤跛行：多因感受风寒湿邪后发病，常发于腰肢上部，且多呈游走性疼痛，运动后跛行减轻，局部皮肤发硬，喜触压按捏，疼痛不剧，但病期长，病势缠绵。

（13）望腰背胸腹 健康羊腰背平直端正，运动灵活、协调。肷部稍凹而平整，随呼吸而与肋弓部协同运动。“腰为肾府”，腰部病变多反映肾的功能变化。肷部主要反映胃肠病变。

腰部弓起：多为肾寒。弓腰夹尾，毛乍颤抖，兼有热象，多为外感风寒。肌肉颤抖，兼有寒象，为脾胃虚寒。

腰脊板硬：伴有后肢跛行，多为腰胯风湿。背腰僵硬，耳紧尾直，牙关紧闭，口垂涎唾，闪骨外露，为破伤风。若腰脊板硬，伸头直项，回顾不灵，头项难低，多为颈风湿。腰脊板硬伴有毛焦肷吊，鼻浮面肿，腮骨肿大，四肢无力，重则卧地难起，多为反胃吐草（骨软症）或爬窝病等。

腰瘫腿瘓：多为肾经痛。腰胯无力，站立艰难，甚至腰瘫腿瘓，卧地不起，多为胡骨把胯。

（14）望二阴 主要检查肛门，公畜的阴囊、阴茎，母羊的阴门。阴部主要反映肝、肾经病变。

阴囊：阴囊、睾丸肿胀，硬而凉者为阴肾黄，热而痛者为阳肾黄。小肠坠于阴囊之中，以致阴囊肿大、柔软，称为疝气，多属肝寒。

阴茎：阴茎麻痹，脱垂于包皮之外，为垂缕不收，多属肾寒。阴茎勃起，精液未交即泄，为滑精，多属肾虚不固。阴茎萎缩，不能勃起，为阳痿，多属肝肾不足。

阴门：检查阴门的色泽、肿胀、分泌物，可反映肝、肾经的寒热虚实变化。如阴门内色红带黄，多为肝经湿热。孕羊未到产期，而阴门虚肿、外翻，有黄白色分泌物，多为先兆流产。

肛门：肛门为督脉所过，内连大肠，可反映脏腑的虚实。肛门松弛无力，为久泻或气虚。肛门外翻脱肛，或直肠脱出，为中气下陷。

二、闻诊

闻诊，是通过用耳和鼻来辨别羊的声音和气味，结合其他三诊所获得的临证资料，进行总结、归纳和分析，从而对病症作出正确的诊断。闻诊分闻声音和嗅气味两方面。

1. 闻声音

声音的发生与脏腑功能活动有着密切的关系。呼吸、喘息等声应肺，叫声和心音应心，嗳气声应脾，磨齿声和呻吟声应肾，瘤胃和瓣胃的蠕动音应胃，肠鸣音应大肠、小肠等。

（1）叫声　健康羊叫声洪亮、清脆有节奏，如果发生疾病，叫声即可发生变化。如叫声高亢，后音延长，多属阳证、实证；叫声低微，后音短促，多属阴证、虚证；病初即现声音嘶哑，多属肺卫不宣，常见于外感风寒；久病失音，多为肺经亏损，常见于肺阴虚火旺等证；叫声无力，气不相接续者，或起声大，后音短，均为病危的表现；叫声怪异，多为邪毒入心。

（2）鼻咋音　即打响鼻。健康畜体也时常发鼻咋音，一旦发病，则鼻咋频繁，并伴有不同性质的分泌物。鼻咋带有浆液性分泌物，多为外感风寒。鼻咋带有黏液脓性分泌物，呼出气热而干燥，多为肺火、肺痈等。

（3）呼吸声　即鼻腔、喉头、气管等部位肿胀所发出的呼吸道狭窄音，伴有呼吸困难及痛感，多为肺经积热或毒火，见于脑颡黄、喉骨胀、嗓黄等病。

（4）咳嗽声　咳嗽主病在肺，但其他脏腑有病也可影响肺脏发咳。咳嗽中多伴有痰声，咳而有痰，为湿咳，见于肺热、肺虚。咳而无痰，为干咳，见于肺燥。咳声清利响亮，多为肺火，见于过力伤肺的初期。咳声沉浊无力，带痰音，多为肺火，见于过力伤肺的后期。咳声如破竹，伴有痛感及气喘，为肺经热盛，见于嗓黄、肺黄、劳伤咳嗽等。咳声无力，昼轻夜重，伴有气喘，为肺肾两虚，见于过力伤肺等病。

（5）气喘声　喘声低微，常伴有痰响，呼多吸少，严重时张口鼻咋，弱而无力，呼吸不能接续，多属虚证、寒证，常见于肾虚、肺阴虚等证。若气出喘粗，喘声高亢，伸颈直项，严重时腹肋扩张，翕动不停，多立少卧，痛苦不安，多属实证、热证，常见于肺有湿热或痰湿内停，如甘薯黑斑病中毒等症。

（6）错齿声（磨牙音）　槽牙（臼齿）摩擦声，多见重症羊。口内空嚼而发，多见于肾经疾患，或因痉挛抽搐引起，见于破伤风、肝风、脑黄等。

（7）呻吟　羊发呻吟声，为疼痛或病重痛苦的表现，见于结证、大肚结、肠黄、肺痛等病。妊娠母羊呻吟而卧地不起，多为胎动或临近生产。

（8）嗳气声　嗳气是反刍动物在消化过程中出现的生理现象，健康羊每小时的嗳气为 20 ～ 40 次。嗳气减少，多属虚证，常见于脾胃虚弱和某些传染病。嗳气次数增加，且有酸臭味者多属实证，常见于宿草不转等病。嗳气停止，多见于草噎和气滞肚胀。

（9）肠鸣音　为大肠、小肠的蠕动音，正常肠鸣音间歇性发作，清晰响亮，过如流水，有节奏。肠鸣如雷，连续不断，多为胃肠寒盛，见于冷痛、冷肠唧泻等。肠鸣音沉衰，为胃肠阳衰，见于胃内积滞、结证初期。

2. 嗅气味

医者用嗅觉来辨别家畜口腔、鼻腔所散发出的气味和各种分泌物、排泄物的特殊气味以诊断疾病的一种诊法。一般来说，凡气息恶臭难闻者，多属实证、热证或湿热证；气息淡酸或甘，臭味不显者，多属虚证、寒证。

（1）口臭　健畜口内无异臭，或带有草料气味。

口内甘臭：多为脾胃有热。

口内酸臭：多为胃内积滞或口舌生疮、牙齿疾病等。

口内恶臭：多为胃肠积热、毒火；伴有食欲废绝，见于重症结症、肠黄等。

口内腥臭、腐臭：多为口疮糜烂、齿槽炎等。

（2）**鼻臭** 鼻液脓性，腐败恶臭：见于脑颡黄、肺痈等。

鼻液脓性，腥臭：见于肺败后期。

（3）**脓臭** 良性脓汁黄白色，明亮，无臭或略带甘臭。

脓汁黄稠、混浊，带恶臭，为毒火内盛。

脓汁灰白、稀薄、清泻、味腥臭，为毒邪未尽，气血衰败。

（4）**二便臭** 健康羊粪便和尿液带有草臭，无特殊恶臭。发生病理变化常带有异臭。

三、问诊

问诊是向畜主或饲养人员了解病羊的发病症状、发病经过、治疗情况、既往病史、饲养管理、剧烈运动等情况以诊断疾病的方法。询问时，态度应和蔼耐心，语言要通俗，内容要结合病症有目的有重点地进行。

1. 问发病时间及其治疗经过

必须问明自发病以后经过的情形及使用的治法，如果发病起初很轻，而现在变重了，应当注意吉凶。病情有发展，处理就得随机应变。又如得病时就很重，现在变轻了，也应当考虑盛衰逆从，此点必须注意，不能忽视。如起卧病，起初起卧得很厉害，最后卧地不起者，这是病势加重。询问从得病到现在灌过何种药，如灌几次无效，须要考虑药性与病情，若因误治而已陷入危证，宜设法挽救，但需要向羊主说明情况，经同意后挽救。

2. 问羊来源与既往病史

了解羊是从外地买来的还是自繁自养的，结合当时各地疫情，要考虑是否有某种疫病或寄生虫病的可能。即使是自繁自养的，且该地区又无疫情，也要了解是否外出或与其他羊接触过，这对确诊某些疫病、寄生虫病是很重要的。初诊应询问病史，掌握旧病情况，复诊可查阅病历，有助于了解病因、病症和发病的经过。如曾

发创伤，可能引起破伤风；反复发生眼病，可能是月盲眼；长期吐草、跛行，可能是反胃吐草等。

3. 问饲养、管理、配种和胎产情况

（1）饲养　应从饲料的种类、品质、调制和饲喂方法等方面询问。如饥饱不均，饲后立即饮大量冷水，或突然变换饲料，或饲料霉败不洁等，极易引起腹痛、腹泻、结证、胀肚等。

（2）管理　应从厩舍、棚圈的保暖、防暑、通风、光照以及饲槽、畜体卫生等方面了解。如没有棚圈，寒夜外系，或厩舍防寒不良、潮湿泥泞，均易引起风寒感冒、风湿病、冷痛等病症。卫生不好，易引发消化系统疾病、皮肤病等。

（3）配种和胎产　对种公羊了解配种情况，应了解是否有阳痿、滑精、精少等肾虚症状；对母羊应了解妊娠、胎产情况，这对诊断、用药或防止流产是很重要的。

4. 问汗

询问畜主羊在剧烈运动时是否出了汗，汗后如何管理等。得病后若太阴病不用发汗剂自然出汗者，乃是表虚，但有时虽然表虚而不出汗的，须凭脉诊断其虚实。少阴病有时仅从耳根部出汗。阳明病如发热，即全身出汗。三阴病原则上不出汗，如汗出如流，乃是脱汗，表示病情严重。

5. 问热

中兽医所说的热不限于体温上升，这一点与西兽医不同。

（1）发热　指体表上用手摸有热感，在外貌上亦有热象。如仅发热，要分清是表证还是里证，难以分辨时，必须诊其有无恶寒和脉证等。

（2）微热　热隐在里，微现于表，微是幽微之微，不是微少之微，所以微热是里证而不是表证。西兽医所谓微热是比正常（生理）体温略高一点，与此处所用微热并不相同。

（3）大热　乃大表之热，即体表之热。与微热相反，出现于

体表，所谓无大热者，是里有热而表无热之意。

（4）寒热往来 寒与热互相往来，恶寒止而热上升，热止而恶寒，乃半表半里证之热型，多用柴胡剂治之。热亦有与寒热往来相似而属于表证之热，但凭热型断证是危险的。

（5）潮热 不伴随恶寒、恶风，有热时全身普遍发热，同时头部到四肢常有微汗。如下肢冷，仅耳部或腋下出汗者不是潮热，潮热是阳明病之热型，谓热充满于里。有人以为潮热如潮水按时涨落，热亦按时出现，那是不正确的说法。如肺坏疽羊每到下午即发热，谓之曰（申时）潮热，完全不是潮热的本义。

（6）全身均热 虽与潮热相同，但不伴随全身出汗。

（7）恶热 即发热而怕热的意思，不伴有恶寒与恶风，但有发汗表现，此亦属于阳明病之热型。

（8）四肢烦热 四肢有热感，不喜在冷处，多属于虚热，以地黄等剂治之，不适于攻下。仅在发热时欲接触冷处者，乃为烦热，但此情况，必须由兽医详细审查或多问羊主。

6. 问饮水、食欲

饮水的多少，是代表了渴与不渴的问题，借以诊察里证之寒热，辨清虚实。凡里热厉害的，则大渴喜饮水，所排泄的大便反而干硬，脉实气壮，此为阳证；如不喜饮水，也不喜吃拌草（草里加水），有的口吐白沫，这不是热证，是寒证；又有羊见水表示喜欢，从表面上看，似乎很渴的样子，但接近水后而不饮，如果牵它离开，则牵不动，这就是渴而不饮的意思。

太阳病仅有表证而无里证时，食欲如常，但口中发黏伴有食欲减退的，须考虑邪气是否已侵入少阳。里有病变者，食欲常有改变，但在三阴病，食欲多与平时一样。少阳、阳明之证食欲则减，虽能进食而有意识朦胧者，此为危及生命之兆。有水肿的羊，经过治疗后，食欲逐渐增加者，可以痊愈；如最初食欲尚好，伴随水肿消退，食欲逐渐减少者，预后不良。有实证者，虽稍过食亦不腹泻，饲喂时间已过，亦不表现饥饿的样子。但有虚证的则与此相

反，稍过食则腹泻，饲喂时间稍过，即表现饥饿的样子。稍食即停止进食者，乃属于肠虚之证；发热并有瘀血之证的羊，常食欲亢进，意识朦胧，或狂躁不安，唇色微黑，脉亦大小不整，常见溜脉或芤脉；病后始终无食欲，忽然食欲增进，食量突增，精神亦好，脉亦规律，此称为回光返照，表示死期将近。

7. 问二便

大便燥而秘结者多实证，腹泻或粪便软者多虚证，但亦有例外。腹满便秘而脉弱，腹无抵力，乃是虚秘；热病大便秘结，脉弱而腹无力者，乃是假实真虚；大便经久不通，经触诊有硬块累累者，是结粪，但不可因有结粪即断为实证而用下剂。此时按压肠中，软弱无力者不可下，如能进食，便可自通；有腹泻，按肠中有坚实硬块者，多属实证，可用通下剂；腹泻而里急后重严重者，属实证。然亦有里急后重而属虚证者，如痢疾里急后重，而微出脓血便，后重虽止者，属虚证。问每天小便次数、每次的量约有多少（小便量与饮水量有关系）、小便颜色等。如小便不利是指小便排出不顺畅，小便自利是指小便排出顺畅，小便色、量、次数正常。

8. 问咳嗽

有咳嗽须问其咳嗽的同时有无喘鸣，干咳还是湿咳，湿咳则吐涎量多还是量少。有咳嗽是否剧咳，白天厉害还是晚上厉害或早晨厉害等。

9. 问出血

出血有衄血、吐血、尿血（血尿）、便血（包括肠出血）、崩漏（子宫出血）等。如四肢温暖，血色良好，脉亦有力，乃阳性出血；如四肢厥冷，脉软弱无力，冷性瘀血性出血倾向者，乃阴性出血；此外还有瘀血之出血，应参照具体症状，明确其属于何种出血。

10. 问腹痛

突然发生腹痛，除结证以外，多属于阳证或实证。慢性腹痛，经过各种治疗后无效，多属阴证或虚证。腹痛的诊断特别重要，腹痛不明，难用适当的处方。

四、切诊

切诊是以手按压病羊某部以诊断疾病的方法，分为诊脉、触诊两方面。

1. 诊脉（切脉）

体内血脉，是气血循行的通路。血在脉中，随气而行，输布全身，营养脏腑、经络、四肢百骸，维持机体的生理活动。由于血脉与全身各部的关系如此密切，当机体某部发生病变时，必然影响气血的运行，血脉也发生相应的变化。因此，我们触按脉管，从其深浅、快慢、强弱、节律、形象等变化中，可以测知脏腑气血盛衰和邪正消长等情况，从而分辨病证的表里、寒热、虚实等，以作为诊断疾病，决定治疗的依据。

（1）切脉的部位及方法　羊多采用尾脉，尾脉位于尾根下面近肛门处的尾中动脉上。诊脉时，诊者站于羊的正后方，左手将羊尾抬举，右手的食指、中指、无名指分别按在尾根腹面正中，拇指置于尾根背面。

（2）脉象及其临床意义　脉象即脉的深浅、快慢、强弱、节律、形象等综合概念。脉象分正常脉象、病理脉象和重危脉象。

① 正常脉象（平脉）：健畜的脉象平和，无太过，无不及，即脉来不浮不沉，不大不小，不快不慢，从容和缓，节律均匀，兽医的一呼一吸（一息）之间成年羊脉跳 2 次（每分钟 32 ～ 40 次）。中兽医对平脉的描述是“春弦夏洪，秋毛冬石，来似连珠，过如流水，沥沥相连不断。”说明正常羊的脉象，随着四季气候的变化而有不同，即春季偏弦、夏季偏洪、秋季偏浮（毛）、冬季偏沉（石），但其脉性必须和缓明显，流畅通达，连续不断。此外，因羊年龄、营养、体质的不同，脉象也略有变化，如羔羊脉偏数，老羊脉偏

虚，肥羊脉偏沉，瘦羊脉偏浮等。

② 病理脉象（病脉、反脉）：由于疾病的多样性，脉象表现也相当复杂。在这里介绍临床常见的病理脉象，以深浅分，有浮脉、沉脉；以速度分，有迟脉、数脉；以强弱分，有洪脉、实脉、虚脉、细脉、微脉；以形象分，有弦脉、紧脉、滑脉、涩脉；以节律分，有促脉、结脉、代脉等。

a. 浮脉：浮取脉跳明显，沉取脉力不足，多属表证；有力为表实，无力为表虚，多见于外感风寒及感染性疾病初期；内伤久病，体质过虚，有时也见浮脉。浮数为风热，浮紧为风寒，浮滑为风痰。

b. 沉脉：浮取不应手，沉取脉跳明显，多属里证；有力为里实，无力为里虚，多见于脏腑气滞、痰食、水饮等证，如腹痛、冷泻、肠黄、结证等；沉数为里热，沉迟为里寒，沉弦为肝气不疏，沉滑为积食、痰饮等。

c. 迟脉：一息脉跳不足二次，多属寒证、湿证；有力为实寒，无力为虚寒，多见于寒性腹痛、腹泻、阴黄、湿痹等；浮迟为表寒，迟细为气虚血少，弦迟为寒湿痛。

d. 数脉：一息脉跳三次以上，多属热证；有力为实热，无力为虚热，多见于发热、高热羊，也见于心气不足的虚证；洪数为实热，细数为虚热，弦数为肝火，滑数为痰火、湿热。

e. 洪脉：脉如波澜，幅度宽洪有力，多属热盛实证。多见于各种热性病发热阶段，如肺火、肺黄、肠黄等。

f. 实脉：三部脉浮、中、沉取皆有力，指下脉管充盈亢盛，多属实证。常见于邪热太盛、高热、痰湿积聚等症；弦实为肝火，滑实为痰火，实数为郁热。

g. 虚脉：三部脉浮、中、沉取皆无力，指下脉管虚大软弱，多属虚证。见于久病、失血、伤阴等；虚而数为阴虚，虚而迟为阳虚，虚而沉为气虚，虚而浮为血虚。

h. 细脉：脉来沉细如线，指下分明，主虚证、水湿等。见于脾胃虚弱、久泻、大汗、失血、腰肾寒湿等症；沉细为里虚，迟细为阳虚，细数为阴虚。

i. 微脉：脉来极细而软，似有似无，欲绝非绝，主气血极虚，阳气欲脱，多见于重病垂危或亡阳暴脱等证。

j. 弦脉：脉来挺直而长，有弹力，如按琴弦，多为肝胆病、疼痛、痰饮等，如黄疸、风湿、风邪等；肺痛多浮弦，腹水多沉弦，肝火多弦数，肝寒多弦迟、弦细，风邪多弦紧，痰湿多弦滑。

k. 紧脉：脉来绷急，紧张有力，如按绳索，主寒证、疼痛等，多见于外感风寒、里寒腹痛等。

l. 滑脉：脉来圆滑、充实、流利，如滚珠状，主痰、湿、食、热等证，多见于湿热、痰盛、积食、咳喘等，孕羊也常见滑脉。

m. 涩脉：脉搏滞涩不畅，往来艰难，主血少、血瘀、气滞等。涩而无力多为心气不足，见于失血、大泻等；涩而有力多为气滞血瘀，见于外伤、结证、肠黄等。

n. 促脉：脉来数而中止，止无定数，多为阳盛实热而气血运行不畅等证，多见于高热伴有心血瘀阻或心气不足的病证。

o. 结脉：脉来迟缓而中止，止无定数，多为阴盛气结、血瘀、痰滞等，多见于劳伤、久病且伴有心血瘀阻或心气不足的病证。

p. 代脉：脉来常有一止，止有定数，良久复来，多为气血虚损、脏气衰微等，多见于劳伤、重病、久病等。

从以上几种病脉，可了解到脉象与疾病的关系，一般来说，以浮、沉定表里，以迟、数定寒热，以有力、无力、洪、细、虚、实定虚实。由于病证的复杂，临床上常见到的是复合脉，如浮数为表热，沉细为里虚，洪数为气分热盛，弦紧为寒滞肝脉，弦滑数为肝胆湿热，沉细涩为脏腑虚弱兼气滞血瘀等。临床上一般脉与证是一致的，但也有脉和证不一致的，必须深入检查，结合望、闻、问三诊，综合分析，以获得准确的诊断。

③ 重危脉象（危脉、绝脉）：当羊病重垂危、脏腑衰竭、气血停滞、亡阴、亡阳，则脉象发生急剧变化，指下已不能切到

病理的脉形，而呈现散乱无序或良久停搏的现象。常见有如下几种。

a. 屋漏脉：脉搏良久一动，如房屋漏雨，半晌一滴。

b. 雀啄脉：脉来良久三五动，如鸟雀啄食，一连三五次则停。

c. 虾游脉：脉如虾游，突来一跃，几跃而无。

d. 解索脉：脉形散乱，如散乱的绳索，杂乱无序。

2. 触诊

触诊是兽医用手直接触摸羊的各个可触部位以探查疾病的一种方法。通过触诊可感知触摸部位的冷热、干湿、软硬、有无疼痛等。

（1）摸凉热　温度的变化，是羊发生疾病的重要标志之一。检查前羊应休息一定时间，待其安静后，再在室内或阴凉处进行检查。试温除用体温计外，常用手感知各部位的温度，应注意人手也有温凉，动物体表温度也因季节、气候、时间的不同而有所变化。所以，试温时要作对称部位的对比，并注意医生本人手的温度，避免过凉时发生误诊。试温一般从口温、皮温、耳鼻温、四肢温等方面检查。

① 体温测定：羊体温一般检测直肠温度，测温前，先将体温计的水银柱甩至35℃以下，然后再从容接近羊。测羊体温可站在羊的正后方，以左手轻轻提起羊的尾巴，右手持体温计稍斜向上方，徐徐捻转插入直肠内，用体温计夹子固定在尾根毛上，经3～5分钟后取出，先擦净体温计上的粪便或黏液，再读水银柱上的刻度数。

一般来说，体温偏低，多见于寒证、虚证；体温偏高，多见于热证、实证；体温在常温以下，多见于大失血、脱水或濒死期，预后多不良。

② 摸耳温：健康羊两耳温度均等，一般耳根部微温，耳尖部则微凉。若全耳均热则属热证，全耳均冷则为寒证；两耳时冷时热，多见于外感表证；一耳热，另一耳冷，常为半表半里证；两耳

的耳根和耳尖温度相差很大，多为寒热夹杂之证；两耳从耳根到耳尖厥冷者，多是气血败绝，病多危重，预后常不良。

③ 摸口温：健康羊口腔温而湿润，若口温偏低，且津多滑利者，多属寒证、湿证；口温冰手，特别是舌冷如冰者，多为寒甚，或胃受寒湿；口温偏高，且津液少而黏稠，多为热证；若口温热而干燥，津液干，多为里热火盛之象。

④ 摸体表温：健康羊体表不凉不热，温润柔和，一般随季节、气温等的变化略有差别，如夏秋较温，冬季较凉；下午较温，上午较凉；劳役后较温，劳役前较凉等，但均属正常现象，不可误为病态。若体表温度分布不均，多为外感表证；时冷时热，常见于寒热往来，表里不和之证；午后低热，多为阴虚内热；体表发凉，常见于感受寒邪或阳气虚衰之证；体表灼热，多为里热炽盛等。

⑤ 摸四肢温度：健康羊四肢温度一般较胸、腹等处为低，四肢下部较上部为低，四肢外侧较内侧为低。若四肢上下部时冷时热，往往见于风湿痹痛的初期；若四肢发热直至蹄部，握之烫手，多为里热炽盛；四肢下部冰冷，是阳气不能温煦，多见于阳虚证候；四肢局部关节发热，明显肿胀者，多为关节风湿证；局部肿胀、发热，多见于疮黄初期，或因跌扑闪伤所致外伤等病症；蹄部温热，多为肝经郁热，见于败血凝蹄、五攒痛等。

⑥ 摸其他部位温度：阴茎麻痹、下垂冰凉，多为肾寒；阴囊外肾硬肿发凉，多为寒凝气滞，见于阴肾黄；阴囊外肾肿胀、温热、疼痛，多为湿热下注，见于阳肾黄。

（2）诊肿痛 用手触按羊的皮肤、肌肉、筋骨、体表等，感知软硬度，有无波动、疼痛反应等，以确诊病羊的寒热虚实。

① 肿胀：局部气血瘀滞，结聚一处，使局部高大隆起。又可分为硬肿和软肿。

a. 硬肿：多为毒气郁滞，血凝经络，侵入肉里而成。特点是部位固定，触摸时硬而疼痛，刺破后有少量血水流出，多见于鬐甲

痈、炭疽等病。

b. 软肿：患部多柔软，疼痛较轻微，甚或不显，微热或不热。肿胀一般不甚高大，与周围界限不十分明显。因其内容物不同，又可分为以下几类。

黄肿：触诊时软而不痛，指按有波动感，刺破后有黄水流出，如膝黄、胸黄等。

血肿：多因跌扑闪伤，瘀血积聚所致，其特点是手摸不热、肿而不硬、疼痛不剧、皮色青紫等。

水肿：触之柔软，皮色不变，不疼，不热，下垂部位和四肢发生较为多见。

脓肿：患部皮色青白，微热而柔软，按之应手有波动感，刺破后有脓液流出。

气肿：肿胀界限不明显，触摸有按皮球样的柔软感，按压发出捻发音，多见于羊的甘薯黑斑病中毒。

② 疼痛：多因内伤外感，使气血瘀滞，经络不通，不通则痛。

a. 寒痛：痛处多固定，遇暖疼痛即见减轻。

b. 热痛：疼痛剧烈，焮热而硬，皮色发红，寒凉药或冷水敷之，疼痛即见减轻。

c. 虚痛：虚痛喜按，按压时疼痛减轻，故羊不抵抗。

d. 实痛：实痛拒按，按压时疼痛加剧，羊抗拒，躁动不安。

e. 风痛：痛点多游走不定，且随气温变化疼痛减轻或加重。病在四肢，羊常轮换踣脚。

f. 脓痛：痛处发热，中心柔软，按之有波动感。

（3）触胸腹　羊拒绝触按胸部两侧，或触按时引起连声咳嗽者，多为胸肺疾患，常见于胸膊痛、肺痈等；仅为一侧拒按，且不发咳嗽，多见于胸部外伤。羊在剑突软骨处拒按，按压常引起剧痛者，多为创伤性网胃炎；若兼见前胸水肿，下坡小心困难者，则为创伤性心包炎。羊在反刍时左肷窝膨大，按压有弹性，叩打时发出鼓声，多为气滞肚胀；若该处无弹性，按压似面团，且压痕久久不消者，多为宿草不转。母羊在妊娠后期发生胎动时，可在羊的右腹

壁后下部，感触胎儿的活动。

第三节 常用辨证方法

辨证论治是采用望、闻、问、切四诊方法，在全面系统地收集疾病的有关信息的基础上，综合分析得出有疾病病因、病机、病位、病性及邪正力量对比等方面的“证”，再根据中兽医学的理、法、方、药等原则，做出相应治疗。中兽医的辨证方法很多，此处主要对八纲辨证、脏腑辨证、六经辨证、卫气营血辨证几种常用的辨证方法作简单介绍。

一、八纲辨证

八纲辨证就是以阴、阳、表、里、寒、热、虚、实为纲，将四诊所得的资料进行综合分析，对病羊正气的盛衰、病邪的性质、疾病部位及深浅等情况进行最基本的概括与归纳，以对疾病有一个提纲挈领的认识。

1. 表里辨证

表里辨证是辨别病邪部位深浅的两个纲领。

表证多见于外感病的初期，起病急，病位在肌表，病势较浅。临床上常以发热、寒战、被毛逆立、舌苔薄白、脉浮为主要特征，兼有咳嗽、鼻流清涕等症状。由于感邪性质及机体抵抗力的不同，其临床表现又各不一样，有表寒证、表热证、表虚证、表实证之分。

表寒证为外感风寒，临床上以怕冷重、发热轻、无汗、遇寒则抖、耳鼻凉、四肢强拘、不喜饮、口唇色青白、苔薄白、脉浮紧等为特征。治宜辛温解表。

表热证为外感风热，临床上以发热重、不甚怕冷或不怕冷、常有汗、耳鼻温、气促喘粗、口干色偏红、喜饮、苔薄白或薄黄、脉浮数等为特征。治宜辛凉解表。

表虚证为卫阳不固，又感风邪，临床上以发热、有汗、遇风则抖、脉浮缓等为特征。治宜解肌发汗、调和营卫。若卫阳不振，易感风寒，临床上以自汗、恶风等为特征。治宜益气固表，扶正祛邪。

表实证为正气不甚虚，又感受外邪，临床上除具有表寒证或表热证的表现外，以无汗、脉浮紧或浮数有力为特征。治宜发汗解表。

里证的病位在脏腑、气血、骨髓等，病势较深，但多以脏腑为主，故将在脏腑辨证中介绍。

由于正邪双方虚实强弱的不同，病邪可以由表入里或由里出表，进而出现表里证的转化。一般来说，病邪由表入里，多表示病势加重，多因机体正衰邪盛，或医治护理不当等因素所致；而病邪由里出表，多表示病势减轻或向愈。外感、内伤同时发病，或外感之邪未解入里，或内伤未愈而又感外邪，可形成表里同病。如表证未解，又出现咳嗽气喘、粪干尿赤等里热证；胃肠积食停滞，又感风邪，症见发热、汗出、恶风、肚腹胀满、腹痛起卧、粪便秘结等；脾胃素虚，又感风寒，症见草料迟细、粪便稀薄、发热、恶寒、无汗等。诊疗时要结合寒、热、虚、实，区分表寒里热、表热里寒、表虚里实、表实里虚及表里俱寒、表里俱热、表里俱实、表里俱虚等。表里同病治宜先解表而后攻里或表里双解，但里证紧急时须“救其里”。

2. 寒热辨证

寒热辨证是辨别疾病性质的两个纲领，前者多见于机体感受寒邪或其功能活动衰弱之时，后者则多见于畜体感受热邪或其功能活动亢盛之际。

寒证又可分为实寒证与虚寒证。前者或因外感风寒形成表寒

证，或因内伤阴冷形成里寒证；而后者则多见于慢性或消耗性疾病，畜体阳气受损，症见怕冷，耳凉鼻凉，四肢凉，喜卧少站，食欲减退，肠鸣泄泻或完谷不化，或见水肿，口色淡白或青白，苔薄白或无苔，脉象迟涩等。治宜寒则温之，虚则补之。

热证也可分为实热证与虚热证。前者由阳盛所致，多见于感受燥热、暑热、疫疠之邪，或因风寒、风热、风湿等入里化热导致；而后者则由阴虚形成，多见于久病或传染病、寄生虫病的后期。实热证多见发热、耳鼻四肢俱热、呼吸急促、粪干、尿赤黄、口干、舌色红燥、喜饮、舌苔干黄、脉象洪数等，疫疠所致者兼见高热、呆立闭眼，或狂躁不安、舌苔黄厚等，可结合卫气营血辨证进行辨治。虚热证多见病羊精神不振、头低耳耷、低热绵绵或午后发热、口色淡红、微燥、少苔、脉象细数等。治宜养阴清热。

同表里证一样，寒热证在一定条件下也是可以相互转化的。一般来说，由寒证转化为热证，多表示畜体正气尚盛；而若由热证转化为寒证，多表示正不胜邪。当然，在临床实践中，还可以见到寒热错杂、真热假寒与真寒假热等证。

寒热错杂就是在同一头病羊身上兼有寒证与热证。根据病机与临床表现的不同，又有上热下寒、上寒下热、表寒里热和表热里寒之分。如心经热兼胃肠寒，症见口舌生疮、牙龈溃烂、慢性腹痛起卧、粪便稀薄等，即为上热下寒；胃寒兼下焦湿热，症见慢草、口流清涎、尿频短赤、排尿痛苦、常有排尿姿势而少有尿液排出等，即是上寒下热证；先有内热又感外寒，症见发热、被毛逆立、遇冷颤抖、气喘咳嗽、鼻流黄涕、舌红苔黄燥等，即属表寒里热证；先有里寒又外感风热，症见草料迟细、口流清涎、粪便清稀、发热、咽喉肿痛、触之敏感等，即属表热里寒证。

真热假寒是指内有真热，而外见寒象的一类证候。如症见四肢冰冷、苔黑、脉沉，似属寒证；但又见体温极高、苔干燥、脉按之有力而数、喜饮冷水、口臭、尿短赤、粪便燥结或下痢恶臭、舌色深红等症，其内热才是疾病的本质。此为寒热格拒，阳盛于内，拒阴于外的真热假寒证。

真寒假热是指内有真寒，而外见假热的一类证候。如症见病羊体表热、苔黑、脉大，似属热证；但体表久按又不热、苔兼湿润滑利、脉按之无力、尿清长、粪便稀薄、舌淡等，其内寒才是疾病的本质。此为阴盛于内，格阳于外的真寒假热证。

3. 虚实辨证

虚实辨证是辨别病羊机体正气强弱与病邪盛衰的两个纲领，前者多见于正气虚弱不足之时，而后者多见于邪气亢盛有余之际。当然，临床上也常有虚中夹实或实中夹虚等虚实错杂的情况。

虚证又有阴虚、阳虚、气虚、血虚等的不同。阴虚（虚热）和阳虚（虚寒）见上述寒热辨证的相关内容。气虚证多由于久病耗伤正气，致使以肺、脾、肾三脏为主的脏腑功能衰退为特征，症见体瘦毛焦，精神萎靡，四肢乏力，气促而喘，食欲不振，易出汗，口色淡白，脉象细微，甚或子宫、阴道、直肠脱出等。治宜补脾肺肾之气为主。血虚证多由于脏腑功能减弱使血的化源不足，或因失血等而出现与心、肝、脾、肾四脏有关的一系列证候，症见体瘦毛焦、精神不振、卧多立少、易惊不安、口色苍白、脉细无力等。治宜补血养血，健脾补气。

实证的形成或是感受外邪，或由于内脏功能活动失调与代谢障碍，致使痰饮、水湿、瘀血等病理产物停留体内所致。感受外邪所形成的表实证见上述表里辨证的相关内容。病理产物停滞所引起的实证又有气滞、血瘀、水湿与痰湿之分。此处仅简单介绍气滞（气实）证与血瘀（血实）证。前者以胀满为临床特征，如肺气壅塞不通，症见咳喘；或羊过食发酵草料，胃肠气机壅阻，症见肚腹胀满、腹痛起卧、呼吸迫促等，治宜祛邪理气。后者多因气虚、气滞或因外伤导致血液瘀滞，运行不畅而发。如长途奔走，血液瘀滞而生蹄头痛、胸膊痛等症；或风、寒、湿等邪气侵袭皮肤腠理，再传经络、肌肉，以致腰胯四肢气滞血瘀疼痛；或跌打损伤引起局部皮肤肌肉发热肿痛，以及血液妄行而成黄肿；等等。其临床特点主要为局部疼痛、拒按、固定不移或见皮肤紫斑或皮下血肿，舌质紫暗或有紫斑或瘀点。治宜活血、散瘀、理气。

由于正邪双方的发展变化，在一定条件下既可以发生虚实证的相互转化，也可以见到虚实错杂证。临床上实证转化为虚证比较多见，而由虚证转为实证的比较少见，多是先虚后虚实错杂。虚实错杂证常有表虚里实证、表实里虚证、上盛下虚证、上虚下盛证、虚中夹实证、实中夹虚证等，诊治时应仔细分清虚实程度，是虚多实少还是实多虚少，以确定是以先攻后补，还是先补后攻或攻补兼施。当然，还有虚实真假的出现，即所谓的“大实有羸状，至虚有盛候。”真实假虚是指表象似虚，而病理却属实。如羊患结证初期，可先出现水泻，似属脾虚泻，实则是热结旁流之腑实结滞证，治当通腑破结。真虚假实则是表象似实，而病理却属虚。如脾虚不磨的病羊出现间隙性肚胀，似属实证，而实则为脾胃虚弱，不能升清降浊，致浊气在上而生肿胀，治宜补脾消胀。虚实真假辨别，可以从脉象之有力与无力、舌质之胖嫩与苍老、叫声之高亢与低微、体质之强壮与虚弱以及新病或久病等多方面进行综合分析。实证多见于新病，脉象有力、舌质胖嫩、叫声高亢、体质强壮等；反之则多为虚证。

4. 阴阳辨证

阴阳辨证是八纲辨证的总纲，统领表里、寒热与虚实各证。表、热、实为阳，里、寒、虚为阴。当然，各证又可分阴阳。阳证多以身热、恶热、贪饮、脉数为特征，阴证的特征是耳鼻四肢俱冷、无热恶寒、精神不振、脉沉微无力等。但要注意阳极似阴与阴极似阳的发生。

阴证多见于里虚寒证，症见毛焦肷吊、倦怠喜卧、形寒怕冷、肠鸣泄泻、尿清长、口舌色淡、流涎清、苔白滑润、脉象沉迟无力等。外科疮疡之阴证则表现为红肿热痛不明显，脓液稀薄而少臭味等。

阳证多见于里实热证，症见病羊精神亢奋、躁动不安、气促喘粗、发热重、耳鼻四肢热、口舌生疮、粪便秘结或腹痛起卧、贪

饮、尿短赤、口色红燥、舌苔黄干、脉象洪数有力等。外科疮疡之阳证则表现红肿热痛明显，脓液黏稠发臭。

由于大热、大汗、大吐、大泻、大失血引起阴液衰竭或阳气暴脱，可出现亡阴或亡阳（阳脱）证。前者症见病羊躁动不安、汗出如油、口腔干燥、喜饮、气促喘粗、耳鼻温热、舌色红、脉大而虚或脉数无力，治宜益气救阴；后者症见病羊极度沉郁或痴呆、颤抖、汗出如水、耳鼻不温、口不渴、气息微弱、舌淡而润或舌质青紫、脉微欲绝，治宜回阳救逆。

二、脏腑辨证

脏腑辨证是以脏腑学说为基础，对四诊资料进行综合分析，归纳出各种脏腑证候并进行相应的治疗。

1. 心与小肠证候

心主血脉，藏神；小肠主分清泌浊。心与小肠常见证候包括以下几种。

（1）心气虚与心阳虚　症见心悸动、气喘、自汗、运动或剧烈运动后加重。心气虚者兼见倦怠喜卧、舌质胖嫩而色淡、苔白、脉虚。治宜益气安神，方用四君子汤或养心汤加减：党参、黄芪、炙甘草、茯苓、茯神、川芎、当归、柏子仁、酸枣仁、远志、五味子、肉桂。心阳虚者兼见形寒怕冷、耳鼻肢体冰凉，舌淡或紫暗，脉细弱或结代。治宜温阳安神，方用保元汤加减：党参、黄芪、桂枝、甘草。甚者心阳虚脱者，兼见汗出如水，四肢厥冷，口唇青紫，呼吸微弱，脉微欲绝。治宜回阳救逆，方用四逆汤或回阳救逆汤加减：附子、干姜、肉桂、党参、白术、茯苓、半夏、陈皮、炙甘草、五味子、生姜、麝香。脉结代者，可用炙甘草汤加减：炙甘草、党参、桂枝、阿胶、麦冬、生地黄、火麻仁、生姜、大枣。

（2）心血虚与心阴虚　症见心悸、躁动、易惊。心血虚者兼见口色淡白、脉细弱。治宜补血安神，方用归脾汤加减：白术、党

参、炙黄芪、龙眼肉、酸枣仁、茯苓、当归、远志、木香、炙甘草、生姜、大枣。心阴虚者兼见午后潮热或低热不退、盗汗、口舌生疮、口干舌红或舌尖干赤、脉细数。治宜养阴安神，方用天王补心丹加减：当归、生地黄、天冬、麦冬、酸枣仁、柏子仁、远志、党参、丹参、玄参、茯苓、桔梗、五味子、朱砂。

（3）心热内盛 症见高热、大汗、气粗喘急、精神恍惚，甚者躁动不安、粪干尿少、喜饮、口红舌赤、脉洪数。治宜清心泻火、养阴安神，方用香薷散或洗心散加减：当归、茯苓、远志、大黄、川芎、紫菀、芍药、黄连、郁金、麦冬、生地黄、甘草、蜂蜜、鸡子清。

（4）痰火扰心 症见狂奔乱走、登槽越桩、浑身出汗、气促喘粗，甚者啃胸咬膝、咬物伤人、口色赤红、苔黄腻、脉滑数。治宜清心祛痰、镇惊安神，方用天麻散加减：天竺黄、天麻、防风、桔梗、黄药子、甘草、知母、大黄、生地黄、黄芩、贝母、郁金、黄连、牛膝、蜂蜜。

（5）痰迷心窍 症见痴呆、行步不稳或昏睡，喉中痰鸣。其中热痰可见舌红、苔黄腻、脉滑数。治宜涤痰清热、开窍醒神，方用涤痰汤加减：石菖蒲、半夏、竹茹、陈皮、茯苓、枳实、甘草、党参、胆南星、生姜、大枣。寒痰可见舌淡、苔白腻、脉缓滑。治宜温开涤痰、醒神开窍，方用导痰汤加减：胆南星、枳实、陈皮、半夏、茯苓、炙甘草。

（6）心火上炎及心热移于小肠 症见苔黄、脉数。只是前者兼见舌尖红、舌体糜烂或溃疡、躁动不安、喜饮。治宜清心泻火，方用泻心汤加减：大黄、黄连、黄芩。后者则兼见尿赤涩、淋痛或尿血。治宜清心火、解热毒，方用导赤散加减：生地黄、木通、甘草梢、淡竹叶。

（7）小肠寒 除了概括在脾虚证候内的小肠虚寒证外，还有寒气客于小肠，症见粪不得聚、肠鸣泄泻、小便不利、鼻寒耳冷、口色青白、脉象沉迟。治宜温中散寒、理气和血，方用橘皮散加减：青皮、陈皮、厚朴、肉桂、细辛、茴香、当归、白芷、槟榔。

2. 肝与胆证候

肝藏血、主疏泄、主筋爪、开窍于目；胆附于肝，主贮藏和排泄胆汁。肝胆常见证候包括以下几种。

(1) 肝火上炎　症见目红胞肿、畏光流泪、眵多翳障、瘙痒不安、视物不清或鼻衄、粪干尿赤黄、口红色鲜、脉象弦数。治宜清肝泻火，方用石决明散加减：石决明、决明子、龙胆、栀子、大黄、白药子、黄芩、菊花；或用龙胆泻肝汤加减：酒炒龙胆、炒黄芩、酒炒栀子、泽泻、木通、车前子、酒炒当归、柴胡、甘草、酒洗生地黄。

(2) 肝风内动　主要症状为抽搐、震颤，在临床上又可分为热极生风、肝阳化风与血虚生风三型。热极生风又称热动肝风，症见四肢抽搐、脊项强直，甚或角弓反张、意识不清、狂躁冲撞、舌质红绛、脉弦数。治宜清热熄风、镇痉安神，方用羚角钩藤汤加减：羚羊角、霜桑叶、川贝母、鲜地黄、钩藤、菊花、茯神、生白芍、生甘草、竹茹、地龙、全虫、僵蚕、蜈蚣。肝阳化风，症见口眼歪斜、神昏痴呆、站立摇晃、行走似醉、时欲倒地或突然倒地、肢体麻木、抽搐拘挛、神昏狂躁、左右转圈如推磨之状、舌质红、脉弦数有力。治宜平肝熄风，方用天麻钩藤饮或镇肝熄风汤加减：怀牛膝、生赭石、生龙骨、生牡蛎、生龟板、生杭芍、玄参、天冬、川楝子、生麦芽、茵陈、甘草。血虚生风，症见眼干、视物不清、夜盲、困倦喜卧、蹄壳干裂、四肢拘挛、站立不稳、口色淡白、脉弦细。治宜滋阴养血、平肝熄风，方用四物汤加减或复脉汤加减：熟地黄、党参、黄芪、白芍、当归、川芎、炙甘草、阿胶、火麻仁。

(3) 肝胆湿热　症见可视黏膜黄染、色泽如橘，发热、尿短赤或黄浊、苔黄腻、脉象弦数，母羊带下腥臭、外阴瘙痒，公畜睾丸肿痛灼热。治宜清肝利胆、清热利湿，方用加味茵陈蒿汤：茵陈、栀子、大黄、黄芩、黄柏、连翘、木通、甘草；或用龙胆泻肝汤加减。

（4）寒滞肝脉　症见睾丸和阴囊肿胀、冰硬如石，后肢运步困难、形寒肢冷，耳鼻不温，腹痛得热则缓、遇寒加重，口色青白、舌苔白滑，脉象沉弦或沉迟。治宜温经散寒、行气破滞，方用茴香散加减：茴香、肉桂、槟榔、白术、巴戟天、当归、牵牛子、藁本、白附子、川楝子、肉豆蔻、荜澄茄、木通。

3. 脾与胃证候

脾主运化、主统血，胃主受纳和腐熟水谷。脾与胃常见证候包括以下几种。

（1）脾气虚与脾阳虚　前者又可分为脾虚不运、脾气下陷和脾不统血三种证候，而后者又称脾胃虚寒。脾虚不运又称脾气虚弱，症见毛焦体瘦、食欲减退、反刍减少或停止、肚胀或肢体水肿、粪稀、尿清少、舌淡苔白、脉缓弱。治宜益气健脾助消化，方用参苓白术散加减：党参、茯苓、白术、白扁豆、陈皮、炙甘草、山药、莲子肉、桔梗、薏苡仁、砂仁。脾气下陷者，以久泻不止、脱肛、子宫或阴道脱垂、排尿困难、淋漓不尽等为临床特征。治宜补气升阳，方用补中益气汤加减：炙黄芪、白术、党参、当归、陈皮、炙甘草、升麻、柴胡。脾不统血者，以便血、尿血或皮下出血等各种慢性出血为特征，症见血色淡红、口色淡白或苍白、脉象细弱等。治宜益气摄血、引血归经，方用归脾汤加减：党参、白术、炙黄芪、当归、龙眼肉、酸枣仁、茯神、远志、木香、生姜、大枣、炙甘草。脾阳虚者，症见形寒怕冷、耳鼻四肢俱凉、腹痛不重但经久不愈、肠鸣泄泻或久泻不止、口流清涎、口色青白、脉沉迟无力等。治宜温中健脾，方用理中汤加减：党参、干姜、炙甘草、白术、肉桂、陈皮、五味子。

（2）寒湿困脾　症见头低耳耷、四肢沉重、倦怠肯卧、食欲不振、不欲饮、粪便稀薄、排尿不爽、水肿、白带清稀而多、口腔黏滑、口色青白或黄白、舌苔白腻、脉象迟细。治宜温中燥湿、健脾利水，方用胃苓汤加减：苍术、厚朴、陈皮、甘草、生姜、大枣、猪苓、茯苓、泽泻、白术、桂枝。

（3）湿热蕴脾　症见精神困倦、肚腹微胀、食欲减退或废绝、粪稀或泄泻色黄腐臭、尿黄少、口津黏腻、口色淡黄、苔黄厚腻、脉象濡数。治宜清热利湿，方用茵陈五苓散加减：猪苓、茯苓、泽泻、白术、桂枝、茵陈。

（4）胃热（胃火）　症见消谷善饥、口腔干燥、舌色鲜红、腐臭、齿龈肿痛或唇肿口疮、喜冷饮、粪干尿黄少、苔黄厚、脉洪数或滑数。治宜清胃泻火，方用清胃解热散加减：知母、石膏、玄参、黄芩、大黄、枳壳、陈皮、建神曲、连翘、地骨皮、甘草。

（5）胃寒　症见与脾阳虚相近，只是病程较短、形寒怕冷与肠鸣腹痛等比较明显、舌苔白润、脉沉迟有力。治宜温胃散寒，方用桂心散加减：肉桂、青皮、益智仁、白术、厚朴、干姜、当归、陈皮、砂仁、五味子、肉豆蔻、炙甘草。

（6）胃实（胃食滞）　症见食欲废绝、不反刍、嗳气酸臭、气粗喘急、肚胀腹满，甚或前肢刨地、起卧顾腹、排尿困难、粪稀软而臭，或不排粪、口干色红、舌苔厚腻、脉象滑实。治宜消食导滞，方用曲麦散加减：六神曲、麦芽、山楂、厚朴、枳壳、陈皮、青皮、苍术、甘草。

（7）胃阴虚　症见急性热病的后期、食欲不振、口舌干燥、口色红、粪干尿短赤、少苔或无苔、脉细数。治宜滋阴养胃，方用沙参麦冬汤加减：沙参、玉竹、麦冬、生扁豆、桑叶、甘草。

4. 肺与大肠证候

肺主气、司呼吸、主宣降、通调水道、外合皮毛，故咳嗽、气喘等常责之于肺；大肠主传送体内糟粕，腹胀、腹痛、粪便秘结或泄泻等主要责之于大肠。肺与大肠常见证候包括以下几种。

（1）肺气虚　症见久咳气喘、喘咳无力、动则加剧、畏寒喜暖、易感冒、出汗、神情疲惫、日渐消瘦、口色淡、舌苔薄、脉细弱。治宜补肺益气、止咳平喘，方用补肺汤加减：黄芪、党参、紫菀、桑白皮、五味子、熟地黄。

（2）肺阴虚　症见日久干咳、咳声低沉、日轻夜重，甚则气

喘、鼻液黏稠、低热盗汗或午后发热、口干舌红、无苔、脉细数。治宜滋阴润肺，百合固金汤加减：百合、生地黄、熟地黄、玄参、贝母、桔梗、麦冬、白芍、当归、甘草。

（3）燥热伤肺　症见干咳无痰或痰黏难于咳出、毛焦枯黄、发热微恶寒、咽喉疼痛、口红而干、苔薄黄燥、脉浮细数。治宜清燥润肺，方用清燥救肺汤加减：桑叶、石膏、甘草、麦冬、沙参、阿胶、黑芝麻、枇杷叶、党参。

（4）肺痈咳喘　症见发热、咳嗽、气喘、鼻翼翕动、鼻涕黄黏或腥臭或带血、粪干尿赤、口干色红或深红、舌苔黄燥、脉象洪数。治宜清肺平喘、化痰排脓，方用苇茎汤加味：苇茎、冬瓜仁、薏苡仁、桃仁、金银花、连翘、黄芩、蒲公英、鱼腥草、桔梗、瓜蒌、桑白皮、牡丹皮。

（5）肺热咳喘（肺实喘）　症见高热、初不咳、后咳声洪亮、气喘息粗、汗出渴饮、呼气温热、鼻液黄黏、口色红燥、粪干尿赤、无苔或苔黄、脉洪数有力。治宜清肺化痰、止咳平喘，方用麻杏石甘汤或清肺散加减：麻黄、石膏、苦杏仁、板蓝根、葶苈子、贝母、桔梗、蜂蜜。

（6）肺虚喘　症见夏天多发、长期干咳、声低力弱、夜间尤甚、呼多吸少、声如拉锯、全身晃动、喘息沟及肛门伸缩明显、动则更甚、肷吊毛焦、久则大胯肉陷、多无脓鼻、口色红而干、无苔、脉象沉细。治宜健脾补肾、止咳平喘，方用白果定喘汤合苏子降气汤加减：白果、麻黄、紫苏子、炙甘草、款冬花、苦杏仁、桑皮、黄芩、法半夏、前胡、厚朴、陈皮、当归、生姜。

（7）大肠燥结　症见食欲废绝、口气酸臭、粪便干少、外附黏液、肚胀腹满、频频顾腹、起卧不安、肠鸣音低沉或消失、尿液短赤、口干舌红、舌苔黄厚或灰黑、脉沉而有力。治宜通肠攻下、行气散结，方用大承气汤加减：大黄、芒硝、厚朴、枳实；老羊、产后母羊和热性病后期用增液承气汤：大黄、芒硝、玄参、生地黄、麦冬；或用当归苁蓉汤加减：当归、肉苁蓉、番泻叶、广木香、厚朴、炒枳壳、醋香附、瞿麦、通草、六神曲。

（8）大肠湿热　症见发热、腹痛起卧、粪泻稀软、腥臭难闻或夹杂脓血、尿短赤、口干舌燥、口色赤红或赤紫、苔黄干或黄腻、脉象滑数。治宜清热利湿、调理气血，方用郁金散加减：郁金、诃子、黄芩、大黄、黄连、栀子、白芍、黄柏。

（9）大肠寒泻　症见形寒怕冷、耳鼻冰冷、肠鸣腹痛、粪便稀薄或粪泻如水、尿少而清、口色青白或青黄、苔白润、脉沉迟。治宜温中散寒、渗湿利水，方用橘皮散加减：青皮、陈皮、厚朴、桂心、细辛、茴香、当归、白芷、槟榔；或加味猪苓散：猪苓、砂仁、肉桂、白术、乌梅、酒大黄、车前子、泽泻、白芍、陈皮、青皮。

5. 肾与膀胱证候

肾为先天之本，主藏精、主水、主纳气等；膀胱为州督之官，主尿液的贮存和排泄。肾与膀胱常见证候包括以下几种。

（1）肾阴虚　症见瘦弱、腰胯无力、四肢倦怠、视力减退、毛糙易脱、低热盗汗、粪干尿黄、母羊不孕或难孕、公羊尿频、精液自泄、精少或不育、口舌红燥、舌无苔、脉细数。治宜滋补肾阴，方用六味地黄汤加味：熟地黄、山茱萸、山药、泽泻、茯苓、牡丹皮、五味子、桑螵蛸、菟丝子。

（2）肾阳虚　症见形寒怕冷、腰部冷痛、久泄不止、夜间加重、口色淡白、脉象沉迟无力、公羊性欲减退、阳痿不举、滑精、垂缕不收、母羊宫寒不孕。治宜温肾助阳，方用肾气散或右归丸加减：熟地黄、山药、山茱萸、枸杞子、菟丝子、鹿角胶、杜仲、肉桂、当归、制附子。

（3）肾气不固　症见体瘦腰拱、尿频数、清澈或淋漓失禁，或滑精早泄、口色淡白、舌苔薄白、脉象细弱。治宜固摄肾气，方用桑螵蛸散：桑螵蛸、远志、石菖蒲、龙骨、党参、茯苓、当归、龟甲；或缩泉丸：乌药、山药、益智仁。

（4）肾不纳气　症见咳喘、呼多吸少、动则加重、易出汗、形寒肢冷，口色淡白，脉象虚浮。治宜补肾纳气，方用都气丸：熟

地黄、山茱萸、山药、泽泻、茯苓、牡丹皮、五味子；或人参蛤蚧散：党参、蛤蚧、苦杏仁、甘草、茯苓、川贝母、桑白皮、知母。

（5）肾虚水泛　症见耳鼻四肢冰凉、腰腿无力、尿少、四肢腹下水肿（尤以两后肢水肿明显）、宿水停脐、阴囊水肿、睾丸硬肿、口色淡白、舌质胖淡、苔白、脉象沉细。治宜温阳利水，方用真武汤：茯苓、白芍、生姜、白术、附子；或济生肾气丸：熟地黄、茯苓、山茱萸、牡丹皮、泽泻、牛膝、车前子、肉桂、附子、山药。

（6）膀胱湿热　症见尿短赤、混浊或带血或有沙石，尿频而急，排尿困难或障碍，常有排尿姿势而无尿排出，淋漓不畅，烦躁不安，蹲腰踏地，口红，苔黄或黄腻，脉滑数。治宜清热利湿，方用八正散加减：木通、车前子、萹蓄、大黄、滑石、瞿麦、甘草、栀子、灯心草。

6. 脏腑兼病辨证

由于脏腑之间密切联系并互相影响，临床上常可见到两个或两个以上脏腑相继或同时发病，即脏腑兼病。下面介绍几种常见的脏腑兼病。

（1）脾肾阳虚　症见形寒怕冷、腰背拱立、毛焦体瘦、久泻不止（早晚加重）、四肢腹下水肿（尤以后肢水肿为甚）、阴囊水肿，或见腹水、耳鼻不温、后腿难移、慢草、倦怠、舌胖色淡、苔白润、脉细弱。治宜温补脾肾，泄泻、肢冷为主者，方用四神丸合理中汤加减：补骨脂、煨肉豆蔻、五味子、吴茱萸、大枣、附子、党参、干姜、炙甘草、白术；水肿为主者，方用真武汤合五苓散加减。

（2）肝脾不和　症见躁动不安、肠鸣便稀、腹痛、食欲减退或废绝、口色红黄、苔薄黄、脉弦数。治宜疏肝健脾，方用逍遥散或痛泻要方加减：土炒白术、炒白芍、防风、陈皮、柴胡、当归、茯苓、煨生姜、薄荷。

（3）肝肾阴虚　症见精神不振、站立不稳、夜盲内障、腰胯

无力、公羊或早泄、母羊或发情紊乱、低热盗汗、舌红无苔、脉细数。治宜滋肝补肾，方用杞菊地黄丸加减：熟地黄、山茱萸、山药、泽泻、茯苓、牡丹皮、枸杞子、菊花。

（4）心脾两虚 症见心悸动、倦怠易惊、草料迟细、粪便稀溏、肚腹虚胀、口色淡黄、舌淡质嫩、脉细弱。治宜补益心脾，方用归脾汤加减：党参、白术、炙黄芪、当归、龙眼肉、酸枣仁、茯神、远志、木香、生姜、大枣、炙甘草。

（5）心肾不交 症见心悸动、刨前蹄、踢后蹄、摇头不安、腰胯无力、难起难卧、举阳滑精、低热或午后潮热、盗汗、尿短赤、舌红无苔、脉细数。治宜交通心肾，方用六味地黄汤加味：熟地黄、山茱萸、山药、泽泻、茯苓、牡丹皮、黄连、阿胶、黄芩、芍药。

（6）肺脾两虚 症见久咳不止、咳喘无力、草料迟细、肚腹虚胀、粪便稀薄，甚则胸腹下水肿、口色淡白、脉细弱。治宜补脾益肺，方用参苓白术散或六君子汤加减：党参、炒白术、茯苓、炙甘草、陈皮、半夏、山药、扁豆、莲子肉、薏苡仁、砂仁。

（7）肺肾阴虚 症见干咳不断、声低无力、夜重昼轻，甚或气喘、动则喘重、呼多吸少、消瘦、腰拖胯靸、低热盗汗，或午后潮热、口红苔少、脉细数。治宜滋肾补肺，方用六味地黄汤加减：熟地黄、山茱萸、山药、泽泻、茯苓、牡丹皮、桔梗、麦冬、白芍、玄参、贝母。

三、六经辨证

六经辨证，是以太阳、少阳、阳明、太阴、少阴和厥阴六经所属脏腑生理变化为基础，对外感病所引起的一系列病理变化及其传变规律的认识与把握，因而不完全等同于脏腑辨证。六经传变有顺经传、越经传与直中三种。顺经传就是按六经次序传变，依次为太阳、少阳、阳明、太阴、少阴、厥阴。越经传是不按六经次序，而是隔一经或隔数经相传。如太阳病不愈，不传少阳而传阳明，或不传少阳、阳明而直传太阴。直中则是病邪不由阳经传入，而直接入三阴经。如病初出现太阴病之症状，叫直中太阴；出现少阴病之症状，叫直中少阴。发生越经传与直中，多由病邪偏盛、正气不足所致。

1. 太阳病证

太阳病证，其病位在表，症见发热、恶寒、食欲不振、鼻流清涕、咳嗽气喘、舌苔薄白、脉浮，又有表实与表虚之分。前者也称太阳伤寒证，兼见恶寒、发热、无汗、咳喘、脉浮紧等。治宜发汗解表、宣肺平喘，方用麻黄汤或荆防败毒散：麻黄、桂枝、甘草、杏仁，或荆芥、防风、羌活、独活、柴胡、前胡、桔梗、枳壳、茯苓、甘草、川芎。后者也叫太阳中风证，兼见恶风发热、汗自出、脉浮缓。治宜解肌祛风、调和营卫，方用桂枝汤：桂枝、白芍、炙甘草、生姜、大枣。

2. 少阳病证

其病邪位于太阳与阳明之间，症见寒热往来、耳鼻时温时凉，或左右侧温凉不均、精神时好时坏、时而寒战、不欲饮食、脉弦。治宜和解少阳，方用小柴胡汤：柴胡、黄芩、党参、制半夏、炙甘草、生姜、大枣。

3. 阳明病证

病位在里，为里实热证，又有经证和腑证之分。阳明经证是指邪在阳明经，症见身热、汗出、喜饮、苔黄燥而厚、呼吸喘粗、脉洪大。治宜清热生津，方用白虎汤：石膏、知母、甘草、粳米。阳明腑证是指邪在阳明胃腑，症见身热、汗出、恶热、粪干或秘结不通、食欲不振、尿短赤、脉沉实有力。治宜清热泻下，方用大承气汤：大黄、芒硝、厚朴、枳实；或用增液承气汤：玄参、生地黄、麦冬、大黄、芒硝。

4. 太阴病证

病位在里，多为脾胃虚寒证。症见腹痛、腹胀、粪便清稀、食欲减退或废绝、苔白、脉细缓。治宜温振脾阳、散寒燥湿，方用理中汤加减：附子、党参、干姜、炙甘草、白术、肉桂、陈皮、五味子。

5. 少阴病证

太阴病证只是局部（脾胃）虚寒，而少阴病症则是全身虚弱，又有少阴虚寒证和少阴虚热证之分。前者症见恶寒、嗜睡、卧多立少、耳鼻俱凉、四肢厥冷、体温偏低、脉沉细。治宜回阳救逆，方用四逆汤：熟附子、干姜、炙甘草。后者症见口燥、咽喉触诊敏感、烦躁不安、舌红绛、脉细数。治宜滋阴降火，方用黄连阿胶汤：黄连、黄芩、芍药、鸡子黄、阿胶。

6. 厥阴病证

厥阴病证比较复杂，其特点是寒热错杂，厥热胜复。临床上常见的有寒厥、热厥、蛔厥三种类型。寒厥多由于少阴病证寒极所致，症见四肢厥冷、口色淡白、无热恶寒、脉细微。治宜回阳救逆，方用四逆汤。热厥多由于热蕴于内，阻阴于外，症见四肢厥冷、口色红黄、恶热、口燥、尿短赤。治宜清热和阴，方用白虎汤。蛔厥多由于蛔虫感染所致，症见发热恶寒交错、四肢厥冷与复温交替、口渴欲饮、呕吐或呕蛔虫、黏膜黄染。治宜调理寒热，和胃驱虫，方用乌梅丸：乌梅、细辛、干姜、当归、熟附子、蜀椒、桂枝、黄连、党参、黄柏。

7. 并病与合病

合病是指两经或三经病证同时出现，而并病是指一经病证未罢，又出现另一经病证。临床上以三阳经的合病和并病最多。

（1）太阳少阳并病　该病证是由于太阳表证未愈，又兼出现少阳证半表半里的表现。症见咳嗽、喷鼻（鼻塞）、精神倦怠、四肢关节肿痛、寒热往来、呕吐。治宜太阳少阳双解，方用柴胡桂枝汤：柴胡、桂枝、党参、甘草、大枣、制半夏、黄芩、生白芍、生姜。

（2）少阳阳明并病 该病证是由于少阳病未愈，又兼出现阳明病的症状。症见寒热往来、耳鼻时冷时热、肠鸣音低弱、粪便干小。治宜双解少阳阳明，方用大柴胡汤：柴胡、黄芩、半夏、生姜、白芍、大黄、枳实、大枣。

（3）太阳阳明合病 该病证是由于太阳表邪未解，又入阳明；或胃肠积热后，又感受寒邪所致。症见恶寒发热、咳嗽、肠鸣音低弱、粪便干燥、舌苔厚。治宜表里双解，方用防风通圣散：防风、荆芥、连翘、麻黄、薄荷、当归、川芎、炒白芍、白术、栀子、酒蒸大黄、芒硝、生石膏、黄芩、桔梗、滑石、甘草。

四、卫气营血辨证

卫气营血辨证是在伤寒六经辨证的基础上，通过对温热病四类不同证候及其演变规律的总结与概括，是中医药学对外感热病认识与把握的更进一步发展与完善。卫分证主表，病在肺和皮毛，治宜辛凉解表。气分证主里，病在胸膈、胃肠和胆等脏腑，治宜清热生津。营分证是邪热入于心营，病在心与心包络，治宜清营透热。血分证则热已深入肝肾，重在动血、耗血，治宜凉血散血。先卫分证，再依次传入气分证、营分证与血分证，是温热病发展的一般规律；但像伤寒六经传变一样，其也可不经卫分证而直接从气分证或营分证开始，或由卫分证直入营分证而不经过气分证，或气分证不经营分证而直入血分证。故临床治疗要随机应变，灵活应用。

1. 卫分病证

卫分病证多是温热病邪犯肌表，症见发热重、恶寒轻、咳

嗽、口干舌燥、口色微红、苔薄黄、脉浮数。治宜辛凉解表，热在皮毛而发热重者方用银翘散：金银花、连翘、淡豆豉、桔梗、荆芥、竹叶、薄荷、牛蒡子、芦根、甘草。热在肺而咳嗽重者方用桑菊饮：桑叶、菊花、薄荷、苦杏仁、桔梗、连翘、芦根、甘草。

2. 气分病证

气分病证为热邪已内入脏腑，属于里热证，但由于所在脏腑不同，又有温热在肺、热入阳明与热结肠道三种类型。

（1）温热在肺　症见发热不恶寒、呼吸急促、咳嗽喘急、口鲜红、苔黄燥、脉洪数。治宜清热化痰、止咳平喘，方用麻杏石甘汤（见前述脏腑辨证之肺热咳喘）。

（2）热入阳明　症见高热、大汗出、口干喜饮、口色鲜红、苔黄燥、脉洪大。治宜清热生津，方用白虎汤。

（3）热结肠道　症见发热、粪便干结或热结旁流、腹痛起卧、尿短赤、口干燥、口色深红、苔黄厚、脉沉实有力。治宜滋阴增液、通便泻热，方用增液承气汤：玄参、生地黄、麦冬、大黄、芒硝。

3. 营分病证

营分病证在临床上以高热、神昏、舌质红绛、斑疹隐隐为特征，分营热证和热入心包两种类型。

（1）营热证　症见高热不退、入夜更甚、躁动不安、呼吸喘粗、舌红绛、斑疹隐隐、脉细数。治宜清营解毒、透热养阴，方用清营汤：水牛角、生地黄、玄参、竹叶心、金银花、连翘、黄连、丹参、麦冬。

（2）热入心包　症见高热、神昏、舌绛、脉数、肢厥并抽搐、出血，甚者发斑。治宜清心开窍，方用清宫汤：玄参、水牛角、麦冬、莲子心、连翘、竹叶心。

4. 血分病证

血分病证在临床上可分为血热妄行、气血两燔、肝热动风与血热伤阴四种类型。

（1）血热妄行　症见身热、神昏、黏膜皮肤发斑、尿血、便血、口色深绛、脉数。治宜清热解毒、凉血散瘀，方用犀角地黄汤：犀角（水牛角代替）、生地黄、芍药、牡丹皮。

（2）气血两燔　症见身大热、狂躁不安、喜饮、鼻出血、便血、黏膜皮肤发斑、舌红绛、苔焦黄带刺、脉洪大而数或沉数。治宜清热解毒、凉血养阴，方用清瘟败毒饮：石膏、水牛角、生地黄、黄连、栀子、牡丹皮、黄芩、赤芍、玄参、知母、连翘、桔梗、竹叶、甘草。

（3）肝热动风　症见高热抽搐、背项强直，甚或角弓反张、口色深绛、脉弦数。治宜清热解毒、平肝熄风，方用羚角钩藤汤：羚羊角、钩藤、霜桑叶、菊花、茯神、竹茹、川贝母、生地黄、芍药、甘草。

（4）血热伤阴　症见低热绵绵、倦怠喜卧、口干舌燥、舌色红无苔、尿赤、粪干、脉细数无力。治宜清热养阴，方用青蒿鳖甲汤：青蒿、鳖甲、生地黄、知母、牡丹皮。

第四节　中兽药治疗羊病八法

“八法”就是发汗、催吐、攻下、和解、温热、清凉、补养和消导八种治疗方法，简称为汗、吐、下、和、温、清、补、消。它是产生于辨证基础上的，具有普遍指导意义的治疗方法。在治疗羊疾病实践中，应针对病因、证候和发病部位，灵活运用“八法”。

一、汗法

汗法是运用具有发汗的药物，组成适当中兽药方剂，来开泄

腠理，逐邪外出，治疗感受外邪在表的一种方法。汗法适用于一切表证。表证有表寒、表热的不同，故汗法分为辛温解表和辛凉解表两类。治表寒宜辛温解表，麻黄汤、葱豉汤为代表方剂。治表热宜辛凉解表，银翘散、桑菊饮为代表方剂。当病势发展已由表入里，则不可用汗法。

二、吐法

吐法是运用涌吐药物，使过食或有毒的物质外吐的一种疗法。常用于病情严重，必须急速吐出的实证。瓜蒂散为代表方剂。吐法不宜用于慢性疾病、产后失血、体虚老羊及孕羊。吐药多具毒性，易伤脾胃，必须慎用。由于生理上的特殊性，吐法不适用于羊，仅适用于猪。

三、下法

下法是运用通便药物攻逐胃肠积滞的一种疗法，具有除积导滞、推陈致新、退热止痛的作用，主要用于实证。根据病羊体质的强弱、病势的轻重缓急，分峻下、缓下两类。

1. 峻下

用于膘肥体壮，病情紧急，腹痛不止，大便秘结，小便短黄或如植物油样，口色赤紫，口臭，舌苔黄厚或干黑，脉沉实有力等。大承气汤为代表方剂。

2. 缓下

用于气血双亏的产后羊或老羊，腹痛而数日不排大便，舌苔黄厚、口臭、小便黄稠、心跳快而有力等。当归肉苁蓉汤为代表方剂。表证未解的不可用下法，老羊津枯便秘，羊体衰弱的不可峻下，母羊怀孕期或发情期慎用下法。

四、和法

和法是运用具有疏泄调和作用的药物，以和解表理、调和肝脾肠胃，治疗病邪在半表半里的一种疗法。和法适用于寒热往来、胸胁苦满、呕吐等症状的疾病。小柴胡汤为代表方剂。

五、温法

温法是用温性和热性药物以温补阳气，治疗寒证的一种疗法。根据寒证的轻重不同，温法分回阳救逆和温中祛寒两类。

1. 回阳救逆

用于四肢厥冷，耳、鼻、口气俱凉，出冷汗，腹痛肠鸣，脉象沉迟等。四逆汤为代表方剂。

2. 温中祛寒

用于体瘦气虚、脾胃虚寒、四肢发凉、饮食减少、大便稀溏等。理中汤为代表方剂。

凡属实热证候，热伏于里或有虚热而尿血、便血的禁用温法。

六、清法

清法是运用寒性和凉性药物治疗热病的一种疗法。具有清热保津、除烦解渴的作用。在热邪未解、里热炽盛的情况下，使用中兽药清法为宜。热邪有入气分、营分、血分的区别，所以清法分辛凉清热、咸寒清热、苦寒清热三类。

1. 辛凉清热

用于发热、大汗、口臭作渴、舌苔黄燥、脉洪数。白虎汤为代表方剂。

2. 咸寒清热

用于舌质红绛、舌苔黄燥、口臭、神昏、衄血、尿血、便血、脉洪数。清营汤为代表方剂。

3. 苦寒清热

用于发热、口渴、舌苔黄厚、舌质红绛、便秘、眼结膜充血、脉洪大有力。犀角地黄汤为代表方剂。衰弱、脏腑有寒、胃纳不健、腹泻不止的羊禁用；产后发热的羊慎用；阴虚火旺或血虚烦躁的羊禁用。

七、补法

补法是运用补药补益病羊体质和功能，消除虚弱症状的一种疗法。羊因久病、久泻或大出血，以及饲养失当、营养不足、公羊配种过多而引起的元气亏损、气血不足等虚证均可应用。补法分补气、补血、补阴和补阳四类。

1. 补气

用于四肢倦怠、乏力、脉迟细、自汗、脱肛、母羊子宫脱垂等。补中益气汤为代表方剂。

2. 补血

用于口色苍白、肌肉消瘦、行走无力及母羊不发情或流产等。补血散为代表方剂。

3. 补阴

用于治疗形体消瘦、口咽干燥、两目干涩、眩晕、耳鸣、干咳少痰、痰中带血、胃中灼热等病症。右归饮为代表方剂。

4. 补阳

用于治疗畏寒肢冷、神疲嗜睡、腰膝酸痛、阳痿滑精、小便

频数、尿清便溏、筋脉拘弯、肢体关节冷痛、舌质淡、脉沉弱或迟等病症。左归饮为代表方剂。

八、消法

消法就是运用消导和理气的药物，消除羊体积滞（食滞、气滞）的一种疗法。在作用上消法与下法相似，但在临床应用时却不同。下法着重解除粪便燥结，其目的在于攻逐，消法则具有运化的功能。对积聚较久而消化功能减弱、湿热壅滞的病症，采用渐消缓散的方法，以达到化整为零、由大到小逐渐消失的目的。消法用于过食伤料以致脾失运化而引起消化呆滞、积聚胀满等，保和丸为代表方剂。脾胃虚弱所引起的腹胀泄泻或四肢虚肿等禁用消法。

第三章 ▸▸▸ 羊常见传染性疾病

第一节 羊巴氏杆菌病

羊巴氏杆菌病又称羊出血性败血症，是由多杀性巴氏杆菌引起的一种传染性疾病，是羊的急性、热性传染病，临床上以高热、肺炎和内脏广泛出血为特征。该病传染快，病程短，死亡率高。

本病的潜伏期为 2 ～ 7 天。羊突然发病，体温迅速升高达 41 ～ 42℃，采食和反刍停止，眼结膜潮红，流泪，鼻镜干燥，鼻孔有浆液性或黏液性鼻液流出，呼吸困难，可视黏膜发绀，张口呼吸，呈现红、肿、热、痛感。舌肿大呈蓝紫色，吞咽困难，舌露出口外，并伴有大量带泡的清口水从口角流出，俗称“清水病”。有的病羊腹泻，以急性传染性胃肠炎为主；有的则以胸膜肺炎表现为主；有的皮下呈炎性水肿，病程为 12 ～ 24 小时，最长不超过 1 周。

根据临床症状可分为以下三种类型。

肺炎型：最常见，病羊呼吸困难，有痛性干咳，鼻流无色泡沫，叩诊胸部有浊音区，听诊有支气管呼吸音和啰音，或胸膜摩擦音，严重时呼吸高度困难，头颈伸直，张口伸舌，颌下喉头及颈下方常出现水肿，病羊不敢卧地，常迅速死于窒息。

水肿型：除全身症状外，在颈部、咽喉部及胸前的皮下出现炎性水肿，先热痛而硬，后变凉，疼痛减轻。同时舌周围组织肿胀，舌垂出口外，呈暗红色。呼吸困难，干咳，有泡沫样鼻涕。叩诊胸部敏感，便秘，有的下痢带血，恶臭。

败血型：病初即高热，体温 41 ～ 42℃，后则精神沉郁，头低耳耷，背拱，被毛粗乱无光，脉搏加快，肌肉震颤，皮温不整，鼻镜干燥，结膜潮红，咳嗽，呻吟，反刍停止，食欲废绝。腹痛，下痢，粪便先粥状，后液状，混有黏液，恶臭。

一、病因

本病的病原为多杀性巴氏杆菌，该菌为条件病原菌，常存在于健康畜禽的呼吸道，与宿主呈共栖状态。本病主要经消化道感染，其次通过飞沫经呼吸道感染，亦可经皮肤伤口或蚊蝇叮咬而感染。常年都有发生，多见于秋末、春初气候突变和温差变化大的时候。常呈散发性或地方流行性。3 岁以下的羊发病率最高，羔羊的病死率较高。在天气骤变、冷热交替、闷热、多雨或者是羊饲养在不卫生的环境中（如圈舍通风不良、潮湿、拥挤）、饲料霉变以及营养缺乏、疲劳、长途运输、发生寄生虫病等情况的诱因下，引起机体抵抗力降低，从而使病菌侵入羊体内，经淋巴液进入血液，发生内源性传染。

二、流行病学特点

巴氏杆菌在正常情况下存在于动物的呼吸道内，一般不呈现致病作用。如因饲料品质低劣、营养成分不足、矿物质缺乏、羊只拥挤、卫生条件差、气候突变、阴雨潮湿以及机体受寒感冒等原因使羊抗病力降低时，此病菌会乘机侵入体内，经淋巴液而入血液，发生内源性传染。一旦发病，病羊会不断排出强毒细菌，感染健康羊，造成地方性流行。病羊排泄物、分泌物中含有大量病菌。当健康羊采食被污染的饲料、饮水等，经消化道感染，或健康羊吸

入带细菌的空气、飞沫，经呼吸道感染，也可经损伤的皮肤和黏膜感染。

三、辨证

根据病因、病理和临床症状，中兽医可将本病分为营热证、血热妄行、血热伤阴、气血两燔和肺脾两虚五种证型。

1. 营热证

症见高热不退，躁动不安，呼吸喘粗，舌红绛，斑疹隐隐，脉细数。

2. 血热妄行

症见身热，神昏，黏膜皮肤发斑，便血，口色深绛，脉数。

3. 血热伤阴

症见低热绵绵，倦怠喜卧，口干舌燥，色红无苔，尿赤，粪干，脉细数无力。

4. 气血两燔

症见身大热，狂躁不安，喜饮，鼻出血，便血，黏膜皮肤发斑，舌红绛，苔焦黄带刺，脉洪大而数或沉数。

5. 肺脾两虚

症见久咳不止，咳喘无力，草料迟细，肚腹虚胀，粪便稀薄，甚则胸腹下水肿，口色淡白，脉细弱。

四、中兽药治疗

1. 营热证

[治则]　清营解毒，透热养阴。

[方药]　清营汤。水牛角、生地黄、金银花、玄参各60克，连

翘、丹参、麦冬各45克，竹叶心、黄连各30克，水煎服，候温灌服。

2. 血热妄行

［治则］ 清热解毒，凉血散瘀。

［方药］ 犀角地黄汤。生地黄100克，犀角（水牛角代替）60克，芍药40克，牡丹皮30克，水煎服，候温灌服。

3. 血热伤阴

［治则］ 清热养阴。

［方药］ 青蒿鳖甲汤。鳖甲60克，生地黄、牡丹皮各40克，青蒿、知母各30克，共研为末，开水冲调，候温，1次灌服，连用2～3剂。

4. 气血两燔

［治则］ 清热解毒，凉血养阴。

［方药］ 清瘟败毒饮。石膏80克，水牛角40克，生地黄、栀子、牡丹皮、黄芩、赤芍、玄参、知母、竹叶、连翘、桔梗各20克，黄连15克，甘草6克，共研为末，开水冲调，候温，1次灌服，连用2～3剂。

5. 肺脾两虚

［治则］ 补脾益肺。

［方药］ 参苓白术散或六君子汤加减。党参、茯苓、炒白术、陈皮、半夏、山药、炙甘草各30克，扁豆40克，莲子肉、砂仁、薏苡仁各20克，共研为末，开水冲调，候温，1次灌服，连用2～3剂。

五、针灸治疗

针喉脉、肺俞、四蹄头、喉门穴。血针颈脉血。

第二节 羊破伤风

羊破伤风是指由破伤风梭菌经创伤感染所致，以运动神经中枢兴奋性增强和肌肉持续痉挛为特征的一种中毒性传染病。破伤风又名强直症，为人畜共患病。

本病的潜伏期为1～2周，多发生于分娩、断角、去势等外伤之后。病羊表现为易惊，呼吸迫促，两耳耸立，两眼上翻，头颈伸直僵硬，或有角弓反张、凹背拱腰或弯向一侧，尾根高举或偏向一侧；牙关紧闭，采食、咀嚼、吞咽困难或障碍，流涎，口内含有发酵酸臭的残食，舌的边缘往往留有齿压痕或咬伤，反刍和嗳气停止，腹肌紧缩，瘤胃臌胀；四肢僵硬，行步不稳，甚或倒地痉挛。个别病例在受伤后数天即可出现症状。急性病例多在7～10天内死亡，慢性者症状较轻，可以治愈。

一、病因

羊破伤风是由破伤风梭菌经创伤感染引起，破伤风梭菌为细长的杆菌。该病菌的繁殖体对外界的抵抗力不强，煮沸5分钟即可死亡，一般消毒药均能在短时间内将其杀死，但该病菌的芽孢体具有很强的抵抗力，在土壤中能存活几十年，煮沸90分钟或高压灭菌20分钟才能将其杀死。局部创伤消毒可用5%～10%的碘酊、3%的过氧化氢或0.1%～0.2%的高锰酸钾。

破伤风梭菌属于严格的厌氧菌，常和其他细菌特别是化脓菌一起侵入创伤口，因渗出液积聚与氧气消耗殆尽，更有利于破伤风梭菌的繁殖。本菌侵入机体后，多在局部繁殖产生毒素，引起羊肌肉的广泛性强直收缩。

二、流行病学特点

破伤风梭菌广泛存在于土壤和草食兽的粪便中。被污染的土壤成为本病的传染源。本病主要经创伤感染，如钉伤、刺伤、阉割创伤、断羊角、仔羊脱脐及母羊分娩、胎衣不下或者分娩死胎、助产消毒不严或处理不当，或因创伤内发生坏死，创口被泥土和粪便堵塞造成缺氧而感染发病。

三、辨证

本病可参考中兽医学的风邪犯内、引动肝风进行辨治。

四、中兽药治疗

［治则］ 解表镇惊，散风祛寒。

［方药］ 方剂一：天麻散加减。天麻、乌梢蛇、羌活、川芎各15克，附子、天南星、防风、薄荷各10克，蝉蜕、荆芥、半夏各8克，水煎取汁，加酒150毫升、葱2根（切碎），灌服。同时用朱砂6克、麝香1克，研末取少许吹鼻，2～3次/日。

方剂二：大蒜（以独头蒜为佳）45克，天南星、防风、僵蚕、蝎子、枸骨根各21克，乌梢蛇10克，天麻、羌活各10克，蔓荆子、藁本各9克，蝉蜕6克，蜈蚣2条，水煎取汁，加黄酒200毫升，灌服。

五、针灸治疗

① 火针风门、伏兔、百会、开关、抱腮等穴。据研究，破伤风抗毒素于大椎、百会等穴位注射，用量减半也可收到较好的疗效。

② 灸百会、肾俞、肾角、肾棚、巴山、脾俞、风门、伏兔、开关、抱腮、山根、上关、下关穴，开始一天灸一次，病轻的隔天

一次。

③ 白针开关、抱腮等穴，亦可电针风门、开关、下关、抱腮等穴。

④ 放颈脉或胸堂脉血，体弱者 30 ～ 50 毫升，体壮者 100 毫升。

⑤ 咬肌痉挛、牙关紧闭时，1% 普鲁卡因溶液于开关、抱腮穴注射，每天 1 次。

⑥ 先用喷酒艾叶推擦全身出汗，再火针百会、开关等穴。创伤口扩创，用铁器烧红进行烙灸。

第三节　羊放线菌病

羊放线菌病又称大颌病，是多种致病性放线菌引起的非接触性慢性传染病。临床特征是在舌、颌间、头和颈等部位形成局限性的坚硬放线菌肿。

病羊在上、下颌骨部出现界限明显、不能活动的硬肿，多发生于左侧。初期疼痛，后无痛觉。病羊的呼吸、吞咽及咀嚼均感困难，消瘦甚快。肿胀部皮肤化脓破溃后，流出脓液，形成瘘管，经久不愈。头颈、颌间软组织被侵害时，发生不热不痛的硬肿。舌和咽喉被侵害时，组织变硬，舌活动困难，称“木舌症”，病羊流涎，咀嚼困难。乳房患病时，呈弥漫性肿大或有局限性硬结，乳汁黏稠，混有脓液。

一、病因

本病病原主要是牛放线菌，此外还有林氏放线菌和金黄色葡萄球菌，它们在羊体内均可引起类似病变。牛放线菌主要侵害骨骼等硬组织，是一种不运动不形成芽孢的杆菌。在羊的组织中外观似硫黄颗粒，大小如别针头，呈灰色、灰黄色或微棕色，质地柔软或坚硬。林氏放线菌主要侵害头、颈部皮肤及软组织。

二、流行病学特点

本菌在自然界中主要存在于被污染的土壤、水和禾本科植物穗的芒刺上，健康羊的口腔及上呼吸道内也有本菌存在，当口腔及皮肤损伤时而感染。本病呈地方性和散发式流行，在羊场内，如已有本病发生，可能会有零星的病羊出现。羊的年龄与发病无明显关系，各年龄的羊都可发病，以青年羊发病较多。本病的季节性不明显，但冬春季发病较多。

三、辨证

根据临床症状，可将本病分为心经积热、疫毒外侵、木舌型、破溃型和肿瘤型五种证型。

1. 心经积热

除放线菌病特征性症状外，还见粪干尿赤，舌面有粟粒样小疮。

2. 疫毒外侵

症见颌间、头和颈等部位形成局限性的坚硬放线菌肿，舌部正常。

3. 木舌型

病羊流涎，咀嚼、吞咽、呼吸困难，若不及时治疗，可导致死亡。如乳房被侵害，则呈坚韧肿胀或皮下有局限性硬节。

4. 破溃型

常见羊的上下颌骨肿大，界限明显，肿胀进展缓慢，一般经过6～18个月才出现一个小而坚实的硬块，有的肿大发展较快，牵连整个头骨。肿部初期疼痛，晚期无痛觉。病羊呼吸、吞咽和咀嚼均感困

难，消瘦甚快。而后皮肤化脓破溃，流出血脓，形成瘘管，经久不愈。

5. 肿瘤型

多见上下颌骨肿大，呈肿瘤型。病程发展缓慢的，肿大界限明显；病程发展快的，肿大牵连整个头骨。肿大部初期疼痛，后期无知觉，发病时间较久时，则皮肤破口，流出黄色或白色脓液，形成瘘管，经久不愈。如果病羊下颌骨被破坏，则牙齿会松动，采食、反刍困难，体质状况恶化，逐渐消瘦而死亡。

四、中兽药治疗

1. 心经积热

[治则]　清热解毒，清心泻火。

[方药]泻心散加减。石膏150克，大黄、黄芩、赤芍各30克，黄连20克，竹茹、车前子各10克，灯心草8克，研末冲服；或用芒硝40克，栀子、玄参各30克，连翘、黄芩、知母、麦冬、大黄、葛根、淡竹叶各20克，黄连10克，灯心草6克，共研为末，开水冲调，候温，1次灌服，连用2～3剂。

2. 疫毒外侵

[治则]　清热解毒，散瘀止痛。

[方药]　黄芩、玄参、生地黄各60克，金银花、桔梗、山豆根、赤芍各40克，黄柏、麦冬、射干各30克，黄连、连翘、牛蒡子各20克，甘草10克，共研为末，开水冲调，候温，1次灌服，连用2～3剂。

3. 木舌型

[治则]　清热解毒，活血通络。

[方药]　在舌旁两侧或舌下通关穴放血，放血后用明矾水冲洗，然后用冰片2克，雄黄10克，硼砂20克，芒硝40克，共研为细末，涂于舌上，每天3次。

4. 破溃型

［治则］ 清热解毒，敛疮排脓。

［方药］ 黄连解毒汤加减。黄连 40 克，黄芩、黄柏、知母、栀子、连翘、金银花、麦冬、天花粉、黄药子、白药子、郁金、龙胆、生地黄、滑石、木通各 35 克，甘草 15 克，蒲公英 65 克为引，水煎，候温灌服。

5. 肿瘤型

［治则］ 清热解毒，散瘀。

［方药］ 方剂一：黄芪、黄芩、皂角刺、连翘、桔梗、天花粉、栀子、山豆根、紫花地丁、蒲公英各 30 克，牡丹皮 20 克，水煎，候温灌服，每天或隔天一剂。西药可口服碘化钾，每天 2 ～ 3 次，成年羊每次 3 ～ 5 克，羔羊 1 ～ 2 克。

方剂二：牙硝散加减。芒硝 65 ～ 100 克（煎时后入），黄连、黄芩、郁金、大黄、栀子、生地黄、昆布、海藻、射干、山豆根、牛蒡子各 35 克，连翘、金银花各 40 克，甘草 15 克，蒲公英 65 克为引，水煎，候温灌服。如肿瘤未破，可用温热食盐水纱布热敷患部，每天 2 ～ 3 次。

五、针灸治疗

在舌旁两侧或舌下通关穴放血，放血后用明矾水冲洗。也可火针肿胀周围或火烙创口及其深部放线菌肿。

第四节 羊传染性鼻气管炎

羊传染性鼻气管炎又称羊媾疫、流行性流产、坏死性鼻炎，俗称红鼻子病，是羊的一种急性、热性、接触性传染病，其特征是鼻腔、

气管黏膜发炎，出现发热、咳嗽、流鼻液和呼吸困难等症状，有时伴发结膜炎、阴道炎、龟头炎、脑膜炎或肠炎，也可发生流产。

一、病因

本病是由羊传染性鼻气管炎病毒（IBRV）或羊疱疹病毒Ⅰ型（BHV-Ⅰ）引起。病毒粒子呈圆球形，直径115～230纳米。本病毒比较耐碱而不耐酸，比较耐寒而不耐热，在pH值6以下很快失去活性，而在pH值6.9～9的环境下很稳定。在4℃条件下可存活30～40天，在-70℃保存可存活数年。病毒对乙醚、氯仿、丙酮、甲醇以及常用消毒药都敏感，在24小时内可被完全杀死。

二、流行病学特点

病羊和带病毒动物是主要传染源，隐性感染的种公羊因精液带病毒，是最危险的传染源。病愈羊可带病毒6～12个月，甚至长达19个月。病毒主要存在于鼻、眼、阴道分泌物和排泄物中。本病可通过空气、飞沫、物体和病羊的直接接触、交配，经呼吸道黏膜、生殖道黏膜、眼结膜传播，但主要由飞沫经呼吸道传播。吸血昆虫（软壳蜱等）也可传播本病。在自然条件下，仅羊易感。各年龄和品种的羊均易感，其中以20～60日龄的羔羊最易感，肉用羊比乳用羊易感。本病在秋、冬寒冷季节较易流行。过分拥挤、密切接触的条件下更易迅速传播。运输、运动、发情、分娩、卫生条件、应激因素均与本病发病率有关。

三、辨证

本病根据病毒侵害部位的不同，可将本病分为如下四型。

1. 结膜角膜炎型

轻型病例结膜和角膜充血，眼睑水肿，大量流泪，畏光。重型病例眼睑外翻，在结膜上生成脓疱，而角膜表面形成直径 1 ～ 2.5 毫米的白色坏死性斑点。有黏脓性眼眵。

2. 呼吸道型

病羊体温升高达 40 ～ 41℃，精神不振，食欲废绝。鼻黏膜高度充血，散发灰黄色小豆粒大小的脓疱，并有浅溃疡和白色干性坏死斑，流出大量黏液性或脓性鼻液，呼出有臭味气体。常因炎性渗出物阻塞呼吸道，引发支气管炎、咽喉炎，咳嗽、呼吸加快、呼吸音粗、张口呼吸，有些羊呼吸困难、伸颈，并伴有吞咽障碍，使采食的饲草料渣或饮进的水从鼻孔逆流而出。同时还出现结膜炎、流泪、腹泻，粪稀带血和黏液，泌乳量下降甚至停止。

3. 脑膜脑炎型

以 3 ～ 6 月龄的羔羊多发。体温升高达 40℃以上，随后出现神经症状，精神萎靡与兴奋交替出现，但以兴奋过程为主，惊厥、口吐白沫、磨牙、视力障碍、共济失调、倒地后四肢划动、角弓反张。

4. 生殖器型

病初体温升高，精神沉郁，食欲减退，尿频，屡屡举尾作排尿姿势，从阴门流出条状、黏液性或脓性分泌物。外阴与阴道后 1/3 处黏膜充血、肿胀，并出现小的红色病灶，进而发展为灰色粟粒大小的脓疱，并融合形成一层淡黄色纤维蛋白性膜，覆盖黏膜表面，有的可形成溃疡灶，有的发生子宫内膜炎。妊娠母羊感染后出现流产、产死胎或木乃伊胎。公羊感染发病后龟头、包皮和阴茎充血、肿胀，并形成脓疱，破溃后形成溃疡。精囊腺坏死，失去配种能力。

四、中兽药治疗

1. 结膜角膜炎型

[治则] 清热解毒，明目消肿，排脓消肿。

［方药］　板蓝根80克，桑白皮、蒲公英、连翘、黄芩、牛蒡子、玄参、柴胡各20克，升麻12克，黄连8克，桔梗、薄荷各15克，甘草、马勃各12克，薏苡仁60克，共研为末，开水冲调，候温，1次灌服，连用2～3剂。

2. 呼吸道型

［治则］　清热解毒，利咽消肿，宣肺止咳。

［方药］　板蓝根90克，牛蒡子、黄芩、玄参、连翘、柴胡、荆芥各20克，葛根、桔梗、薄荷各15克，升麻、麻黄、甘草、马勃各12克，黄连8克，共研为末，开水冲调，候温，1次灌服，连用2～3剂。

3. 脑膜脑炎型

［治则］　清热解毒，潜阳降逆，生津补阴。

［方药］生牡蛎160克，代赭石、生石膏各60克，连翘20克，桔梗、薄荷各15克，甘草、马勃各18克，黄连8克，共研为末，开水冲调，候温，1次灌服，连用2～3剂。

4. 生殖器型

［治则］　清热解毒，化湿利尿，排脓消肿，敛疮生肌。

［方药］　板蓝根80克，败酱草40克，大血藤、连翘、土茯苓、牛蒡子、玄参、柴胡、黄芩各20克，萹蓄15克，马勃、甘草12克，黄连8克，共研为末，开水冲调，候温，1次灌服，连用2～3剂。

另外，尚有以下验方可供使用。

① 荆防败毒散加减：荆芥30克，防风25克，党参、茯苓各20克，羌活、独活、柴胡、前胡、枳壳、桔梗、川芎各18克，甘草15克，薄荷12克，共研为末，开水冲调，候温，1次灌服，连用2～3剂。病羊发热、鼻镜干燥、流脓性分泌物者加金银花、连翘各25克。病羊口干、舌燥、饮欲增加者加芦根、地骨皮各18克。病羊食欲不振、反刍减少者去枳壳加枳实18克、炒山楂40克、六

神曲 30 克。

② 麻黄、柴胡、陈皮、茯苓、生姜、桂枝各 35 克，紫苏叶、款冬花、紫菀各 25 克，共研为末，开水冲调，候温灌服，每天 1 剂。

五、针灸治疗

高热者，可三棱针点刺鬐甲、掠草穴，任其自然出血。一般出血自止 15 分钟后即退热。咳嗽较剧者，用平补平泻法针刺天突、颊车穴。

第五节 羊病毒性腹泻-黏膜病

羊病毒性腹泻 - 黏膜病简称羊病毒性腹泻或羊黏膜病，是由羊病毒性腹泻病毒感染引起的一种接触性传染病。以腹泻，口腔及食道黏膜发炎、糜烂，妊娠母羊流产、产死胎或畸形胎为特征。

临床表现为病羊突然发病，体温升高至 41 ～ 42℃、呈稽留热，食欲、反刍停止，瘤胃臌气，鼻镜及口腔黏膜发炎、糜烂、坏死，流涎增多，肠鸣音亢进，严重腹泻，日腹泻可达十余次，粪便如水样、腥臭、带有气泡，后期带血。病羊精神高度沉郁，卧多立少，烦渴喜饮，全身肌肉颤抖，眼球下陷，日益消瘦，尿量少，呼吸、心跳加快，脉洪大，口干津少，舌红苔黄。有些羊常伴发蹄叶炎及趾间蹄冠处糜烂、坏死，跛行。慢性病羊长期腹泻，喜饮水，但生长发育不良，病程长达数月，机体消瘦无力，严重衰竭，直至死亡。妊娠母羊有时发生流产。

一、病因

本病的病原为羊病毒性腹泻病毒，它是一种单链 RNA、有囊

膜的病毒，是黄病毒科瘟病毒属成员，与猪瘟病毒及羊边界病毒有密切关系。病毒粒子略呈圆形，但也常呈变形性。有囊膜，病毒表面有明显纤突。病毒粒子直径为 50 ～ 80 纳米。病毒对温度敏感，56℃可以很快被灭活，在低温下稳定，真空冻干的病毒在 −70 ～ −60℃可保存多年。对乙醚、氯仿、胰酶敏感。

二、流行病学特点

病羊和带病毒羊是本病的主要传染源，羊的分泌物和排泄物中含有病毒。本病主要通过摄食被病毒污染的饲料、饮水而感染；也可因羊咳嗽、剧烈呼吸喷出的传染性飞沫而使易感动物感染；带病毒公羊能长期从精液中排出病毒，通过配种可传染给母羊；也可通过运输工具、饲养用具和胎盘感染。本病大多数呈隐性感染，新疫区羊群呈暴发性流行，老疫区为散发流行。本病常年均可发生，通常多发生于冬末和春季。

三、辨证

可参考中兽医学的脾虚泄泻与湿热泄泻等证进行辨治。

1. 脾虚泄泻

症见病程日久，身瘦肷吊，食欲不振，间歇腹泻，发育不良。

2. 湿热泄泻

症见高热，腹泻，粪便恶臭或带血，并有大量黏液和气泡，流涎流涕，黏膜充血糜烂，结膜红，脉数滑。

四、中兽药治疗

1. 脾虚泄泻

［治则］　健脾止泻。

［方药］补中益气汤加减。炙黄芪60克，党参、白术、当归、陈皮各40克，炙甘草30克，升麻、柴胡、六神曲各20克，水煎服，候温灌服。

对于口舌等黏膜糜烂处，可用冰青散涂搽：冰片8克，青黛6克，芒硝20克，薄荷冰4克，滑石40克，研为细末，蜂蜜调涂患处。

2. 湿热泄泻

［治则］ 清热解毒，利湿健脾。

［方药］ 方剂一：葛根芩连汤合参苓白术散加减。葛根、黄芩、白扁豆各40克，党参、白术、茯苓、炙甘草、山药各30克，莲子肉、桔梗、薏苡仁、砂仁各20克，黄连、丹参、地榆各15克，水煎，候温灌服。

方剂二：白头翁汤加减。白头翁40克，黄柏、秦皮、连翘、地榆各30克，黄连、金银花各35克，生地黄、牡丹皮各20克。共研为末，开水冲调，候温灌服。或水煎，候温灌服。

五、针灸治疗

针刺脾俞、大肠俞、后三里、后海等穴，每天一次。

第六节 羊传染性角膜结膜炎

羊传染性角膜结膜炎，俗名红眼病，是由多种病原引起的一种急性传染病，其临床特征是畏光、流泪、结膜炎和角膜混浊。

本病潜伏期一般为2～7天，最长可达21天。羊一般无全身症状，很少发热，初期患眼畏光、流泪、眼睑肿胀、疼痛，稍后角膜凸起，角膜周围血管充血、舒张，结膜和瞬膜红肿，或在角膜上

出现白色或灰色小点。严重者角膜增厚，发生溃疡，形成角膜瘢痕及角膜翳。有时发生前房积脓或角膜破裂，晶状体可能脱落。多数病例初期为一侧眼患病，后为双眼感染。当眼球化脓时，则出现体温升高、食欲减退、精神沉郁、产奶量下降。多数可自然痊愈，但往往导致角膜云翳、角膜白斑和失明。

一、病因

本病是由多种病原引起的传染性疾病，主要病原为结膜支原体、衣原体、各类细菌，以及结膜立克次体等，在传染过程中既可以是单一病原，也可以是混合病原，其中以衣原体为最常见，也就是我们常说的鹦鹉热衣原体。在多数情况下，病原可以用药杀灭，如使用青霉素或四环素等药剂会有较好的效果，但是有时由于是混合性病原感染，则需要更为复杂的治疗和预防手段。

二、流行病学特点

病羊和康复带菌羊为主要传染源。病羊的眼、鼻分泌物可向外排菌，污染饲料、饮水、用具、土壤和空气等外界环境。本病不分年龄和性别，均易感染，但羔羊发病较多，羊可通过头部等部位的相互摩擦或打喷嚏、咳嗽而被传染。本病主要发生于天气炎热和湿度较高的夏秋季节，其他季节发病率较低。一旦发病，传播迅速，多呈地方性流行。青年羊群的发病率可达60%～90%。

三、辨证

根据病因、病理和临床症状，本病可分为肝经风热型、肝经热毒型和肝胆湿热型三个证型。

1. 肝经风热型

病羊表现畏光，流泪，痒痛明显，球结膜、睫状体轻度充血或无明显充血，角膜表面有细小灰白色点状浸润。

2. 肝经热毒型

病羊表现畏光，流泪，双目紧闭，烦躁不安，球结膜、睫状体有明显充血或混合性充血，角膜表面有乳白色点状及枝状，角膜深层有灰白色浸润，有的因角膜溃疡、组织缺损而凹陷，严重者前房积脓或并发虹膜睫状体炎，临床上出现全身发热，食欲减退，舌质红，苔黄厚，粪干尿黄。

3. 肝胆湿热型

此类羊病程较长，临床多见反复发作，表现为全身发热，低头呆立，口渴不欲饮，粪干或稀，尿黄，舌质红，苔黄厚腻。

四、中兽药治疗

1. 肝经风热型

［治则］ 祛风清热，清肝明目。

［方药］ 方剂一：决明散加减。煅石决明、决明子、木贼、黄芩、栀子、黄芪、菊花各 18 克，黄药子、白药子、大黄、没药各 15 克，蝉蜕 9 克，鸡子清 4 个，蜂蜜 80 克，研末服，用 2 ～ 3 剂。

方剂二：荆芥、防风、薄荷、黄芩、菊花、连翘、夏枯草各 30 克，羌活 20 克，水煎，候温灌服，每天 1 剂。

2. 肝经热毒型

［治则］ 平肝泻火，清热解毒。

［方药］ 方剂一：加味菊花退翳散。菊花、龙胆、青葙子、决明子、煅石决明、密蒙花、黄芩、木贼、蒺藜各 20 克，黄连、蝉蜕、甘草各 15 克，共研为细末，开水冲调，凉水兑温成糊状，一次灌服，连服 3 ～ 5 剂。

方剂二：用石决明、夏枯草各40克，蒲公英35克，决明子、当归、生地黄、车前子各30克，黄芩、栀子、紫草、大黄各20克，水煎，候温灌服，每天1剂。

3. 肝胆湿热型

［治则］　平肝泻火，清利湿热。

［方药］　夏枯草、金银花、薏苡仁各40克，黄芩、牡丹皮、茯苓、当归、车前子各30克，栀子、川厚朴各20克。大便干者加大黄20克，水煎，候温灌服，每天1剂。

另外，还可使用以下验方治疗。

（1）龙胆泻肝汤加减。龙胆、黄芩、栀子、野菊花、柴胡、车前子、泽泻、生地黄、当归各20克，甘草10克，水煎，候温灌服，每日1剂，连用3天。

（2）拔云散加减。炉甘石、硼砂、大青盐、黄连、铜绿各30克，硇砂、冰片各6克，共研为极细末，过筛，装瓶。1天两次，用直径2毫米的塑料管一端将眼药吹入眼内或保定头部点入眼内，轻症3～5天，重症7～10天。

五、针灸治疗

小宽针或三棱针刺太阳、睛明、顺气等穴，每天一次，连续5天。初期病情较重者，可针刺太阳穴破皮出血。

顺气孔插枝疗法，即用约15厘米长（火柴棍粗细）的剥皮柳树条（其他柔韧挺直光滑枝条亦可），酒精消毒，插入病羊顺气孔（即上颌齿板切齿乳头两侧的小孔）至底，将多余部分枝条在距孔缘1～2厘米处折断。枝条插入后，不用取出，病愈后会自行脱出。

第四章 羊常见内科疾病

第一节 羊消化系统疾病

一、羊口炎

羊口炎又叫羊口疮，中兽医称舌疮、口疮、口舌糜烂，是口腔黏膜或深层组织的炎症，以舌和口腔黏膜发生红肿、水疱、溃烂、流涎、拒食或厌食为特征。多因饲料粗硬、开口器使用等原因损伤黏膜所引起，也可继发于羊口蹄疫、恶性卡他热、羊病毒性腹泻、羊传染性鼻气管炎以及维生素 A 缺乏等疾病。

临床表现为病羊采食、咀嚼障碍，流涎；口腔不洁，气味腐臭，黏膜呈斑纹状或弥漫性潮红，温热疼痛，肿胀；上腭、下腭、颊部、舌、齿龈等黏膜色鲜红或暗红，或有大小不等的溃烂面。继而分泌物增多，白色泡沫附着于唇缘或蓄积于颊腔，有时呈纤缕状流出口角。唾液内常混有草料屑、血丝。采食、咀嚼缓慢，严重者常吐出草团或食团。常发生于夏季。

1. 病因

（1）机械性刺激　如饲喂含芒刺饲草（如糜秸、麦芒等）或饲

料中含有木片、玻璃、铁丝、铁钉等尖锐物体刺伤舌体及口腔。

（2）化学性刺激　误食化学物质（石灰等）和有毒物质，或喂食霉败变质饲草亦可引起本病。

（3）其他　可继发于舌伤、咽炎或某些传染病（如口蹄疫）。

中兽医理论认为口炎是心肺、胃肠积热上冲于舌，使局部脉络气血壅滞，血瘀化腐，腐而生疮，故得此病。饲养太盛，气血过旺；暑月炎天，劳役过重，心经积热，心热上攻于舌，致舌体肿胀，继而溃烂成疮；或饮食失调，剧烈运动后未得休息，乘热喂给热草热料，邪热积于脾胃，上攻口舌而致。

2. 辨证

根据发病原因，主要分为以下三种证型。

（1）心火上炎型　羊精神倦怠，两眼赤红，耳鼻、体表发热，采食咀嚼困难，疼痛，口内垂涎，口臭，口内灼热。初期舌体红而微肿并有红色小疙瘩；中期舌体肿胀或有烂斑，口内流出黏涎，垂于口外，咀嚼有痛苦感，不时吐出草团，口臭较重；重症舌面溃烂成疮，口涎带有血丝，口恶臭难闻。或伴有大便干燥，尿短赤。脉洪数，口内赤红。由于日久草料不进，渐而毛焦肷吊，形体消瘦。

（2）胃火熏蒸型　精神较差，食欲不振，饮水较多，口温稍高，口流涎沫，口臭难闻，口内黏膜破溃生疮，齿龈、上腭、唇颊部肿胀或有糜烂、溃疡，有时口腔黏膜出现深红色斑块，唇肿或焦，舌色红中带黄，舌面上出现绿豆大小的灰白色小疱或溃疡面，齿龈肿胀，粪便干燥，脉象洪数。

（3）外伤型　羊均有异物刺伤口舌史。采食小心，咀嚼缓慢，甚者吐草，口腔黏膜可见潮红、肿胀、水疱及溃疡等。有时可见异物沿下颌支下边穿出，化脓带血、气味恶臭，有时沿颞嵴上缘穿出，其状难睹；若喂带芒刺的麦糠，则多在舌面上有较大的溃疡，上面刺有许多麦芒，大量流涎，口臭难闻。病初一般无全身症状，若日久草料不进，或食时吐出草团，则日渐消瘦。

3. 中兽药治疗

（1）心火上炎型

［治则］　清心火解毒，散瘀消肿。

［方药］　洗心散（《元亨疗马集》）。连翘、栀子、牛蒡子、茯神各15克，天花粉12克，白芷、木通、黄柏、桔梗、黄芩、甘草各10克，共研为细末，开水调匀，候温灌服。粪便干燥者，加大黄、芒硝泻热通便；热甚者，加石膏80克；若经久不愈，阴虚火旺者，可改用加味知柏散（《中兽医治疗学》）：酒知母、酒黄柏各20克，乳香、没药、当归、黄芪各18克，木香、白芍、黄药子、白药子、牡丹皮各10克，甘草6克，水煎，候温灌服。

（2）胃火熏蒸型

［治则］　清胃肠之火，解热毒，散瘀消肿。

［方药］　方剂一：清胃散加减。黄连、升麻、牡丹皮各20克，当归、生地黄各30克，生石膏120克。共研为末，开水冲调，候温灌服。

方剂二：消黄散加减。大黄20克，知母、黄柏、连翘、薄荷各15克，芒硝40克，栀子、黄芩、天花粉各18克，甘草10克，2个鸡蛋清为引。共研为细末，开水冲调，候温，加入鸡蛋清搅拌起沫后灌服。

（3）外伤型

［治则］　以局部处理为主。

［方药］　对外伤型或有异物刺入破损者，均应用镊子将芒刺或异物取出。用5%温盐水、5%硼砂水、2%～3%明矾水或0.1%高锰酸钾溶液冲洗口腔，然后施以下列方药。

方剂一：青黛散加减。青黛、黄连、黄柏、薄荷、桔梗、儿茶各6克。研成细末，用纱布做一长条小袋，将药物放入袋内，水中浸湿，于喂草后，将袋的两端系一绳，让羊含于口内。

方剂二：冰硼散。冰片0.5克，硼砂10克，芒硝10克，朱

砂 0.5 克，共研为极细末，装瓷瓶内贮存。每次用一捻，装竹管内吹患处。

4. 针灸治疗

针刺通关、玉堂、胸堂及颈脉穴。选用哪个穴位视病情而定，舌体肿胀者，以针通关穴为主；齿龈肿胀者，以针刺玉堂穴为主；身热体壮、心经有热者，宜胸堂穴放血。

二、羊前胃弛缓

前胃弛缓是指前胃功能紊乱而表现出兴奋性降低和收缩减弱或缺乏，从而引起瘤胃内容物运转迟滞的一种消化功能紊乱综合征，又名前胃虚弱。临床上以水草迟细、前胃蠕动减少或停止、缺乏反刍和嗳气为特征，一年四季皆可发病，尤以舍饲羊、老龄羊及剧烈运动的羊居多。

前胃弛缓在兽医临床上可分为急性型和慢性型两种类型。

急性前胃弛缓：首先是食欲减退，进而多数病羊食欲废绝，反刍无力，次数减少，甚至停止。瘤胃蠕动音减弱或消失。网胃和瓣胃蠕动音减弱。瘤胃触诊，其内容物松软，有时出现间歇性臌胀。病初一般粪便变化不大，随后粪便坚硬，色暗，被覆黏液，继发肠炎时，排棕褐色粥样或水样粪便。

慢性前胃弛缓：症状与急性相似，但病程较长，病势起伏不定。病羊精神沉郁，鼻镜干燥，食欲减退或拒食、偏食、异食，经常磨牙，反刍逐渐弛缓，嗳气减少，嗳出的气体常带臭味。瘤胃蠕动音减弱或消失，其内容物松软或呈坚硬感，多见慢性轻度瘤胃臌胀。

1. 病因

多因长期饲养不善，单纯饲喂秕壳麦糠和藤秸，或饲喂品质不良的饲料，饲料突变，饱食后剧烈运动；或炎天剧烈运动，饮喂失宜，使胃腑腐熟异常，酿成湿热之证。若过饮冷水或食冰冻饲料，或年老多病，气血双亏，导致前胃受纳腐熟功能衰退，遂发虚寒之证。其他疾病，如宿草不转、气臌胀、产后诸病、肝病、内寄生虫病和慢性中毒等，失于治疗或护理不当，亦可继发本病。

2. 辨证

中兽医认为前胃弛缓主要是由于脾虚不运所引起，可分为以下证型。

（1）脾胃虚弱　症见精神不振，站少卧多，食欲不振，体瘦毛焦，倦怠乏力，粪便稀薄，草料不化，口色淡白，脉细无力。

（2）脾虚湿困　症见倦怠喜卧，饮食欲废绝，或渴不欲饮，腹部胀满，大便溏泻，小便短少，口内黏滑或口涎外流，舌苔白腻，脉细缓。

（3）湿热内蕴　症见口腔酸臭，津少干黏，色红赤，苔黄腻，不欲饮，粪便黏腻不爽，小便黄而少，脉濡数。

（4）脾胃虚寒　症见被毛逆立，耳鼻发凉，四肢不温，鼻汗不成珠，口流清涎，粪便稀薄，小便清长，脉沉迟微弱。

3. 中兽药治疗

（1）脾胃虚弱

［治则］　补中益气，健脾和胃。

［方药］　方剂一：参苓白术散。白扁豆 40 克，党参、白术、茯苓、甘草、山药各30克，莲子肉、薏苡仁、砂仁、桔梗各20克，共研为末，开水冲调或水煎，候温灌服。

方剂二：补中益气汤加减。炙黄芪 60 克，党参、白术、陈皮各 40 克，炙甘草 30 克，升麻、柴胡各 20 克，水煎，候温灌服。

方剂三：扶脾散加减。茯苓 20 克，泽泻 12 克，白术（土炒）、党参、苍术（炒）、黄芪各 10 克，青皮、木香、厚朴各 8 克，甘草 6 克，共研为细末，温水调服，连服数剂。

（2）脾虚湿困

［治则］　健脾祛湿，养胃消食。

［方药］　方剂一：胃苓汤。苍术、厚朴、陈皮、茯苓、白术各 30 克，泽泻、猪苓各 20 克，甘草 12 克，肉桂 10 克，加姜、枣适量，水煎，候温灌服。

方剂二：平胃散加减。大枣 60 克，苍术、党参、白术、黄芪、茯苓各 60 克，厚朴、陈皮各 30 克，甘草、生姜各 15 克，共研为末，开水冲调，候温灌服。

（3）湿热内蕴

［治则］　清热利湿，开胃消食。

［方药］　方剂一：黄芪、黄芩、茯苓、茵陈、龙胆各 40 克，大黄、佩兰、白术、枳实各 35 克，砂仁、甘草各 28 克，水煎灌服。

方剂二：黄芩滑石汤。黄芩、滑石、猪苓、茯苓各 30 克，大腹皮、白蔻仁、通草各 10 克，水煎，候温灌服。

方剂三：三仁汤加减。薏苡仁、滑石、白术、茯苓、六神曲、麦芽各 30 克，半夏、苦杏仁各 20 克，通草、白蔻仁、竹叶、厚朴各 10 克，水煎，候温灌服。

（4）脾胃虚寒

［治则］　温中散寒，消食醒脾。

［方药］　方剂一：六神曲 80 克，山楂、麦芽各 60 克，党参、白术、干姜、槟榔各 40 克，小茴香、肉豆蔻各 35 克，茯苓 30 克，木香、甘草各 20 克，共研为细末，开水冲调，候温灌服。

方剂二：黄芪建中汤加减。黄芪、党参、焦三仙各 35 克，生姜、炒白芍、炒枳壳各 20 克，槟榔、炙甘草、肉桂各 15 克，共研为末，开水冲调，候温灌服。

方剂三：理中汤合保和丸加减。党参、干姜各 30 克，炙甘草、白术、山楂、六神曲、茯苓、莱菔子各 20 克，半夏 18 克，水煎，候温灌服。

4. 针灸治疗

针刺脾俞、百会、肚口、关元俞、顺气穴，电针关元俞、脾俞、百会穴；或用10%氯化钾30毫升或新斯的明10毫升，后海穴1次注射。

三、羊瘤胃臌气

瘤胃臌气又名气臌胀、瘤胃臌胀，是反刍兽采食了大量多汁、幼嫩的青草或含蛋白质较高的豆科植物以及霉变、潮湿、发酵饲草饲料，导致瘤胃内容物异常发酵而产生大量气体，因嗳气功能障碍而不能排出，致使瘤胃、网胃过度膨胀与消化功能紊乱的一种疾病。其也可继发于食道梗塞或食道麻痹、瘤胃积食、前胃弛缓、创伤性网胃炎、产后瘫痪、酮尿病等疾病，有单纯性与泡沫性瘤胃臌气之别。前者为瘤胃内单纯性气体积聚，而后者则为泡沫化气体与液体以及固形物混合在一起，积聚于瘤胃内。

临床上以反刍、嗳气障碍，呼吸极度困难，腹围急剧膨大和触诊瘤胃紧张而有弹性为特征。多在采食后2～3小时内突然发病，腹围膨大，左肷窝隆起甚至高于髋关节，不时回头顾腹，呻吟不安，食欲废绝，嘴边黏附许多泡沫。触诊瘤胃时腹壁紧张但按压有弹性，肷部叩诊有打鼓声。瘤胃泡沫性臌气时鼓音不明显，但听诊多能听到气泡破裂音。急性病羊若不及时采取急救措施抢治，可在1～3小时内突发窒息死亡。继发性瘤胃臌气，病初瘤胃蠕动反而亢进，继则呈弛缓状态，瘤胃蠕动和反刍功能减退，全身状态日趋恶化，呼吸困难，脉搏增数，可视黏膜发绀，食欲废绝。继发性瘤胃臌气若呈慢性经过，病程长达数周乃至数月，常难以治愈而反复发作，预后多不良。

1. 病因

过食易发酵的饲料，如幼嫩青草、开花前的苜蓿、酒糟、豌豆等；早春突然转喂青绿饲料，误食霉败或有毒野草，均可迅速产生大量气体，致使瘤胃积气臌胀。饱食后过饮冷水或过

食冰冻草料；劳役之后，喘息未定，趁饥饲喂草料太猛，致使脾胃运化失职，清阳不升，水谷精微不能输布，浊阴不降，水湿不能转输排出，清浊混杂，聚于胃腑。长期饲养失宜，剧烈运动过重，饥饱不均，损伤胃气，以致脾胃阳虚，气血双亏，均可导致本病。

2. 辨证

瘤胃臌气可参考中兽医的膨胀、气胀、肚胀等进行辨治。临床上常分为气滞郁结、脾胃虚弱、水湿困脾三型。

（1）气滞郁结 症见采食中或采食后突然发病，反刍、嗳气停止，起卧不安，后蹄踢腹，瘤胃胀大、左肷凸起，叩击声若鼓响，呼吸急促，结膜口色发绀；严重的病羊张口伸舌，口流黏涎，四肢外张站立。

（2）脾胃虚弱 多见于继发性或慢性瘤胃臌气，症见发病缓慢，反刍减少，腹胀较轻，反复发作，时好时坏，口色淡白，重症者瘤胃蠕动完全停止，多于食后发生，瘤胃按压不甚坚硬，精神不振，口色淡白。

（3）水湿困脾 症见肷部胀满，触压有硬感，穿刺时水气同出，且水多气少或仅有泡沫溢出，口色淡红湿润；病情较重时，呼吸迫促，站立不稳，口色青紫。

3. 中兽药治疗

（1）气滞郁结

［治则］ 破结行气，消积化滞。

［方药］ 方剂一：丁香散加减。丁香 20 克，青皮、藿香、陈皮、槟榔各 10 克，木香 6 克，共研为细末，开水冲调，候温，加麻油 180 毫升，灌服。

方剂二：炒莱菔子 80 克，茴香 40 克，枳壳、木香各 30 克，陈皮、槟榔各 20 克，煎汤，加独头蒜泥 65 克，灌服。

方剂三：药用烟叶 200 克，牵牛子 10 克，水煎，加食醋

300 毫升，一次灌服。

(2) 脾胃虚弱

[治则] 健脾理气，消积除胀。

[方药] 方剂一：健胃散加减。芒硝 180 克，大黄 80 克，槟榔 40 克，枳壳、莱菔子、山楂、六神曲、麦芽各 30 克，甘草 14 克，共研为细末，开水冲调，候温，加豆油 300 毫升，灌服。

方剂二：健脾散合香砂六君子汤加减。党参、茯苓、白术各 30 克，木香、砂仁、陈皮、莱菔子、甘草各 20 克，水煎，候温灌服。

(3) 水湿困脾

[治则] 逐水通便，消积导滞。

[方药] 方剂一：芒硝350克，大黄80克，枳实30克，厚朴、三棱、莪术、生甘草各 20 克，大戟、芫花、甘遂各 10 克，共研为细末，加清油 600 毫升，开水冲调，候温灌服。

方剂二：健胃散加莱菔子 40 克，枳壳 30 克，大黄 80 克，共研为末，开水冲调，候温灌服。

4. 针灸治疗

针刺脾俞、百会、苏气、山根、耳尖、三江、尾尖、顺气等穴。

四、羊瘤胃积食

瘤胃积食又叫瘤胃食滞、第一胃阻塞，中兽医又称宿草不转、宿草不消。是由于暴食过量草料或饮水不足、运动过度或缺乏运动等原因，引起瘤胃内过度充盈，胃壁扩张，神经麻痹，瘤胃运动功能减弱甚至消失，瘤胃内积聚大量内容物而引起的疾病。也可继发于其他前胃疾病或矿物质代谢障碍等。瘤胃积食以瘤胃内容物大量积聚，瘤胃壁扩张，容积增大，胃壁受压，左腹胀满，触如面团

样，运动神经麻痹为特征。

本病发病初期，病羊食欲、反刍、嗳气减少或停止，鼻镜干燥，表现为拱腰、回头顾腹、后蹄踢腹、摇尾、卧立不安。触诊时瘤胃胀满而坚实呈沙袋样，并有痛感。叩诊呈浊音。听诊瘤胃蠕动音初减弱，而后消失。严重时呼吸困难、呻吟、吐粪水，有时粪水从鼻腔流出。直肠检查可发现瘤胃扩张，容积增大，有坚实或黏硬内容物，胃壁显著扩张。如不及时治疗，多因脱水、中毒、衰竭或窒息而死。

1. 病因

剧烈运动或饥饿后，一次贪食过多粗硬或易于膨胀的草料，如稻草、麦秸、豆角皮、花生秧、豆饼、玉米、大豆、豌豆等；或食后大量饮水、运动不足；或饲料骤变，突然改饲可口饲料或偷食精饲料等，致使胃纳太过，脾胃受伤，无力腐熟运化而发病。长期饲养管理不当，饲料单纯，久喂粗硬干草，或饮水不足，或运动过度，或久病体虚，外感诸病，均可使羊体羸弱，脾胃虚弱，腐熟运化无力，宿草难消，停于胃中而患本病。

2. 辨证

由于体质和病因不同，临床常见以下两种证型。

（1）过食伤胃　发病较急，左腹部膨大，按压坚硬；嗳气酸臭，有时空嚼，偶见喷出食团；背部拱起，回头顾腹或后蹄踢腹；或呆立不动，或卧少立多；粪便干硬，色暗量少，外附黏液；宿食挤压膈膜而气促喘粗，四肢张开；鼻镜少汗或无汗，口色赤红或赤紫，舌津少而黏，脉滑数。病至后期，痛苦呻吟，卧地难起，或昏迷不醒，脉沉无力。过食豆谷引起者，可见视力障碍，盲目直行或转圈，甚或狂躁，冲撞墙壁，攻击人畜。

（2）脾虚积食　发病缓慢，病势较轻；左腹胀满，腹痛不明显；呆立拱背，神疲乏力，肢体颤抖，或卧地呻吟。粪干量少，间有腹泻。口色稍红，口津少黏，脉沉细。

3. 中兽药治疗

（1）过食伤胃

［治则］ 消积导滞，攻下通便。

［方药］ 方剂一：行气散加减。芒硝 180 克，六神曲 80 克，大黄、黄芪、滑石各 40 克，牵牛子、枳实、厚朴、黄芩各 30 克，大戟、甘遂各 20 克，猪脂 18 克，水煎，候温灌服。

方剂二：消积导滞散加减。六神曲、麦芽、山楂、枳实、厚朴各 40 克，大黄 60 ～ 80 克，芒硝 180 ～ 350 克，槟榔 20 克，共研为末，开水冲调，候温灌服。

（2）脾虚积食

［治则］ 补脾健胃，消积导滞。

［方药］ 方剂一：和胃消食汤加减。刘寄奴 80 克，厚朴、青皮、木通、茯苓各 30 克，六神曲、山楂各 40 克，枳壳、槟片、香附各 20 克，甘草 15 克，共研为末，开水冲调，候温灌服。

方剂二：曲麦散加减。六神曲 40 克，麦芽、山楂各 30 克，厚朴、枳壳、陈皮、白术、茯苓、党参各 20 克，甘草 10 克，砂仁 18 克，山药 35 克，共研为末，开水冲调，候温加白萝卜 1 个，同调灌服。

4. 针灸治疗

针刺脾俞、百会、山根、海门等穴。电针两侧关元俞穴。

五、羊瓣胃阻塞

瓣胃阻塞是瓣胃内容物干涸、阻塞不通的疾病。中兽医称之为百叶干、重瓣胃秘结、百叶干燥或津枯胃竭，是由于长期饲喂麸皮、糠皮或混有泥沙的饲草等，或机体长期过度疲劳以及饮水不足等，引起以瓣胃收缩无力，大量干涸性内容物积聚，瓣胃麻痹和胃小叶压迫性坏死为特征的重性消化系统疾病。原发性瓣胃阻塞比较少见，多继发于前胃弛缓、瘤胃积食、真胃积食或便秘等。

病羊病初精神沉郁，食欲、反刍减少，空嚼磨牙，鼻镜干燥，口腔潮红，眼结膜充血，体温、呼吸、脉搏多无异常。严重者，食欲废绝，反刍停止，常伴有瘤胃弛缓、积食、臌气，鼻镜龟裂，眼结膜发绀，口色无光，舌苔黄，眼凹陷，呻吟，磨牙，四肢无力，全身肌肉震颤，卧地不起，粪量逐渐减少，呈胶冻、黏浆状，恶臭。后期可见顽固性便秘，粪干呈球状，外附白色黏液，体温升高，呼吸和脉搏加快，瓣胃蠕动音减弱或消失，触诊病羊疼痛不安。直肠检查，肛门和直肠紧缩，空虚，肠壁干燥。发生自体中毒时病情迅速恶化，若治疗不当，羊多因脱水、衰竭而死亡。

1. 病因

长期过多饲喂未经粉碎的粗糙干硬饲料（坚韧富含粗纤维的甘薯藤、花生秧、麦秸）或混有大量泥沙的草料，且又饮水不足，以致胃内津液耗损，食物停滞百叶；或因饲喂失宜，草料不足，营养缺乏，日久气血亏损，百叶津枯，均可发病。此外，热病伤津，汗出伤阴，宿草不转以及真胃及小肠疾患，亦可伤津耗液而继发本病。

2. 辨证

本病的本为虚与燥，标为粪便积滞不通，虚实夹杂。

3. 中兽药治疗

[治则]　生津润燥，消积导滞，攻补兼施。

[方药]　方剂一：加味大承气散。大黄 80 克，芒硝、枳实各 350 克，开水冲调，候温灌服。

方剂二：芒硝 120 克，火麻仁 80 克，玄参、生地黄、麦冬、大黄、苦杏仁、瓜蒌仁、当归、肉苁蓉各 40 克，水煎去渣，候温灌服。

方剂三：猪膏散加减。大黄 40 克，滑石、牵牛子各 20 克，甘草 18 克，千金子 15 克，肉桂、甘遂、大戟、地榆各 10 克，白芷 8 克，共研为细末，开水冲调，加热猪油 300 克、蜂蜜 150 克，一次灌服。

4. 针灸治疗

针刺舌底、耳尖、山根、脐后、百会、脾俞等穴。

六、羊创伤性网胃炎

羊创伤性网胃炎是由于饲料中混入金属异物（如铁钉、铁丝、铁片等）及其他尖锐异物，食入后所引起的网胃创伤性疾病。若异物刺伤网胃，又穿透膈肌伤及心包，使心包发生炎症，称创伤性心包炎。

病羊表现为顽固性的前胃弛缓，食欲减少，反刍停止，瘤胃臌气，下坡、转弯、走路、卧地时表现缓慢和谨慎，起立时多先起前肢（正常情况下先起后肢），卧地时常头颈伸直，站立时常肘部外展，肘肌发抖。个别羊会出现反复剧烈呕吐，甚至出现从鼻腔中“喷粪”的现象。病羊体温中度偏高。用手捏压其肩胛部或用拳头顶压剑状软骨左后方，病羊表现疼痛、躲闪。病羊还常表现为喜走上坡路，不愿走下坡路，或前肢踏槽等。

1. 病因

多因饲养管理疏忽，草料中混有尖锐的铁丝、铁钉、缝针、别针、发卡、玻璃、木片、硬质塑料等异物，而羊采食急促，不经细嚼即下咽入胃，随着网胃的强烈收缩，尖锐的金属等异物刺伤胃壁而发病。有时还可穿透网胃壁，损伤横膈膜、心包、肺脏、肝脏、脾脏等脏器。单纯刺伤胃壁的羊，病情较轻且发展缓慢。

2. 辨证

（1）未刺穿胃壁　症见精神倦怠，水草迟细，反刍减少，大便干燥或外附黏液，瘤胃蠕动减弱和次数减少，或间歇性臌气等脾胃虚弱症状。

（2）金属异物穿透胃壁　很快继发腹膜炎。病羊精神沉郁，食欲大减，反刍减少或停止，反复出现慢性臌气，瘤胃蠕动微弱，排粪减少，粪便干燥，呈深褐色或暗黑色而带有黏液。站多卧少，常拱腰站立，喜欢前肢站高，左肘部外展，肘肌颤动，不愿行走；行走时步态缓慢，尤其下坡和转弯时表现困难。有的呻吟磨牙，卧地时小心，卧下后不愿起立，起立时先起前躯。呼吸浅快，鼻镜干燥，体温升高，日渐消瘦，被毛焦燥。羊产奶量下降。口色红燥，脉搏增数。

金属异物还可刺伤羊的心、肺、肝、脾等脏器并引起患部脓肿，而以穿透横膈膜进入心包引起创伤性心包炎为常见。发生创伤性心包炎时，除以上症状更为严重外，心脏听诊，病初可听到与心搏动相一致的摩擦音，继则随着心包液的出现和增多，可听到拍水音，心音减弱，叩诊心浊音区扩大，穿刺可排出大量脓性腐败难闻的液体。病至后期，颌下和胸前出现水肿，羊日渐消瘦，最后死亡。

3. 中兽药治疗

治宜排除金属异物。胃壁尚未被金属异物穿透时，用合金制成的恒磁吸引器吸出金属异物，同时可结合清热解毒等药物治疗，也可用磁石 30 克（煅为末）、韭菜 300 克（切细捣烂），混合均匀，开水冲调，候温灌服，连服 3 ～ 4 天。

如金属异物已经穿透胃壁，伤及横膈膜、心、肺、肝、脾等，恒磁吸引器就难以将金属异物吸出。异物穿透胃壁者，确诊后，应早行开腹手术取出。手术一般在左肷部切开腹壁，术手先伸入羊腹腔网胃外面触摸有无金属异物、瘢痕和粘连等病灶，发现异物即予取出。如胃壁与横膈膜粘连，则小心剥离；如网胃外找不到异物，则行瘤胃切开，取出瘤胃内容物后，术手通过瘤网孔将网胃内异物取出。如羊体过大，术者手不能达到检查网胃的目的，也可施行网胃切开术。术后酌情结合清热解毒或抗菌消炎等药物治疗，防止感染。

七、羊真胃炎

真胃炎是指各种原因引起真胃黏膜及黏膜下层的炎症，是羊消化系统的常发病。临床上以不食、腹痛、腹水、真胃病变为特征。

羊真胃炎属临床多发病，病初主要表现前胃弛缓、消化功能障碍，缺乏特征性症状，且多为继发性。病羊拱背，喜卧，磨牙，卧地后嘴放于地或头颈回顾腹部，排少量带黏液的稀便，尿短赤，眼结膜潮红，鼻镜干燥，口津黏稠，舌苔白腻，口臭，瘤胃蠕动次数减少，蠕动力量微弱，真胃蠕动音增强。触诊右腹部真胃区敏感，表现后肢踢腹、躲闪、呻吟，饮欲减退，不爱吃精饲料；反刍次数减少或饮食欲废绝。精神沉郁，鼻镜干燥，眼窝下陷，皮肤弹性降低，被毛缺乏光泽，消瘦；心音亢进、加快、节律不齐；排粪干硬而量少，表面光滑或附有黏液，有的个别羊表现腹泻。对真胃区进行触压或解压之后有疼痛反应，个别病羊表现腹痛不安，叩诊倒数第一、第二肋骨呈现钢管音。

1. 病因

多因饲喂粗硬、生霉腐败饲料，饲料突然改变，过饥或过饱，长途运输，精神恐惧引起应激等而发病；某些化学或有毒物质中毒、前胃病、营养代谢病、寄生虫病、传染病等亦可继发。

2. 辨证

临床上常分为实热型、湿热型、热毒型 3 种类型。

（1）实热型　本型为热毒积聚胃肠所致，多属原发性肠黄。精神高度沉郁，发热不食，口内酸臭，口腔干燥，排齿红肿，口渴贪饮；肠鸣音沉衰，粪球干小，外被黏液，恶臭味。口色红燥，苔黄厚，脉洪数。

（2）湿热型　病羊发热减食，烦渴贪饮，口色红紫，苔黄而

腻，臭味大。荡泄，泻粪腥臭，排粪痛苦，里急后重；尿浓，色黄，量少；精神沉郁，肚腹卷缩，耳尖鼻端及四肢末梢发凉。

（3）热毒型　上述两型若病情转重，呈现热毒入血分或邪入心包证候者属于此型。高烧不退，精神呆滞，眼闭头低，站立不稳，皮温不整或四肢下部发凉，肘肌颤抖；食欲废绝，渴而不多饮；口腔干燥，恶臭，排齿红紫；肠音不整或沉衰，肚腹卷缩，时有腹痛；泻粪如浆，腥臭带血；口色红绛，苔灰黄，脉细数。

3. 中兽药治疗

（1）实热型

［治则］　清热解毒，导滞通便。

［方药］　郁金散加减。郁金、大黄各 50 克，黄连、茵陈、厚朴、白芍各 25 克，黄柏、黄芩各 18 克，芒硝 130 克，共研为末，开水冲调或水煎，候温灌服。

（2）湿热型

［治则］　清热解毒，渗湿利水。

［方药］　白头翁汤加减。白头翁 65 克，黄柏、黄连、秦皮、苦参各 35 克，猪苓、泽泻各 18 克。水煎去渣温服，或研为末，稍煎，温服。

（3）热毒型

［治则］　清热解毒，凉血止血。

［方药］　方剂一：凉血地黄汤加减。水牛角 35 克，生地黄 65 克，牡丹皮、钩藤各 35 克，栀子、金银花各 30 克，连翘 25 克，槐花 18 克，水煎，去渣，温服，或共研为末，稍煎，温服。

方剂二：保和金铃散。焦三仙各 150 克，大黄、金铃子各 30 克，延胡索、厚朴各 30 克，陈皮 30 克，槟榔 15 克，莱菔子 35 克。治疗原则为消积导滞，和胃理气止痛。

方剂三：乌贼骨散。乌贼骨 60 克，川贝 30 克，木香、香附、红花、桃仁、延胡索各 20 克，白芍 25 克，丁香 15 克，共研为末，开水冲调，候温灌服。

4. 针灸治疗

针刺脐后、百会、脾俞等穴，腹痛明显的，可针刺三江、外唇阴等穴位。

八、羊真胃移位

真胃移位是指真胃离开原有位置，引起消化器官功能紊乱的疾病。移动到左腹侧或左肷部者，为左方变位；移动至右腹侧或右前方者，为右方变位。

真胃左方变位大多在分娩前几天或分娩后突然发病。病初呈现前胃弛缓症状，食欲减退，厌食精饲料，嗳气和反刍减少或停止，瘤胃蠕动音减弱，排粪量减少，粪便呈糊状。随着病情的发展，左腹胁部局限性膨胀，在该区域内听诊或在听诊器周围同时叩诊，可听到真胃音或钢管音。冲击式触诊可听到液体振荡音，该部位穿刺获得 pH 值 1 ～ 4 的胃液，无纤毛虫。直肠检查，可感到右侧腹腔上部空虚，在瘤胃的左侧可触到膨胀的真胃。

真胃右方变位，多呈急性型，突然发生腹痛、不安、呻吟、踢腹。心率每分钟达 100 ～ 120 次，体温低于常温，瘤胃蠕动音消失，粪软色暗，后变血样乃至黑色。视诊右腹部膨大，在该膨大部听诊并同时在听诊器周围叩诊，可听到高朗的钢管音，冲击触诊可听到液体振荡音，膨大部穿刺可得褐色血样液体（pH 值 1 ～ 4），无纤毛虫。直肠检查，在最后肋弓处可触摸到充满气液的真胃。

1. 病因

其发病原因目前尚不完全清楚，但通常认为是糟粕饲料食入过多、粗饲料食入太少；或长期饲喂青贮玉米，而其铡得过短（5 毫米以下）；或缺乏运动，真胃消化障碍，胃内停留不易消化的食物和气体等。也可由于妊娠后期子宫逐渐增大而沉重，瘤胃从腹底被抬高，真胃趁机向左方移位；而母羊分娩时胎儿被娩出，瘤胃又重新下沉，游离的真胃被压到瘤胃与左腹壁之间。同时，由于真胃

产生相当多的气体，也很容易进一步上升到左腹腔的上方。

2. 辨证

(1) 气血两虚，脾虚胃弱　症见食欲时好时坏，厌吃精饲料，呈饥饿状态，反刍减少甚至停止，腹痛腹泻，粪中带血，日渐消瘦。

(2) 气机阻滞，食滞不化　症见病羊突然腹痛，后肢踢腹，背部弯曲，精神不安，不时呻吟，瘤胃蠕动消失，食欲和反刍完全停止，渴欲增加，粪便呈褐色，有时腹泻但量很少。

3. 中兽药治疗

(1) 气血两虚，脾虚胃弱

[治则]　补气养血，升阳益胃。

[方药]　黄芪180克，白术、枳实、代赭石（研末另包）各65克，陈皮、沙参、当归各40克，柴胡、升麻各30克，川楝子、炙甘草各20克，其他药研末，用代赭石煎水冲调，候温灌服，每天1～2剂。

(2) 气机阻滞，食滞不化

[治则]　活血理气，消积导滞。

[方药]　大黄55克，醋香附50克，猪牙皂、槟榔、五灵脂、厚朴、三棱、莪术、木香各30克，生牵牛子、炒牵牛子各20克，共研为细末，温水调服，每天1～2剂，连用3～5天。

九、羊瘤胃酸中毒

瘤胃酸中毒是指由于过多采食富含碳水化合物的粉状精饲料，或长期大量食入酸度过高的青贮饲料，导致瘤胃内发酵异常，产生大量乳酸，引起全身代谢性中毒的一种疾病。临床上以乳酸中毒、瘤胃内某些微生物群活性降低及瘤胃消化功能紊乱为特征。

由于采食的谷类和碳水化合物饲料的量、瘤胃液pH降低程度以及经过时间等的不同，临床症状也有所不同。大致可分为最急性、亚急性和慢性等类型。

最急性酸中毒：通常在过食或偷食精饲料后 4 ～ 8 小时突然发病，羊精神高度沉郁，极度虚弱，侧卧而不能站立，有时出现腹泻，瞳孔散大，双目失明。体温下降至 36.5 ～ 38℃，重度脱水。腹部显著膨大，瘤胃蠕动停止，内容物稀软或呈水样，瘤胃液 pH 低于 5.0，甚至低于 4.0。循环衰竭，心跳达 110 ～ 130 次 / 分钟，终因中毒性休克而死亡。

亚急性酸中毒：行动迟缓，常呆立懒动，驱赶时亦不愿走动，步态不稳，左右摇摆，伸头缩颈，流涎，呼吸急促，气喘，心跳加快。多在 4 ～ 6 小时内死亡，死前倒地，甩头蹬腿，张口吐舌，高声哞叫，口内流出带血的液体。

慢性酸中毒：病羊食欲废绝，精神沉郁，肌肉颤动，行走时后躯无力，眼球下陷，间或排出黑色带血的恶臭稀粪，口流大量黏液，磨牙，呈昏睡状，一般 15 ～ 24 小时内死亡。

1. 病因

本病是由于大量饲喂易发酵、反酸的草料，或过食碳水化合物含量高的饲料，使瘤胃内产生大量乳酸，致使胃壁麻痹，引起前胃功能障碍、排空功能减弱而致自体中毒、全身代谢紊乱。临床多表现为发病急、病程短、死亡率高。发病特点是青年羊发病率高于老年羊；产羔前、后的羊发病率高于空怀母羊；高产羊发病率高于低产羊。

2. 辨证

本证属中兽医学的料伤范畴，根据病情可参考以下两方面来进行辨证。

（1）胃失和降，气滞血凝　症见精神沉郁，瘤胃蠕动停止，腹围膨胀，高度紧张，腹痛不安，后腿踢腹，步态蹒跚，站立困难，甚至瘫卧不起。呻吟，磨牙，肌肉震颤。

（2）肝胃不和，胃热食滞　症见食欲减退，流出大量泡沫状

涎水，饮欲大增，病羊排泄酸臭且混杂血液的泡沫状稀粪，尿液减少，眼球明显凹陷，严重脱水，眼结膜潮红，视力极度减退，甚至失明，瞳孔散大，反应迟钝。

3. 中兽药治疗

（1）胃失和降，气滞血凝

［治则］　活血止痛，祛瘀生新。

［方药］　方剂一：当归、延胡索、香附、大黄、牡丹皮、六神曲、麦芽、茯苓各 20 克，红花、桃仁、乳香、没药、桂枝、木通各 15 克，甘草 10 克。共研为细末，开水冲调，候温灌服。

方剂二：红花65克，乳香、没药、佩兰各55克，当归、玄参、川厚朴、桔梗、柴胡各 40 克，石菖蒲、青皮各 35 克，水煎，候温灌服。

（2）肝胃不和，胃热食滞

［治则］　导滞通便，疏肝清胃。

［方药］　焦山楂 80 克，神曲、麦芽、芒硝各 40 克，柴胡、白芍各 30 克，厚朴、大黄、牵牛子各 20 克，枳壳、陈皮、槟榔、青皮、苍术各 10 克，水煎，过滤取汁，加植物油 300 毫升，灌服。或用生地黄55克，金银花40克，当归、黄芩、麦冬、玄参、郁金、白芍、陈皮各 30 克，甘草 20 克，水煎，候温灌服。

平胃散：苍术 55 克，川厚朴、陈皮各 35 克，甘草、生姜各 20 克，大枣 10 枚，水煎，候温，加碳酸氢钠粉 40 ～ 60 克，灌服。

十、羊肠炎

肠炎是肠黏膜及其深层组织发生重度炎症的疾病，中兽医称为肠黄，以黏膜充血、出血、肿胀甚至化脓坏死等病理变化为特征。

临床表现为病羊精神不振，食欲减少，反刍减退或停止，体温偏高，结膜潮红或发绀。耳根、鼻镜及四肢末端变凉，粪便呈糊

状或水样，有腥臭味，常混有血液、黏液或脓性物，后期排无粪黏液或脓血块。病羊后期严重脱水，眼球凹陷、四肢乏力、体温下降，最后全身衰竭而死。

1. 病因

（1）原发性病因　多因剧烈运动，奔走太急，感受暑湿之邪，乘饥食用过多谷料，或食后立即运动；暑热炎天，饮水不足；饲养太盛，谷料浓厚；过食不易消化的饲料或采食霉败变质饲料或误食有毒物质等，均可导致湿热蕴结、脏腑壅极、热毒内陷而发生本病。

（2）继发性病因　常见于肠阻塞之后，或因攻下太过，或因肠道阻塞重笃，或因护理不周等引起对慢草不食（消化不良）误治或失治也可转为肠炎。

2. 辨证

临床上常见湿热型、毒热型、实热型和虚热型四种证型。

（1）湿热型　结证继发的肠黄多属此型。发热减食，烦渴贪饮，肠鸣音活泼，频排恶臭稀便，常带有腥臭的脓血或剥脱的肠黏膜，排粪痛苦，里急后重；尿浓，色黄，量少；精神沉郁，肚腹卷缩，耳尖鼻端及四肢末梢发凉；口色黄或暗红，苔厚腻，脉滑数或弦数。

（2）毒热型　若病情转重，呈现热毒入血分或邪入心包证候者属于此型。高烧不退，精神呆滞，眼闭头低，站立不稳，皮温不整或四肢下部发凉，肘肌颤抖；食欲废绝，渴而不多饮；口腔干燥，恶臭，排齿红紫；肠鸣音不整或沉衰，肚腹卷缩，时有腹痛；泻粪如浆，腥臭带血；口色红绛，苔灰黄，脉细数。

（3）实热型　本型为热毒积滞胃肠所致，多属原发性肠黄。精神高度沉郁，发热不食，口内酸臭，口腔干燥，排齿红肿，口渴贪饮；肠鸣音沉衰，粪球干小，外被黏液，恶臭味；色红燥，苔黄

厚，脉洪数。

（4）虚热型 病至后期呈现正虚邪留之象者属于该型。低烧不退，体瘦毛焦，水草迟细，肚腹卷缩；久泻不止，或酸臭如浆，或下泻如水；口腔干燥，口色深红，无苔或少量薄黄苔，脉细数无力。

3. 中兽药治疗

（1）湿热型

［治则］ 清热解毒，燥湿利水。

［方药］ 方剂一：白头翁汤。白头翁 60 克，黄柏、黄连、秦皮各 30 克。水煎温服，或共研为末，稍煎，温服。

方剂二：郁金散加减。郁金、大黄各30克，黄连15克，栀子、白芍、黄柏、诃子、黄芩各 20 克。共研为末，开水冲调，候温灌服；也可水煎，候温灌服。

方剂三：葛根黄芩黄连汤。葛根 100 克，黄芩 60 克，黄连 40 克，甘草（炙）20 克。煎汤去渣，候温灌服；或共研为末，开水冲调，候温灌服。

（2）毒热型

［治则］ 清热解毒，凉血止血。

［方药］ 方剂一：凉血地黄汤加减。犀牛角 6 克（锉为细末，可用 10 倍量水牛角代替），生地黄 100 克，牡丹皮、栀子各 30 克，金银花 35 克，白茅根 20 克，水煎去渣，候温，加水牛角末，灌服。

方剂二：白头翁汤加减。白头翁 60 克，黄柏、黄连、秦皮各 30 克。水煎温服，或共研为末，稍煎，温服。

（3）实热型

［治则］ 清热解毒，导滞通便。

［方药］ 黄连解毒汤合大承气汤。黄连 20 克，黄芩、黄柏各 30 克，栀子 40 克，大黄 40 ～ 60 克（后下），芒硝 100 ～ 180 克（冲），厚朴、枳实各 30 克，水煎去渣，温服。

(4) 虚热型

[治则] 清热利湿，涩肠止泻。

[方药] 粉葛散加减。粉干葛40克，栀子、黄柏各20克，木通、五味子各18克，乌梅15克，甘草10克，水煎去渣，温服，或共研为末，冲服。阴虚重者加玄参、麦冬；湿重者加猪苓、泽泻；气虚者加党参、白术。

4. 针灸治疗

针刺颈脉、尾本、交巢、后三里、百会、关元俞、大肠俞、尾根、大椎、后海、鬐甲、海门等穴。

十一、羊黄疸

黄疸是指以目黄、身黄、尿黄为特征的一类病症。中兽医把羊黄疸病分为阳黄和阴黄两种，它是以羊的目黄、皮黄、尿黄、阴户黄、乳汁黄、黏膜黄，尤其是以乳房皮肤黄为明显特征的一类病症，不同于机体消瘦、衰弱、贫血、焦虫病等黏膜黄染的疾病。

病羊发病时表现为消化不良，粪便臭味大而色泽浅淡；可视黏膜黄染，皮肤瘙痒，脉率减慢；尿色发暗、有时似油状。叩诊肝脏，肝脏浊音区扩大；触诊和叩诊均有疼痛反应。后躯无力，步态蹒跚，共济失调；狂躁不安，痉挛，或者昏睡、昏迷。体温升高或正常，脉搏和心动徐缓。

1. 病因

阳黄多因暑热炎天，气候潮湿，热气蒸腾，以致湿热之邪外袭机体；阴黄多因羊前胃弛缓、脾胃虚弱，误饮误喂冰冻水草，以致寒湿之邪外袭畜体。总之阳黄和阴黄是湿热或寒湿之邪外袭机体，内阻中焦，脾胃运化失常，肝胆失于疏泄，胆汁外溢与肌肤，泛于黏膜等处，呈现黄色。

2. 辨证

（1）阳黄　发病较快，眼、口、鼻及阴户黏膜、乳房皮肤、尿液黄色鲜明如橘；患病羊精神沉郁、食量减少、粪干且外皮色黑或泄泻黏腻，气味恶臭，发热等，多发生在暑热炎天。

（2）阴黄　眼、口、鼻等可视黏膜发黄，黄色晦暗；患病羊精神沉郁，四肢无力，食欲减少，耳、鼻发凉，体温正常或微低，舌色淡黄白腻。病程长，多兼有不同程度的前胃弛缓，年龄较大的体质差的羊多发，且多发于冬春季节。

3. 中兽药治疗

（1）阳黄

［治则］　清热解毒，利湿通便，疏肝理气。

［方药］　茵陈龙胆汤（茵陈汤、龙胆泻肝汤合剂）。茵陈55克，大黄40克，栀子、龙胆、黄芩各35克，木通、车前子、当归、生地黄、柴胡、泽泻各25克，生甘草15克，共研为末，开水冲调，候温一次灌服。

热邪偏重者加大青叶、蒲公英、鱼腥草各40克；肝区叩诊疼痛敏感时加川楝子、延胡索、郁金或三棱、莪术各30克；尿赤黄或尿血者加白茅根、牡丹皮、生地黄各40克；粪干加芒硝200～350克，大黄增至100～150克；胎动时加白术、黄芩各40克。

热盛者加黄连、生地黄、牡丹皮、赤芍各20克；妊娠母羊去大黄、木通，加熟大黄40克，猪苓20克；粪干者加枳实20克，芒硝65克，槟榔35克；有积滞加山楂、六神曲、麦芽各40克，泌乳羊去麦芽。

久病者辅以健脾益胃，方选茵陈蒿汤加味：茵陈150克，大黄、板蓝根、金钱草各65克，栀子、柴胡、白芍、青皮各40克，陈皮、金银花、连翘、香附、枳壳、黄芩、龙胆、甘草各30克，水煎滤渣，候温灌服，每天1剂。偏湿者加苍术、厚朴、泽泻各40克。

(2) 阴黄

[治则] 健脾益气，温中化湿。

[方药] 方剂一：茵陈术附汤加减。茵陈40克，白术35克，附子、干姜各30克，生甘草15克，共研为末，开水冲调，候温灌服。随症加减：一般病例都加苍术35克，陈皮、生姜、车前子、茯苓、泽泻各20克；妊娠母羊去附子，加砂仁、白豆蔻、紫苏各20克，木香15克；有风寒加当归、川芎、荆芥、防风、白芷、羌活、独活、生姜各20克，细辛12克；有积滞加槟榔、陈皮、厚朴各30克，山楂、六神曲、麦芽各35克；体虚加黄芪55克，党参、当归各25克。

方剂二：茵陈姜附散。茵陈30克，白术20克，附子、生姜、炙甘草各10克，加味共研为末，开水冲调，候温灌服（引自《中兽医治疗学》）。一般病例都加苍术20克，陈皮、生姜、车前子、猪苓、泽泻各15克。妊娠去附子，加砂仁、白豆蔻、紫苏各18克，木香10克；有风寒加当归、川芎、荆芥、防风、白芷、羌活、独活、生姜各15克，细辛6克；有积滞加槟榔、陈皮、厚朴各20克，山楂、六神曲、麦芽各25克；体虚加黄芪35克，党参、当归各20克。

方剂三：黄芪建中汤加味。炙黄芪、党参、苍术、茵陈、熟地黄各55克，炙甘草、干姜、厚朴各40克，当归、川芎、桂枝各20克，大枣15枚。水煎滤渣，候温灌服，每天1剂。寒重加肉桂、附子各30克；湿重加茯苓、泽泻、白术各40克，食欲不振加焦三仙各40克；有外感表证加防风、荆芥、紫草各30克；若黄染带暗紫色者，重用当归、川芎，酌情加桃仁、红花。

十二、羊腹腔积液

腹腔积液指腹腔内积聚大量渗出液的慢性病，也叫腹水，是其他疾病的一个症状，中兽医叫做宿水停脐。主要表现为精

神沉郁，反刍减少，胸式呼吸，腹痛，呻吟，病初体温升高。视诊腹部，下侧方对称性增大，而腰旁窝塌陷，腹轮廓随体位而改变；触诊腹部不敏感，冲击腹壁闻震水音，对侧壁显示波动；叩诊腹部，两侧呈等高的水平浊音，上界因姿势而变化；腹腔穿刺液透明或稍混浊，色泽淡黄或绿黄，并含有大量白细胞和纤维蛋白。全身症状取决于原发病，通常显现充血性心力衰竭、恶病质或慢性肝病体征，产生蛋白尿、尿量减少等现象。

1. 病因

主要是门静脉瘀血的结果，另外细菌感染、肿瘤、结核性腹膜炎、消化道穿孔、肝硬化、营养不良都有可能引起腹水。中兽医理论认为有如下成因。

（1）饮食不节，损伤脾胃　导致湿浊内蕴，清气不升，浊气不降，壅阻气机，脾土壅滞则肝失条达，气滞血瘀，水湿内停，气血交阻而呈鼓胀。

（2）血吸虫感染　血吸虫感染晚期内伤肝脾，脉络瘀阻，气机不畅，升降失常，气血水瘀积聚腹中而成。

（3）黄疸积聚失治　日久湿热伤脾，水湿内停，肝失条达，气血凝滞，脉络瘀阻，终至肝脾肾三脏俱病而呈鼓胀。

2. 辨证

本病为湿毒之邪停于中焦，中焦受阻，湿热困脾，水道不通，津液运行不畅，累及肝肾，气血瘀积所致。

3. 中兽药治疗

［治则］　温补肝肾，健脾利水，祛瘀除湿。

［方药］　党参、白术、大黄、木通、猪苓、泽泻各35克，车前子、小茴香、大腹皮、肉桂、茯苓各20克，甘遂、芫花各15克，共研为细末，开水冲调，候温，一次灌服。

第二节 羊呼吸系统疾病

一、羊咽炎

咽炎是指咽黏膜与黏膜下层部位炎症。包括软腭、扁桃体等部位发生炎性变化，临床上一般以吞咽障碍、疼痛、厌食、咳嗽为特征。

临床表现为病羊头颈伸直，采食缓慢而谨慎，并常中断，吞咽困难，吞咽时伸头、点头或头向侧边运动；常空口咀嚼、空口吞咽，前蹄踏地或刨地；触诊咽部敏感、热痛。严重者食团（草料）或饮入的水从口、鼻中漏出，饮食时多咳嗽并咳出食物，口中垂涎，呼吸困难并常伴有鼾鸣音或口哨音。

1. 病因

主要是由于饲养、运动不当和外感风热所致。长途运输，奔走过急，心肺积热；乘热饲喂草料，脾胃积热；外感风热，热邪侵袭，上攻而结于咽部致病。粗暴投送胃管，吸入或食入有刺激性的气体或食物，可导致本病发生。感冒、口炎、食道炎、唾液腺炎、结核病等亦可继发咽炎。

2. 辨证

根据发病原因，主要分为以下三种证型。

（1）外感风热犯肺　症见精神倦怠，耳鼻、体表发热，喜饮凉水，舌尖红赤，咽部红肿，采食疼痛，咀嚼困难，水草难咽，粪便干燥，小便短赤。

（2）脾胃积热　症见喜饮凉水，粪便干燥，口流涎沫，口臭难闻，齿龈、上腭、唇部肿胀或糜烂溃疡。

（3）心经郁热　症见舌尖红赤，口流黏涎，采食疼痛，咀嚼

困难，水草难咽，小便短赤。

3. 中兽药治疗

（1）外感风热犯肺

［治则］ 清热解毒，消肿利咽。

［方药］ 病初用银翘散加减，病情严重者用消黄散加减。

方剂一：银翘散（《温病条辨》）加减。金银花、连翘、板蓝根、紫花地丁各20克，芦根25克，淡豆豉、桔梗、荆芥、牛蒡子、射干各18克，竹叶、薄荷各15克，甘草6克。共研为末，开水冲调，候温灌服。

方剂二：消黄散（《元亨疗马集》）加减。黄药子、白药子、知母、山豆根、连翘各18克，栀子、黄芩、大黄、浙贝母、郁金、玄参、防风、黄芪各15克，芒硝40克，马勃、射干、甘草、蝉蜕各10克，共研为末，开水冲调，候温，加蜂蜜80克、鸡蛋清3个，同调灌服。

方剂三：清解利咽汤加减。山豆根35克，芦根40克，板蓝根、桔梗、黄连、黄芩、黄柏各30克，射干18克，金银花、连翘各30克，玄参、牛蒡子、重楼各25克，马勃15克，甘草10克。加减：热盛加生石膏40克、天花粉25克；粪便干燥加大黄20克。以上药用清水2000毫升，煎取药汁1000毫升，煎取2次，共得药汁2000毫升，1日1剂，分早、中、晚三次灌服。

方剂四：三根三黄汤加减。山豆根35克，芦根40克，板蓝根、黄连、黄芩、黄柏各25克，薄荷18克，金银花、连翘各30克，玄参、牛蒡子、重楼各25克，马勃15克，甘草10克，水煎灌服。加减：热盛加生石膏40克；粪便干燥加大黄20克。

（2）脾胃积热

［治则］ 解热毒，清胃火。

［方药］ 枳实、泽泻、陈皮、旋覆花各35克，黄芩、生地黄、芒硝各20克，柴胡、升麻各16克，共研为末，开水冲调，候温灌服。

（3）心经郁热

［治则］ 清解心经之火。

［方药］生石膏100克，金银花、玄参、车前子（包）各40克，连翘、黄连、黄芩、知母、栀子各20克，水煎，候温灌服，2次/日。

4. 针灸治疗

针刺玉堂穴，膘肥体壮者，可彻颈脉血。

二、羊感冒

感冒是风邪（风寒或风热）侵袭畜体引起的常见急性发热性疾病，临床表现以鼻塞、流涕、喷嚏、咳嗽、恶寒、发热、呼吸增快、脉浮等症状为特征。各种羊在一年四季均可发病，尤以冬、春两季为多见。

1. 病因

感冒是由六淫之气和时行疫毒侵入畜体而致病。六淫之气，以风邪为主因，由于风为六淫之首，百病之长，往往与其他时行之邪相结合而伤害畜体。当畜体卫外功能减弱，肺卫调节失司，而外邪乘袭时，则易感邪发病。如气候突变，寒温失常，六淫及时行之邪肆虐，侵袭肌表，卫外之气不能调节应变，则本病发病率升高；或因饲养管理不当，寒温失调以及过度劳役，而致肌腠不密，时邪疫毒侵袭为病；或畜体素虚，腠理疏松或过劳出汗，又复感风邪，致使卫气受伤，营液外泄，营卫不和而发病。

2. 辨证

由于感冒的病因不同和畜体素质的差异，故临床表现的证候也不同，一般可分为风寒、风热和时行感冒等主要类型。

（1）风寒感冒　因风寒之邪侵袭肌表所致。症见精神倦怠，食欲不振，被毛竖立，拱腰低头，恶寒，发热，无汗，鼻寒耳冷，

鼻流清涕或咳嗽，鼻镜无汗，反刍减少；重则高热不退，精神困倦，食欲废绝，反刍停止，耳鼻和四肢厥冷，皮温不均，肘部或全身颤抖，肢体拘急，行动不灵，流涕咳嗽，脉浮紧。

（2）风热感冒　因风热之邪侵袭肌表所致。症见精神沉郁，肌表发热，喜凉恶热，呼吸喘促，有时咳嗽，鼻流黏涕，食欲减退，口渴欲饮，鼻镜干，口流黏涎，口色偏红，呼吸气粗，脉浮数。

（3）时行感冒　因多为风温所致，发病急，病情重，呈流行性，传染快。症见羊精神高度沉郁，食欲减退或废绝，发热，咳嗽流涕，眼红流泪，呼吸急促，反刍减少或停止，肌肤寒战，鼻镜干燥，口热涎黏，四肢无力，步态不稳，脉数。

除此以外，还兼有夹湿、夹暑、夹燥等感冒类型。

3. 中兽药治疗

（1）风寒感冒

［治则］　辛温解表，疏风散寒。

［方药］　方剂一：荆防败毒散加减。荆芥、防风、桔梗各20克，茯苓30克，羌活、独活、柴胡、前胡、枳壳各18克，甘草10克，生姜15克，共研为末，开水冲调，候温灌服。

方剂二：麻黄汤加味。麻黄、桂枝各30克，苦杏仁40克，甘草15克，共研为末，开水冲调，候温灌服，或煎汤服。本方适用于风寒表实证。

（2）风热感冒

［治则］　辛凉解表，散风清热。

［方药］　方剂一：银翘散加减。金银花、连翘、淡竹叶各20克，淡豆豉、荆芥、桔梗、牛蒡子各18克，薄荷10克，芦根40克，甘草6克，共研为末，开水冲调，候温灌服。本方适用于风热感冒、温病初起。

方剂二：桑菊饮加减。桑叶25克，苦杏仁、连翘、菊花、桔梗各20克，薄荷10克，共研为末，开水冲调，候温灌服。

（3）时行感冒

［治则］ 辛凉解表，清热解毒。

［方药］ 银翘散或荆防败毒散加板蓝根、大青叶、金银花、葛根等，酌情加减其他药物。

兼有夹湿感冒用藿香正气散加减：藿香60克，柴胡、白芷、大腹皮、茯苓各20克，白术、半夏曲、陈皮、厚朴、桔梗各40克，甘草（炙）50克，共研为末，生姜、大枣开水冲调，候温灌服；亦可水煎，候温灌服。

兼有夹燥感冒用清燥救肺汤加减：桑叶30克，石膏（煅）50克，苦杏仁（炒）、党参、麦冬各20克，枇杷叶18克，甘草、胡麻仁、阿胶各10克，共研为末，开水冲调，候温灌服。本方适用于秋令感冒。

兼有夹暑感冒用香薷散加减：黄芩30克，甘草10克，香薷、黄连、当归、连翘、天花粉、栀子各20克，共研为末，开水冲调，候温，加蜂蜜适量，灌服。本方适用于炎夏酷热所伤，心肺壅极、表里俱热之证。

4. 针灸治疗

可选山根、耳尖、顺气、苏气、百会、尾尖等穴针刺。咳嗽针刺苏气，慢草针刺通关、六脉穴。

三、羊咳嗽

咳嗽是肺系受病，宣降失常，肺气上逆作声，并将肺管、喉间之痰涎异物咳出的病症。本病一年四季各种羊均可发生。

咳嗽既是具有独立性的证候，又是肺系多种疾病的一个症状。咳嗽与痰在病机上有密切关系，一般咳嗽每多夹痰，而痰多亦每致咳嗽，故有“咳嗽必由痰作祟”的说法。

1. 病因

咳嗽的病因有外感、内伤两大类。外感咳嗽为六淫外邪侵袭

肺系所致；内伤咳嗽为脏腑功能失调、内邪干肺等所致。

外感咳嗽与内伤咳嗽还可相互影响为病，久延则邪实转为正虚。外感咳嗽如迁延失治，可致咳嗽屡作，肺气伤，逐渐转为内伤咳嗽；肺脏有病，卫外不强，易受外邪引发加重，导致肺脏虚弱，阴伤气耗。因此，咳嗽虽有外感、内伤之分，但有时两者又可互为因果。

2. 辨证

本病可分为外感咳嗽和内伤咳嗽。外感咳嗽多是新病，起病急，病程短，常伴肺卫表证，实证居多；内伤咳嗽多为久病，常反复发作，病程长，可伴于其他脏器病症，多属邪实正虚。

（1）外感咳嗽　常见有风寒咳嗽、风燥咳嗽、风热咳嗽等。

① 风寒咳嗽：多因外感风寒所致。症见咳嗽较剧，被毛逆立，畏寒，咳声洪亮，遇寒咳重，耳鼻俱凉，鼻流清涕，有时打喷嚏；羊鼻汗不成珠，反刍减少，口涎增多，流泪；畏寒发抖，四肢拘急，鼻塞不通，咳嗽气喘；口色淡红或稍青白，舌苔薄白，口腔湿润；脉浮紧。

② 风燥咳嗽：多发于秋燥季节，乃燥邪与风热并见的温燥证。症见干咳，连声作呛，痰黏难咳，咽喉触诊有痛感，口鼻干燥，口渴喜饮，大便干燥，小便短赤，口色红燥，舌苔薄黄，脉浮数，常伴发热微恶风寒。

③ 风热咳嗽：多因外感风热所致。症见精神倦怠，草料迟细，耳鼻俱温，体表热，口渴喜饮，咳嗽阵发，鼻液黏稠，多兼有表热症状；口色偏红，舌苔薄黄，脉浮数。羊可见鼻镜干燥，口热涎黏；口渴多饮，干咳气喘。

（2）内伤咳嗽　根据起病的脏腑不同，分为肺虚咳嗽、肝火犯肺咳嗽、心虚咳嗽、肾虚咳嗽和脾虚咳嗽。

① 肺虚咳嗽：又称劳伤咳嗽，症见咳声连连，声短而低，昼轻夜重，形体消瘦。属肺气虚者，咳声嘶哑无力多兼气喘，口色淡白，舌质绵软，脉迟细而无力；属肺阴虚者，频频干咳，痰少津

干，舌红少苔，脉细数。

② 肝火犯肺咳嗽：症见上气咳嗽阵阵，咳时两目怒张，头侧左顾，胸胁胀痛，咽干口渴，痰少而质黏，难以咳出，舌苔薄黄少津，脉弦数。

③ 心虚咳嗽：症见低头闷咳、咳喘无力，两眼圆睁，回头顾左胸，有时咳嗽并前蹄刨地；自汗，体瘦毛焦；唇舌暗淡，或见舌有瘀血斑点，卧蚕边缘红而前面青白；脉细弱，或结代。

④ 肾虚咳嗽：症见咳嗽日久不愈，出现咳嗽时悬其后肢，有时遗尿，咳而兼喘，兼有肾阳虚或肾阴虚等症状。

⑤ 脾虚咳嗽：症见咳嗽痰多，咳声重浊，痰液青白滑利，因痰而嗽，痰出咳平，脉缓无力，兼有脾虚不运证候，如食少，便溏，口色薄白，舌苔白腻。

3. 中兽药治疗

（1）外感咳嗽

① 风寒咳嗽

［治则］ 疏散风寒，宣肺止咳。

［方药］ 方剂一：荆防败毒散加减。荆芥、防风、桔梗各 20 克，羌活、独活、柴胡、前胡、枳壳各 18 克，茯苓 30 克，甘草 10 克，生姜 15 克，共研为末，开水冲调，候温灌服。

方剂二：杏苏散。苦杏仁、茯苓各 20 克，紫苏、前胡、桔梗、枳壳各 16 克，法半夏、橘皮各 12 克，生姜、甘草各 10 克，大枣 8 枚，共研为末，开水冲调，候温灌服。本方适用于外感凉燥咳嗽。

方剂三：止嗽散加减。桔梗、荆芥、紫菀、白前、百部各 65 克，甘草 25 克，陈皮（去白）35 克，共研为末，每次 10 ～ 35 克，开水冲调，候温灌服。

② 风燥咳嗽

［治则］ 清热润燥，止咳化痰。

［方药］ 方剂一：贝母散加减。贝母、栀子、桔梗、甘草、苦杏仁、紫菀、牛蒡子、百部各 20 克，共研为末，开水冲调，候

温灌服。

方剂二：清燥救肺汤加减。霜桑叶30克，煅石膏50克，甘草、胡麻仁、阿胶各10克，麦冬15克，苦杏仁6克，党参、枇杷叶各20克，水煎，去渣，候温灌服，或研末冲服。

③ 风热咳嗽

［治则］ 疏风清热，化痰止咳。

［方药］ 银翘散加减。金银花、连翘、淡竹叶各20克，淡豆豉、荆芥、桔梗、牛蒡子各18克，薄荷10克，芦根40克，甘草6克，共研为末，开水冲调，候温灌服。

（2）内伤咳嗽

① 肺虚咳嗽

［治则］ 益气补肺，化痰止咳。

［方药］ 百合固金汤。熟地黄30克，生地黄20克，麦冬18克，百合、芍药、当归、贝母、生甘草各10克，玄参、桔梗各6克，共研为末，开水冲调，候温灌服。

② 肝火犯肺咳嗽

［治则］ 清肺平肝，顺气降火。

［方药］ 方剂一：枇杷散加减。枇杷叶25克，款冬花、天花粉、紫苏子、生地黄、山药、马兜铃、知母、贝母、紫苏、地龙各18克，自然铜6克，秦艽、阿胶各20克，红花子、天冬、麦冬、瞿麦、没药、黄连、当归、芍药、木通各15克，甘草10克，共研为末，开水冲调，童便为引，候温灌服。

方剂二：加减泻白散合黛蛤散。地骨皮、桑白皮、青黛、海蛤壳各30克，甘草15克，共研为末，开水冲调，候温灌服。

③ 心虚咳嗽

［治则］ 活血补心，顺气通瘀。

［方药］ 螺青散加减。青黛20克，知母、贝母各14克，薄荷、桔梗、香附各10克，郁金、川芎、牛蒡子、茯苓、没药、当归、远志、瓜蒌各12克，甘草8克，黄芪18克。共研为末，开水冲调，加蜂蜜150克，候温灌服。

④ 肾虚咳嗽

［治则］ 补肾纳气，止咳化痰。

［方药］ 方剂一：参蛤散加减。蛤蚧一对，苦杏仁、甘草、桑白皮各 15 克，知母、党参、茯苓、贝母各 18 克，共研为末，开水冲调，候温灌服。本方适用于肾阴虚咳嗽。

方剂二：荷叶散加减。荷叶 15 克，当归 20 克，没药 14 克，血竭 18 克，韭菜籽、乌药、羌活各 12 克，共研为末，开水冲调，候温灌服。本方适用于肾虚兼见遗尿证。

⑤ 脾虚咳嗽

［治则］ 益气补脾，化痰止咳。

［方药］ 二陈汤加减。半夏、橘红各 30 克，茯苓 20 克，炙甘草、生姜各 10 克，乌梅 3 个，共研为末，开水冲调，候温灌服。

4. 针灸治疗

（1）风热咳嗽　针刺血堂、通关、鼻俞、苏气、山根、尾尖、鬐甲、耳尖等穴。

（2）风燥咳嗽　针刺血堂、胸堂、苏气、肺俞、百会等穴。

（3）肝火犯肺咳嗽　针刺通关、鼻俞、肺俞、肝俞等穴。

（4）肺虚咳嗽　针刺脾俞、肺俞、百会等穴。

（5）脾虚咳嗽　火针刺脾俞、三焦，针刺玉堂、肺俞等穴。

（6）心虚咳嗽　针刺玉堂、蹄头、喉脉等穴。

四、羊支气管炎

支气管炎是各种原因引起动物支气管黏膜表层或深层的炎症，临床上以咳嗽、流鼻液和不定热型为特征。以老龄和幼畜较多见。主要表现为羊精神不振，食欲、反刍减少，心率加快，体温微热，呼吸稍快等；口色红燥，脉象洪大。病初有显著的短、干而又痛苦的咳嗽，人工诱咳极易发生；以后随着分泌物增加，咳嗽转为湿性而延长，痛苦也略减轻。两鼻孔流出黏性或黏脓性的鼻液。听诊肺

部，初期肺泡呼吸音粗粝，以后当渗出物较多时，可出现湿啰音。叩诊常无变化。

本病按病程可分为急性支气管炎和慢性支气管炎两种。

急性支气管炎：主要症状是咳嗽。初期短咳、干咳，以后则长咳、湿咳。初期鼻孔流出液性鼻漏，以后则变成黏液性或黏液脓性。胸部听诊，初期肺泡音粗粝，3 天左右则出现啰音。叩诊则无明显变化。体温稍高，一般升高 0.5 ～ 1.0℃。呼吸稍增，脉跳稍快。食欲减退，眼结膜充血。腐败性支气管炎症，呼出的气体有恶臭味，鼻孔流出污秽和有腐败臭味的鼻液。全身症状严重。

慢性支气管炎：表现长期持续性咳嗽，尤其是剧烈运动、喂食和早晚气温低时更为明显，并且多为剧烈干咳、气喘。鼻孔流黏液性鼻液，量少，较黏稠。胸部听诊，可听到干啰音，叩诊无变化。病程越长，病情越加重。

1. 病因

由于早春和晚秋气候骤变，动物受寒感冒；或奔走太急，汗后遭到风吹雨淋；或因吸入刺激性气体、烟尘、霉菌孢子及误咽异物；或因传染性因素和寄生虫的侵袭等继发本病。

2. 辨证

（1）风寒束肺　症见咳嗽，痰白而稀薄，舌苔薄白。

（2）风热袭肺　症见干咳痰少，不易咳出或咳痰黄黏，舌尖红，舌苔薄黄。

（3）脾肾两虚　症见咳嗽喘息，痰多色白，或稀或稠，咳喘缠绵不愈，遇寒即发。

（4）痰湿犯肺　症见咳嗽，痰多色白而黏。

3. 中兽药治疗

（1）风寒束肺

［治则］　祛风散寒，宣肺化痰。

［方药］　三拗汤加味。苦杏仁、荆芥、前胡、紫苏子各 40 克，

五味子、桔梗、甘草各30克，麻黄25克，共研为细末，开水冲调，候温，一次灌服，每日1～2剂。

（2）风热袭肺

［治则］ 解表宣肺，泻热止咳。

［方药］ 桑菊饮加减。桑叶、前胡、连翘、黄芩各40克，苦杏仁、牛蒡子各35克，桔梗、芦根各30克，薄荷18克，水煎服，候温灌服。或用沙参散加减：沙参40克，麦冬、半夏、苦杏仁各30克，白芍、牡丹皮、贝母、陈皮、茯苓、甘草各20克，共研为细末，开水冲调，待凉一次灌服。

（3）脾肾两虚

［治则］ 补肾健脾，润肺止咳。

［方药］ 百合固金汤加减。百合80克，熟地黄、山药、黄芪各40克，玄参、麦冬、白术、茯苓、陈皮、半夏、白芍、甘草各30克，共研为细末，开水冲调，候温，一次灌服，每天1～2次。

（4）痰湿犯肺

［治则］ 燥湿化痰。

［方药］ 二陈汤加减。半夏、茯苓、苦杏仁、苍术、白术各40克，紫菀、白前各30克，陈皮25克，枳壳、白芥子、甘草各20克，水煎服，候温灌服。

五、羊支气管肺炎

支气管肺炎是指细支气管和肺泡的炎症，临床上以呼吸加快、咳嗽和肺部听诊有异常呼吸音为特征，多由细支气管炎蔓延而来，故称为卡他性肺炎或支气管肺炎。常见的是蔓延至个别肺小叶或一群肺小叶发炎，所以又称为小叶性肺炎。

本病常见于老弱羊和羔羊，多发于春、秋两季。病初呈支气管炎症状，偶有咳嗽，鼻腔和支气管分泌物增多，食欲减退，支气管啰音。随后流鼻液，鼻翼翕动，呼吸浅表，站立时头颈直伸，甚至张口呼吸，咳嗽次数频繁、低弱而呈湿性，体温上升1.5～2℃，

呈弛张热型。病羊精神沉郁，反刍停止，食欲减退甚至废绝，瘤胃蠕动缓慢，粪干而量少。肺部听诊，病区肺泡音减弱，病初有湿啰音，病重可听到支气管呼吸音。病灶周围组织肺泡音粗粝，出现捻发音。叩诊肺部出现半浊音或浊音。脉搏细而无力，90 ～ 100 次 / 分。X 线检查肺脏边缘模糊不清，在其前下部可发现若干散在性病灶。血液检查，嗜中性粒细胞与白细胞总数增加，嗜中性粒细胞核左移。

1. 病因

本病病因和支气管炎基本相同，多因病原菌的侵入、外界不良因素刺激及体质虚弱、抵抗力降低所引起。常见的病原菌有巴氏杆菌、铜绿假单胞菌、大肠杆菌、葡萄球菌、肺炎链球菌等。饲养管理不当、营养缺乏、运动过度、受寒感冒、幼弱老衰、维生素 A 缺乏等，都会造成机体及肺组织抵抗力降低。也可继发于子宫炎、乳腺炎及创伤性心包炎等疾患。

2. 辨证

可参考中兽医学的咳嗽、痰饮、气喘等证进行辨证。

（1）风温闭肺　症见发热，咳嗽，气促喘急，鼻流黄涕。

（2）痰热阻肺　症见病势急骤，痰鸣喘粗，气急鼻翕，高热不退。

3. 中兽药治疗

（1）风温闭肺

［治则］　宣肺化痰，清热解毒。

［方药］　麻杏石甘汤加减。生石膏 120 克，麻黄、苦杏仁、金银花、黄芩、板蓝根各 40 克，连翘、甘草各 30 克，煎两次，混合后分两次灌服。

（2）痰热阻肺

［治则］　清热化痰，宣肺止咳。

［方药］　葶苈大枣泻肺汤加减。生石膏 80 克，大枣、麻黄、

苦杏仁各40克，葶苈子30克，甘草25克，水煎两次，混合后分两次灌服。

六、羊肺气肿

肺气肿由肺泡内或肺间质蓄积气体而引起。以胸廓扩大，肺部叩诊呈鼓音、肺叩诊界后移和呼吸困难为主要特征。

临床表现为病羊突然发生气喘，严重时张口呼吸，鼻翼翕动。病羊取站立姿势，不愿卧地，低头，颈伸长，舌伸出，口有泡沫。经1～2日后，在颈侧部、背部和臀部以及肩胛周围的皮下，出现不同程度的窜入性气肿，也有蔓延至全身，致使整个身体全部鼓满。触诊感到皮下有气泡移动，手压有捻发音。肺部叩诊呈过响音，间或伴有鼓音。听诊肺部呈劈劈啪啪音或爆鸣音，原有的肺清音变弱。病程一般1～2日，有的可达一周。

1. 病因

急性病例，常常发生在剧烈奔跑以后；慢性病例，多发生在各种慢性呼吸系统疾病（如慢性支气管炎等）之后。肺泡内压力增强，特别是急剧地压力增强，常可引起本病。在顽固而剧烈的呼吸困难或连续咳嗽，如支气管炎、肺炎、肺丝虫、肺脓肿、霉菌中毒、气道内进入异物等，都容易引起本病。

2. 辨证

中兽医将其分为实喘与虚喘两种。不仅症状不同，治疗方法也不同。

（1）实喘　病来得较快，鼻咋喘粗，气急胸满，喘鸣音长（形似拉锯），咳嗽有力，体表发热，精神沉郁，食欲减退，口色紫红，脉象洪数，大便干燥，小便短赤。

（2）虚喘　病来势较慢，喘声低而短，静时轻喘，动则重喘，体表不热，口色青白，脉象沉细，有时大便溏泻，小便短少，日渐消瘦。

3. 中兽药治疗

（1）实喘

［治则］　养阴润肺，清热祛痰，止咳定喘。

［方药］ 葶苈子散加减。葶苈子15克，炙杏仁、贝母、桔梗、瓜蒌仁、桑皮、紫菀、天花粉各12克，黄芩、知母、栀子、大黄、芒硝、麦冬、玄参、甘草各10克，共研为细末，开水冲调，候温，加蜂蜜150毫升为引，灌服。

（2）虚喘

［治则］　理肺健脾，补虚定喘。

［方药］　滋阴定喘散加减。熟地黄、山药、何首乌、麦冬、当归、沙参各16克，党参、炒五味子、天冬、百合、炙黄芪、丹参各15克，炙杏仁、前胡、紫苏子、紫菀、白芍各12克，炙甘草、白及各10克，共研为细末，开水冲调，候温，加蜂蜜100毫升为引，灌服。

第三节　羊心血管及血液疾病

一、羊慢性心力衰竭

慢性心力衰竭，又名充血性心力衰竭，是由于心脏某些固有的缺损（如心瓣膜病），羊在休息时不能维持循环平衡而出现静脉循环充血，伴以血管扩张，肺或四肢末端水肿，心脏扩大和心率加快的全身性血液循环障碍的一种病症。

临床表现为病羊精神萎靡，食欲废绝，排粪量减少；下颌肿胀，延伸至右侧后颜面部，腹部、乳房发生水肿；口唇皮肤、眼结膜、外阴黏膜苍白；右侧肩前淋巴结肿大至鹅蛋大小，右侧腮淋巴结和右侧下颌淋巴结肿大。颈静脉怒张如绳索状，颈静脉阳性波动，第一心音高朗，第二心音微弱，心律不齐，心音混浊；在两侧肺区、瘤胃区、右侧腹壁听诊均可听到第一心音搏动；呼吸音正常，体温 38.5℃左右。

1. 病因

原发性心力衰竭主要是由于长期重剧运动造成，正如《元亨疗马集》中所描述的那样，“心痛者，心不宁也，皆因食之太饱，乘骑奔走太急，瘀痰凝于罗膈，痞气冲塞心胸。令兽胸膛出汗，气促喘粗，前蹄跪地，眼闭头低，此谓心气怔冲之症也”。

继发性心力衰竭常继发或并发于多种亚急性和慢性感染、心脏本身的疾病（心包炎、心肌炎、心肌变性、心脏扩张和肥大、心瓣膜病、先天性心脏缺陷等）、中毒病（棉籽饼中毒、霉败饲料中毒、含强心苷植物中毒、呋喃唑酮中毒等）、慢性肺泡气肿等疾病过程中。

2. 辨证

根据本病的病因、临床症状，可分为心血虚及心阴虚和心阳虚及心气虚两类证型。

（1）心血虚及心阴虚　症见心动急速，躁动易惊，精神萎靡，脉象细弱。

（2）心阳虚及心气虚　症见心动过速，气喘，自汗，动则尤甚，呼吸浅速，胸腹下水肿，耳鼻不温，口色淡白，脉象细数无力。

3. 中兽药治疗

（1）心血虚及心阴虚

［治则］　补血安心，滋心阴，安心神。

［方药］　选用以下方剂治疗。

① 补血当归散加减。当归35克，熟地黄25克，土炒白术24克，丹参、党参、茯苓各25克，川芎、益智仁、陈皮、五味子各20克，

石菖蒲 10 克，炙甘草 8 克，共研为细末，开水冲调，候温，加蜂蜜 100 克，一次灌服，每天 1 剂，连用 3 ～ 5 剂。

② 补血散加减。熟地黄 35 克，当归、山药各 30 克，川芎、白芍、茯苓、焦山楂各 25 克，党参、麦冬、五味子各 20 克，砂仁、（炒）枳壳、生姜 18 克，石菖蒲、甘草各 15 克，共研为细末，开水冲调，候温，加蜂蜜 100 克，一次灌服，每天 1 剂，连用 3 ～ 5 剂。

③ 四物汤加减。熟地黄 40 克，阿胶 35 克，白芍、当归、柏子仁各 30 克，川芎、炙甘草各 15 克，水煎取汁，加蜂蜜 100 克，一次灌服，每天 1 剂，连用 3 ～ 5 剂。

④ 生脉散。党参 40 克，麦冬 35 克，五味子 30 克，水煎取汁，加蜂蜜 100 克，一次灌服，每天 1 剂，连用 3 ～ 5 剂。盗汗者，加麻黄根、浮小麦各 20 克，牡蛎 65 克，以潜阳敛汗；低热不退者，加青蒿、地骨皮各 20 克，退虚热；阴虚火旺者，加黄连、栀子各 20 克，以清心火。

⑤ 养心汤。心神不宁者可选用。炙黄芪 40 克，茯神、茯苓各 35 克，川芎、党参、当归（酒洗）、酸枣仁（炒）各 30 克，制半夏、肉桂、远志各 15 克，柏子仁、五味子各 20 克，炙甘草 10 克，水煎取汁，或共研为细末，开水冲调，候温，加蜂蜜 100 克，一次灌服，每天 1 剂，连服 3 ～ 4 剂。

（2）心阳虚及心气虚

［治则］ 温心阳，益心气，安心神。

［方药］

① 心气虚：可选用四君子汤。党参 40 克，白术、茯苓各 30 克，炙甘草 15 克，共研为末，开水冲调，候温，一次灌服，每天 1 剂，连用 3 ～ 5 剂。

② 心阳虚：可选用保元汤。党参、黄芪各 55 克，肉桂 20 克，甘草 15 克，共研为细末，开水冲调，候温，一次灌服，每天 1 剂，连用 3 ～ 5 剂。

③ 脉象结（心律不齐）：可选用炙甘草汤。炙甘草、熟地黄、

麦冬各35克，党参40克，大枣、阿胶、火麻仁各25克，桂枝20克，生姜15克，水煎取汁，加白酒30毫升，灌服，每天1剂，连用3～5剂。

④ 心阳虚脱：可选用参附汤。附子40克，人参20克，水煎取汁，候温，一次灌服，每天1剂，连用3～5剂；或用芪附汤：黄芪、附子各40克，水煎取汁，候温，一次灌服，每天1剂，连用3～5剂。

⑤ 心阳虚致肢体水肿：可选用五苓散。猪苓、茯苓、泽泻各40克，白术25克，桂枝15克，水煎取汁，候温，一次灌服，每天1剂，连用3～5剂。

二、羊循环虚脱

循环虚脱又称外周循环衰竭，是血管舒缩功能紊乱或血容量不足引起心排出量减少、组织灌注不良的一系列全身性病理综合征。由血管舒缩功能引起的外周循环衰竭称为血管性衰竭，由血容量不足引起的外周循环衰竭称为血液性衰竭。

临床表现为病羊病初精神沉郁，黏膜苍白，鼻镜冷而无汗，心率增快，随后，黏膜尤其是齿龈黏膜、结膜呈现暗红色到紫绀色。齿龈毛细血管再充盈时间由正常的1秒钟左右延长至5～6秒，眼窝下陷，皮肤弹性降低，尿量明显减少，体温偏低，有时降至36℃以下甚至不到35℃，羊卧地，昏睡，脉弱无力，甚至不感于手，食欲、反刍消失，瘤胃蠕动音微弱至消失。病后期，静脉穿刺时流出的血液黏稠，极易堵塞针头，也有可能发生于不明原因的出血倾向。

1. 病因

血容量突然减少，大出血，肝、脾破裂；胃肠疾病引起恶呕，剧烈腹泻致严重脱水；大面积烧伤，血浆大量丧失；中毒性脱水等。

剧痛和神经损伤，使交感神经兴奋或血管中枢麻痹，外周血管扩张，血容量相对降低。

严重中毒和感染，因各种毒素作用使交感素分泌增多，内脏与皮肤等部位的毛细血管和小动脉收缩，血液灌注量不足，引起缺血缺氧，产生组织胺与5-羟色胺，继而引起毛细血管扩张或麻痹，形成瘀血，渗透性增强，血浆外渗，导致微循环障碍，发生虚脱。

过敏反应，产生大量血清素、组织胺、缓激肽等物质，引起周围血管扩张和毛细血管广泛扩张，血容量相对减少。

2. 辨证

根据本病的病因、临床症状，可分为气血两虚和心阳暴脱两类证型。

（1）气血两虚　症见精神萎靡不振，心悸动，气短乏力，动则喘甚，四肢下腹发绀，自汗或盗汗，低烧不退或午后发热，口色苍白或口干舌红，少苔乏津，脉弱或细数而结代。

（2）心阳暴脱　见于大出血、血浆外渗（即汗出如油），血液浓缩，血压急剧下降，微循环衰竭。症见病情危急，精神高度沉郁，呼吸微弱，心音混浊，节律不齐，站立不稳，肌肉震颤，黏膜发绀，眼球下陷，全身大汗淋漓，四肢厥冷，脉微欲绝，直至昏迷。

3. 中兽药治疗

（1）气血两虚

［治则］　益气、补血、养阴。

［方药］　加味生脉散。党参、黄芪各55克，当归、麦冬各35克，五味子20克，水煎取汁，加蜂蜜100克，一次灌服，每天1剂，连用3～5剂。热重者，加生地黄40克，牡丹皮25克；脉微者，加石斛20克，阿胶35克，甘草10克。

（2）心阳暴脱

［治则］　回阳固脱，大补心阳。

［方药］　人参四逆汤。制附子（先煎）、人参各35克，干姜65克，炙甘草18克，水煎取汁，加蜂蜜100克，一次灌服，每天1剂，连用3～5剂。

4. 针灸治疗

可取外唇阴、三江、心俞等穴，以血针、白针、电针或艾灸治疗。

三、羊心肌炎

心肌炎是以心肌兴奋性增强和收缩功能减弱为特征的心肌局灶性和弥漫性炎症。本病很少单独发生，多数继发或并发于其他各种传染性疾病及脓毒败血症等疾病的病程中；此外，心内膜炎、心外膜炎及心包炎等也可蔓延至心肌引起发病。

羊心肌炎有急性非化脓性心肌炎和慢性心肌炎两类。急性非化脓性心肌炎的症状主要表现为心跳加快，稍有运动，跳得更快；运动停止后，加快的心跳仍要持续较长时间，这是确诊心肌炎的主要依据之一。心力衰竭，脉跳加快，第一心音减弱，并有混浊或者分裂音。第二心音则显著增强，并有杂音。当心力衰竭较严重时，眼结膜红紫，呼吸高度困难，体表的静脉血管怒张，颌下和四肢末端有水肿现象。如果是感染和中毒引起的心肌炎，除了有上述症状外，还有体温升高，血液中的红细胞、白细胞均有变化等表现。心肌炎严重者，精神高度沉郁，食欲、反刍完全停止，全身虚弱无力，浑身颤抖，行走踉跄。后期神志不清，眩晕，最后因心脏完全衰竭而死。

慢性心肌炎病程较长。病羊瘦弱乏力，不愿行走；水肿现象时轻时重，时有时无；静脉血管中有充血现象；心律不齐，心音分裂，心叩诊界扩大；体温通常正常。

1. 病因

急性非化脓性心肌炎通常继发或并发于某些传染病和脓毒败

血症（如传染性胸膜肺炎、羊瘟、恶性口蹄疫、布鲁氏菌病、结核病）的病程中。局灶性化脓性心肌炎多继发于菌血症、败血症以及瘤胃炎-肝脓肿综合征、乳腺炎、子宫内膜炎等伴有化脓灶的疾病以及网胃异物刺伤心肌。

2. 辨证

根据本病的病因、临床症状，可分为气阴亏虚和热毒侵心两类证型。

（1）气阴亏虚　症见心悸不安，动则加重，低热不退，乏力卧地，食欲不振，舌红少苔或舌嫩红。

（2）热毒侵心　症见心悸发热，体温常在 39 ～ 41℃，食欲不振或废绝，喜饮冷水，粪干渣粗，舌红苔黄或有舌刺。

3. 中兽药治疗

（1）气阴亏虚

［治则］　益气养阴。

［方药］　方剂一：黄连阿胶汤（偏于清热养血安神）。黄连、黄芩各 25 克，阿胶 15 克，白芍、鸡子黄各 20 克，每天 1 剂，连用 3 ～ 5 天。

方剂二：炙甘草汤（偏于温阳复脉，补气养血）。炙甘草、麦冬、生地黄各 20 克，阿胶、桂枝、火麻仁各 10 克，生姜 18 克，党参 15 克，红枣 20 克，每天 1 剂，连用 3 ～ 5 天。

方剂三：天王补心丹加减（偏于滋阴清热）。党参、朱砂各 10 克，茯苓、远志、桔梗、酸枣仁、生地黄、板蓝根、银柴胡、丹参、天冬各 20 克，玄参、五味子、当归、苦参、鹿衔草各 18 克，麦冬 25 克，柏子仁 15 克，重楼 15 克，每日 1 剂，连用 3 ～ 5 天。

（2）热毒侵心

［治则］　清热解毒，宁心安神。

［方药］　方剂一：清心安神汤加减。夜交藤 25 克，板蓝根、黄连各 20 克，金银花、连翘、栀子、牡丹皮各 18 克，白茅根、竹

叶各15克，甘草6克，水煎取汁，加蜂蜜65克、鸡蛋清2枚为引，一次灌服，每日1剂，连用3～5天。

方剂二：白虎汤（生石膏25克，知母10克，甘草6克，粳米65克）或黄连解毒汤（黄柏10克，黄连、黄芩、栀子各6克），加大青叶10克，苦参、郁金10克，金银花、连翘各12克，紫河车6克，牡丹皮10克。每天1剂，连用3～5天；食欲不振加枳壳、山楂；粪干加虎杖、牵牛子、郁李仁治之。

4. 针灸治疗

取大椎、百会、心俞等穴，以白针、电针或艾灸等治疗。

四、羊创伤性心包炎

创伤性心包炎是心包受到机械性损伤，主要是由从网胃来的细长金属物刺伤引起的，是创伤性网胃-腹膜炎的一种主要并发症。

本病病初显现固执性前胃弛缓症状和创伤性网胃炎症状。以后才逐渐出现心包炎的特有症状，即心区触诊疼痛，叩诊浊音区扩张，听诊有心包摩擦音或心包拍水音，心搏动显著减弱。体表静脉怒张，颌下及胸前水肿，体温升高，脉搏增数，呼吸加快。

本病曾有消化紊乱及腹内压增高的病史（例如瘤胃臌气等）。临床症状除体温升高（39.5～41.0℃）及生产性能骤然下降外，主要表现心血管系统的特征性变化。病羊心率增加到每分钟100次以上，稍稍运动，增加更加显著。早期可出现心包摩擦音（纤维素性渗出），1～2天即转为拍水音（浆液渗出及气泡产生）。叩诊浊音区增大，上界可达肩端水平线，后方可达第7～8肋间。1～2周后，血液循环明显障碍，颈静脉搏动明显，下颌间隙、胸前及垂皮水肿。心包穿刺可排出一定数量的乳白色、乳黄色或棕褐色混浊发臭的心包液，有时穿刺针会被絮状物所阻塞。

1. 病因

因羊采食时咀嚼粗放而又快速咽下，加上其口腔黏膜分布许多角化乳头，对硬性刺激物（如铁钉、铁丝、玻片等）感觉比较迟钝，因而易将尖锐物摄入胃内；又由于网胃与心包仅以薄层的膈相连，故在网胃收缩时，往往使尖锐物体刺破网胃和膈直穿心包和心脏，同时使胃内的微生物随之侵入，因而引起创伤性心包炎。极个别的病例，也可由于肋骨骨折或胸壁穿透创伤而发病。由于异物刺入心包的同时细菌也侵入心包，异物和细菌的刺激作用和感染使心包局部发生充血、出血、肿胀、渗出等炎症反应。渗出液初期为浆液性、纤维素性，继而形成化脓性、腐败性。

2. 辨证

根据以上病因、症状可分为心血热毒型（心包组织坏死、腐烂、化脓，全身败血症）和心热内盛型（单纯性创伤性心包炎早期）。

（1）心血热毒　症见精神沉郁，呼吸浅快、迫促，呈腹式呼吸。心区听诊心包拍水音明显，可视黏膜发绀，四肢厥冷，脉微欲绝。

（2）心热内盛　症见精神不安，体温升高，心率加快，活动尤甚，生产力急剧下降，并出现心包摩擦音，体表静脉怒张，口色红赤或紫暗，脉数。

3. 中兽药治疗

（1）心血热毒　由于该证型病羊即使采取手术成功将金属异物取出，但病羊的预后仍然不良，一般不能维持原有的生产能力。因此，建议不治直接淘汰。

（2）心热内盛

［治则］　清热解毒，宁心安神。

［方药］　清心安神汤加减。夜交藤 25 克，板蓝根、黄连各 20 克，金银花、连翘、栀子、牡丹皮各 18 克，白茅根、竹叶各 15

克，甘草 6 克，水煎取汁，加蜂蜜 65 克、鸡蛋清 2 枚为引，一次灌服，每日 1 剂，连用 3 ～ 5 天。

五、羊贫血

贫血是指红细胞和血红蛋白比正常值减少，或全血量减少。各种羊均可发生贫血。中兽医称贫血为血虚，属虚劳范畴。贫血可概括为四类，即出血性贫血、溶血性贫血、营养性贫血和再生障碍性贫血。除了急性出血性和严重溶血性疾病外，多为慢性。

本病症状一般发展缓慢，初期症状不明显，但羊呈渐进性消瘦及衰弱。严重时可视黏膜苍白，机体衰弱无力，精神不振，嗜眠。血压降低，脉搏快而弱，轻微运动后脉搏显著加快，呼吸快而浅表。心脏听诊时，心音低沉而弱，心浊音区扩大。由于脑贫血及氧化不全的代谢产物中毒，可引起各种症状，如晕厥、视力障碍、嗳气、呕吐和膈肌痉挛性收缩。

贫血严重时，胸腹部、下颌间隙及四肢末端水肿，体腔积液，胃肠吸收和分泌功能降低，腹泻，最终因体力衰竭而死亡。

1. 病因

主要由于饲喂不周、营养缺乏、劳役内伤、脾虚久泻、久病体虚、失血过多、寄生虫侵袭以及某些药物和毒物的影响，致使血液耗损，或影响脾、肾功能，气血化生不足而致血虚。因为血液生成于脾，根本在肾，脾虚则不能运化和吸收水谷的精微，肾虚则不能助脾运化，因此贫血的发生与脾、肾密切相关。又因气与血两者互相影响，故血虚常兼气虚，羊往往气血双虚。血虚则心失所养，气虚则脾运不健，故气血亏虚者可表现心脾两虚的症状。肾藏精、生髓，肝、肾同源，肾虚则肝失滋养，虚火迫血妄行，故肝肾阴虚常伴有出血或阴虚发热的症状。

2. 辨证

贫血虽以血虚为主证，但根据血与气、脏腑的病理关系，临

症常见有气血（心脾）两虚、脾肾阳虚和肝肾阴虚三种证型。

（1）气血（心脾）两虚　多见于营养性贫血和再生障碍性贫血的轻症。症见精神萎靡，头垂于地，倦怠无力，心悸，食少，气喘，出汗。口色苍白，舌体绵白，脉虚无力。

（2）脾肾阳虚　见于各种贫血的严重阶段。症见精神不振，倦怠怕动，形寒肢冷，气短自汗，食少便溏，心悸怔忡。口色苍白，舌质绵白，脉象沉细。

（3）肝肾阴虚　多见于营养性贫血和再生障碍性贫血的重症。症见低热不退，烦躁不安，皮肤干燥，蹄甲干枯，黏膜瘀点、瘀斑，鼻衄。舌体光红，脉细无力。

3. 中兽药治疗

（1）气血（心脾）两虚

［治则］　补气养血，健脾补心。

［方药］　方剂一：当归补血汤。黄芪150克，当归25克，共研为细末，开水冲调，候温加蜂蜜60克，黄酒60毫升，一次灌服，每天1剂，连服8～10天。

方剂二：八珍汤。熟地黄、党参各30克，白芍、当归、白术、茯苓各20克，川芎15克，炙甘草10克，共研为细末，开水冲调，候温，加蜂蜜60克、黄酒60毫升，一次灌服，每天1剂，连服8～10天。

方剂三：丹参补血汤加减。丹参40克，制首乌、熟地黄各30克，白芍、当归、阿胶各20克，炒杜仲15克，川芎10克，共研为细末，开水冲调，候温，加黄酒60毫升，一次灌服，每天1剂，连用8～10天。心神不宁者，加柏子仁15克；盗汗者，加牡蛎、龙骨各40克，浮小麦35克，麻黄根15克；低热不退者，加青蒿、地骨皮各15克；阴虚火旺者，加黄连、莲子心、栀子各15克。

（2）脾肾阳虚

［治则］　补脾益气，温肾固阳。

［方药］　熟地黄、党参、黄芪、鹿角霜、巴戟天、淫羊藿、

补骨脂、吴茱萸、胡芦巴各 15 ～ 30 克，共研为末，开水冲调，候温灌服。

有慢性出血者加炮姜、煅龙骨、牡蛎以温阳敛血；正虚感受外邪而发热者，暂从标实治疗。

（3）肝肾阴虚

［治则］ 滋肾阴，补肝血。

［方药］ 四物汤合六味地黄丸加减。熟地黄、当归、白芍、川芎、女贞子、炙首乌、炙龟甲、炒鳖甲、枸杞子、山药、牡丹皮、泽泻各 15 ～ 30 克，共研为末，开水冲调，候温灌服。

虚火明显、低热持久不退者加青蒿、银柴胡、地骨皮，有瘀斑或出血者酌加仙鹤草、大蓟、小蓟。

4. 针灸治疗

取大椎、百会、心俞、关元俞、后三里等穴，以水针、白针、电针或艾灸等治疗。

第四节 羊泌尿系统疾病

一、羊膀胱炎

膀胱炎是膀胱黏膜或黏膜下层的炎症。按其性质可分为卡他性、纤维蛋白性、化脓性、出血性四种。临床上以黏膜的卡他性炎症较为常见。临床特征是尿频、尿痛、尿急、尿少、尿色赤。病羊体温正常或微升，眼结膜潮红，食欲正常或稍减，大便干燥，小便淋漓有很浓的氨气味，起卧呻吟不安，拱腰举尾，作排尿动作。公羊在做排尿动作时常阴茎伸出，母羊拱腰举尾频繁努责，常见肛门出血，阴毛处粘有坏死的组织碎片。检查母羊尿道时常见坏死的组

织碎片阻塞尿道口。直肠检查时有的病羊膀胱无积尿，有的由于尿道阻塞而膀胱充盈。

1. 病因

因膀胱气化不利所致。其病因病理比较复杂，主要有心火过盛，下注小肠而入膀胱；或热浊积于膀胱，导致清气不升，浊气不降，致使湿热郁结于膀胱；或肾虚而肾不足，使膀胱气化不全而出现尿频等症状。

2. 辨证

本病在中兽医学属于“淋证”范畴，根据临床病因、症状和临床经验，将本病分为肾阳不足、下焦湿热和阴虚火旺。

（1）肾阳不足　体质瘦弱，气血虚亏，排尿无力而不畅，次数多，尿量少，色淡（类似慢性膀胱炎），排尿痛苦但姿势不明显。口色淡白，脉沉细。

（2）下焦湿热　羊肚腹胀痛，蹲腰踏地，欲卧不卧，甩尾刨蹄，小便不通，或尿频、尿痛、尿急、尿少而黏稠、尿色赤。严重的病羊还表现痛苦呻吟状。口色红黄，津黏，脉濡数。

（3）阴虚火旺　病羊食欲、反刍减少或停止，尿频、尿痛、淋漓，或尿中带血，口内发热，口色赤红，苔黄，脉数。

3. 中兽药治疗

（1）肾阳不足

［治则］　温补肾阳，利水通淋。

［方药］　肾气丸（《济生方》）加减。山药、山茱萸、熟地黄各 30 克，黄芪 20 克，茯苓、泽泻、牡丹皮、怀牛膝、车前子（另研）各 15 克，肉桂、炮附子各 6 克，共研为末，开水冲调，候温灌服。

（2）下焦湿热

［治则］　清热利湿，通调水道。

［方药］　方剂一：滑石散（《元亨疗马集》）加减。滑石 30

克，泽泻20克，茵陈、黄柏（酒制）各15克，知母（酒制）、猪苓、瞿麦各12克，灯心草6克，共研为末，开水冲调，候温灌服。

方剂二：八正散加减。瞿麦、萹蓄、车前子、滑石各30克，甘草、木通各12克，栀子、大黄、灯心草各10克，如小便带血则增加白茅根、生地黄各25克，大蓟、小蓟各20克，金钱草25克，共研为末，开水冲调，候温，一次灌服。

（3）阴虚火旺

［治则］ 滋阴补肾，清热除湿。

［方药］ 知柏汤加味。知母、黄柏、茵陈各45克，栀子、滑石、瞿麦、石膏、川楝子各25克，木通、车前子各20克，木香15克，甘草12克。共研为末，开水冲调，候温灌服。

二、羊尿路结石

尿路结石是盐类物质结晶的凝结物积聚膀胱或尿道，影响尿液排出的疾病。结石形成于肾或膀胱，但阻塞发生于输尿管及尿道，临床上以尿淋或尿闭为特征。主要发生于公羊，母羊较少发生。本病属中兽医的“砂石淋”范畴。

临床表现为病羊排尿时间长，拱腰努责，尿液淋漓；有时呻吟，后肢张开，腹壁抽缩，欲尿而不出，尿后症缓；阴门或阴户毛上黏附灰褐色的细沙粉，尿沉渣中有细沙粉状物质或尿时带血。若为尿道结石，公羊多发生于阴茎的乙状弯曲或接近龟头部位，触摸S弯曲处羊有痛感。直肠检查，膀胱膨大充盈坚实，用指加压不见排尿，有时挤压阴茎可排出少量易碎的白色状物。

1. 病因

由于饲料或饮水中长期含有大量钙盐，日久沉淀而形成结石，或长期饮水不足，尿液浓缩，另外饲料中长期缺乏维生素A或经

常饲喂没有经过无毒素处理的棉籽饼等也可引起。中兽医认为本病多因肾虚，湿积不化，郁久化热结于下焦，煎熬尿液积聚为石；又因肾气不足，膀胱气化不利，不能通调水道，使湿热内遏，壅阻尿路，两者相互影响，互为因果。且结石内阻，久留不去必然导致气滞血瘀。

2. 辨证

根据临床表现，将其分为气滞血瘀、肾虚、湿热型。

（1）气滞血瘀　伴有剧烈的腹痛，血尿，舌色紫红，舌边有瘀血点，脉涩。

（2）肾虚　病程长久，精神沉郁，体质消瘦，舌淡苔白，脉沉无力，尿无力，常有排尿动作，尿频，尿少。

（3）湿热型　口干，粪干，尿短黄，舌质红，苔黄，脉弦，尿血，肾性腹痛。此型最为常见。

3. 中兽药治疗

（1）气滞血瘀

[治则]　清热利尿，行气活血，止痛。

[方药]　金钱草 30 克，车前子 25 克，通草、滑石各 20 克，木通 18 克，牛膝、牵牛子、当归各 15 克，三棱、莪术各 6 克，红花、甘草各 10 克，共研为末，开水冲调，候温灌服。

（2）肾虚

[治则]　补肾益气。

[方药]　金匮肾气丸加减。黄芪 35 克，金钱草 30 克，路路通 25 克，当归 20 克，生地黄、猪苓、泽泻、牡丹皮、牛膝、茯苓各 15 克，甘草 10 克，共研为末，开水冲调，候温灌服。

（3）湿热型

[治则]　清热利湿，利尿通淋排石。

[方药]　方剂一：萆薢分清饮（《医学心悟》）加减。川萆薢、黄柏、海金沙、金钱草各 30 克，萹蓄、瞿麦、滑石各 20

克，茯苓、白术、丹参、车前子各18克，水煎，候温，分2～3次灌服。

方剂二：八正散加减。滑石45克，金钱草35克，车前子、鸡内金各25克，瞿麦20克，木通、牛膝、陈皮、白茅根、石韦各18克，海金沙15克，共研为末，开水冲调，候温灌服。

4. 针灸治疗

针刺百会、肾门、尾根、肾俞等穴，白针留针或火针、电针、水针、光针或电磁波治疗仪（TDP）穴区辐射。

三、羊尿血病

尿血是指血液从小便而出，尿色因之变为淡红、鲜红，甚则夹有血块，又称溺血、溲血。其尿血症状不一，或点滴流血，或先血后尿，或先尿后血，或鲜红血尿外流不止。此证病因非一，治法大异。

1. 病因

多因外感温邪袭击肺卫，致使肺卫宣通失职，不能通调水道所致的尿血。或者热邪内侵，内热炽盛，热邪耗伤心阴，热盛移于小肠或湿热蓄积肾经和膀胱，气化失常，导致血热妄行所致。或者湿热结于膀胱，气化之功能失调，开阖失度，排泄不畅，损伤脉络而致。或者肝火太盛，下劫肾阴，迫血妄行。或由于肺肾阴虚，虚火妄动，损伤血络而致尿血。或因脾气虚弱，气不能固摄血液而致尿血。或因劳役过重或饮水失调损伤脾、肾，致脾虚统血无权，肾虚封藏失职，血液下注而发生尿血。或因重物撞击，跳沟过河，损伤腰部和尿路检查不慎损伤脉络所致。或因尿路结石所致。

2. 辨证

根据本病的病因、临床症状，可将该病分为外感风热、肝火

内炽、心火亢盛、湿热结于下焦、脾肾两虚、阴虚阳亢和腰部损伤七种证型。

（1）外感风热 恶寒发热，眼睑水肿，尿液带血鲜红，脉浮数。

（2）肝火内炽 目赤睑肿，眵盛难睁，夹尾拱背，后肢无力，尿带有血丝，排尿时疼痛呻吟，口色鲜红，舌苔黄腻，脉象弦数。

（3）心火亢盛 病羊烦躁不安，口干欲饮，发热，尿急尿频，尿带血丝、血块，点滴排出，口色呈绛红色，脉洪大。

（4）湿热结于下焦 口干舌燥。小便赤涩，癃闭，淋漓，点滴溲血，举尾拱腰、频作排尿姿势。舌苔黄腻，脉实而数。

（5）脾肾两虚 精神不振，耳耷头低，水草迟细，尿频带血，血呈黑红色。

（6）阴虚阳亢 病羊素有小便短少带黄史，尿带血、色鲜红，精神沉郁，口中灼热，鼻镜干燥，脉细涩。

（7）腰部损伤 行走吊腰，尿频有血、呈暗红色，触诊腰部敏感。

3. 中药治疗

（1）外感风热

［治则］ 辛凉宣肺，利水止血。

［方药］ 银翘散加减，金银花、连翘、萹蓄各 60 克，苦杏仁、桔梗、薄荷、牛蒡子各 55 克，生地黄 60 克，侧柏叶、白茅根各 65 克，共研为末，开水冲调，候温灌服。

（2）肝火内炽

［治则］ 清肝泻火。

［方药］ 龙胆泻肝汤加减。黄柏 155 克，芦荟 130 克，白茅根 100 克，黄芩、栀子、木通、泽泻、生地黄、牡丹皮、龙胆各 90 克，黄连、柴胡、甘草各 55 克，青黛 35 克，郁金 45 克，共研为末，开水冲调，候温，分 3 ～ 4 次灌服。

（3）心火亢盛

［治则］ 清热泻火，凉血止血。

［方药］ 导赤散加减。生地黄、麦冬各100克，木通、车前子各90克，瞿麦155克，黄连、牡丹皮、赤芍各80克，竹叶65克，甘草55克，共研为末，开水冲调，候温，分2～3次灌服。也可用加味秦艽散治疗。秦艽25克，瞿麦、车前子、当归、黄芩、赤芍、天花粉、乳香、甘草各15克，滑石、炒蒲黄、栀子、连翘、牡丹皮各20克，共研为末，开水冲调，候温灌服。

（4）湿热结于下焦

［治则］ 清热凉血，排石通淋。

［方药］ 小蓟饮子加减。滑石120克，生地黄95克，小蓟、石韦、海金沙、木通、栀子各90克，牛膝100克，当归、蒲黄各80克，甘草55克，鲜车前草130克，共研为末，开水冲调，候温，分2～3次灌服。

（5）脾肾两虚

［治则］ 健脾益气，补肾固摄。

［方药］ 加味补中益气汤。黄芪25克，党参、当归、巴戟天、杜仲炭、陈皮、白术、升麻、柴胡、菟丝子、山药、甘草各15克，共研为末，开水冲调，候温灌服。

（6）阴虚阳亢

［治则］ 滋阴降火。

［方药］ 知柏地黄丸加味。熟地黄、怀山药55克，知母、黄柏、小蓟各45克，茯苓、牡丹皮、泽泻各40克，山茱萸35克，共研为末，开水冲调，候温灌服。

（7）腰部损伤

［治则］ 凉血止血。

［方药］ 加味止血散。蒲黄、车前子各25克，地榆炭、棕榈炭、木通、知母、黄柏各20克，甘草15克，共研为末，开水冲调，候温灌服。也可用大蓟、小蓟、荷叶、侧柏叶、白茅根、茜草炭、大黄、栀子、牡丹皮、棕榈皮各15克，水煎取汁，加入云南白药

15 克，共研为末，开水冲调，候温灌服。

四、羊尿闭

尿闭是膀胱闭塞或尿道不通、尿液滞留、膀胱胀痛之症。

1. 病因

泌尿系统炎症（如肾炎、膀胱炎及尿道炎）所致或者尿路结石引起阻塞；或因母羊产仔时，造成产道损伤发炎而引起产后尿闭；或因母羊体质虚弱，产后引起膀胱弛缓，以致小便不通，或虽通亦少，出现排尿点滴，甚至无尿。羊在排尿过程中，因受到突然性的鞭打或惊吓，反射性地引起膀胱外括约肌痉挛，造成排尿中断，也可形成尿闭。中兽医认为本病多因炎热而饮冷水，水火入肠，清气未升，浊气未降，清浊未分，冷热相加，以致膀胱闭塞；或由于肾阳不足，影响膀胱气化，传送无力而发生小便不利或尿闭；或由于跌打损伤，经络瘀阻而发生尿闭。

2. 辨证

根据本病的病因、临床症状，可将该病分为肾虚型、实热型和瘀阻型。

（1）肾虚型　羊精神沉郁，食欲、反刍减少，小便不利，排尿无力呈点滴状流出，耳鼻、肢端不温，口色淡白。

（2）实热型　羊精神沉郁，食欲、反刍减少，作努责状排尿姿势或向后坐姿势，欲排尿而未排出尿液，尿色赤黄，尿淋漓不爽，或尿液滞留不通，口红涎少。

（3）瘀阻型　羊精神不振，食欲、反刍减少，欲排尿而未见尿液排出，尿呈淡褐色，尿液不畅或滞留不通。

3. 中兽药治疗

（1）肾虚型

［治则］　补中益气，温补肾阳，渗湿利水。

［方药］ 党参、仙鹤草各35克，黄芪30克，车前子、海金沙各25克，白术、熟地黄、萹蓄各20克，肉桂10克，木通15克，水煎，每天1剂，候温灌服；或者栝楼根、熟地黄、肉桂各35克，瞿麦30克，山药25克，附子15克，茯苓25克，每天一剂，水煎，候温灌服。也可用济生肾气丸加减：熟附子40克，熟地黄60克，山药、茯苓、车前子、川牛膝、泽泻各40克，肉桂12克，通草24克，水煎，候温灌服。

（2）实热型

［治则］ 清热养阴，利水化湿。

［方药］ 鲜车前草165克，鲜海金沙藤、鲜灯心草各100克，鲜萹蓄85克，鲜石菖蒲茎、鲜花椒根各65克，水煎2次混合，每日1～2剂煎服，连服3天。也可用滑石散加味。滑石、酒知母、酒黄柏各30克，木通、金银花、生栀子各20克，猪苓、泽泻、瞿麦、车前子、生石膏各15克，茵陈50克，生甘草10克，灯心草3克为引，水煎，每天1剂，灌服。

（3）瘀阻型

［治则］ 活血祛瘀，消炎，利尿。

［方药］ 当归、仙鹤草、车前子各35克，瞿麦、海金沙各25克，萹蓄、没药各20克，延胡索、白芍、红花各18克，水煎，每天1剂，候温灌服。

4. 针灸治疗

耳尖、尾尖穴放血，再针刺通关、断血、脐后、腰中、百会、海门、尾结等穴。

五、羊尿道炎

尿道炎为膀胱颈部至尿道口部黏膜的炎症，属中兽医淋证范畴。在临床上主要见于公羊，母羊较少发病。

1. 病因

因细菌感染，或近处器官炎症蔓延而引发。如膀胱炎、包皮炎、阴道炎及子宫内膜炎和其他炎症均可蔓延至尿道引起发炎。中兽医认为本病多因湿热蕴结于膀胱，致气化不利，水道不畅而致病。

2. 辨证

羊精神不安，食欲减退，尿液断断续续流出，公羊阴茎频频勃起，母羊不断开张阴唇、拱腰努责，尿道黏膜肿胀潮红，不断做排尿状，有时点滴不止，流出黏液性分泌物，严重时可见尿液混浊，其中也有黏液血尿、脓液，有时还有坏死黏膜脱落。羊肚腹胀，口干色红，舌苔黄滑，脉滑数。此外，尿道炎常常会使尿道产生阻塞，导致血尿、闭尿及膀胱破裂等症状。如皮毛松乱，频频排尿不出，则预后不良。

3. 中兽药治疗

［治则］　清热解毒，利水通淋。

［方药］　方剂一：萆薢苦参汤加减。萆薢、蒲公英、紫花地丁、金银花、金钱草各 25 克，苦参、黄柏、土茯苓各 25 克，白鲜皮、萹蓄、薏苡仁、车前子（包煎）各 20 克，通草、瞿麦、滑石（后下）、牡丹皮各 18 克，每天 1 剂，水煎，候温灌服。

方剂二：龙胆泻肝汤加减。龙胆、车前子各 30 克，柴胡、栀子、生地黄、泽泻、蒲公英、紫花地丁、土茯苓各 20 克，苦参 6 克，甘草 15 克，水煎，候温灌服，每日 1 剂，连用 10 天为一个疗程。

方剂三：赤茯苓 20 ～ 40 克，黄芩 20 ～ 30 克，甘草 20 克，泽泻 10 ～ 20 克，金钱草 15 ～ 20 克，马鞭草 35 ～ 40 克，车前草 15 ～ 20 克，水煎，候温灌服。

六、羊肾盂肾炎

肾盂肾炎是一侧或两侧肾盂和肾实质受非特异性细菌感染而引起的一种慢性炎症。临床主要以发热、排尿异常为主要特征。本病归属于中兽医学的淋证范畴，包括尿血、淋浊等病症。

多数羊呈渐进性、慢性炎症。初期食欲不振，泌乳量日趋下降，衰弱，消瘦，腹痛，表现出起卧不安，拱背站立，体温大多正常。主要症状是排出带有脓液或小脓块的血尿，尿液量逐渐减少，排尿次数增加，尿呈淡红色、鲜红色、褐红色，具有恶臭味。直肠检查：肾脏敏感，病羊腰背左右摇摆，后肢站立不稳，肾肿大，肾小叶界限不明显；输尿管肿大、管壁肥厚、质变硬；膀胱壁增厚；阴道黏膜潮红、糜烂，阴道口周围发炎肿胀，阴道内潴留脓性分泌物。尿液检查：尿中蛋白质增高，尿沉渣中有肾上皮细胞、脓细胞、红细胞和大量病原菌。病羊血液检查：红细胞和血红蛋白减少，白细胞数增加，血清总蛋白量下降。病羊拱背站立，行走时背腰僵硬，后躯摇摆；肾区触压敏感，直肠触压肾脏肿大且疼痛不安，肾盂内脓液蓄积时有波动感。病羊频频排尿，尿液混浊，混有黏液和血液，甚至有时带有脓液和大量蛋白质。

1. 病因

本病多有泌尿生殖系统的内在因素，又感受湿热之邪，留恋于肾，肾之气化失司，水道不利；亦有因母羊产后外阴不洁，秽浊之邪上犯膀胱，累及于肾；再者长期饲喂精饲料或误服对胃刺激的药品，使脾胃运化失常，积湿生热，蕴结成毒，与津血互结，循水道阻结于肾而致肾盂肾炎。

2. 辨证

根据病因、病理和临床症状，可将本病分为膀胱湿热、脾肾两虚、脾肺气虚、脾肾阳虚、气阴两虚、肝肾阴虚和阴阳两虚 7 种证型。

（1）膀胱湿热　精神沉郁，食欲不振，拱背站立，小便短赤或不通，大便不畅，舌苔黄腻，不欲饮水，脉象滑数或濡数。

（2）脾肾两虚　小便淋漓，缠绵不愈，肾阴虚时，口干舌红，脉细数；肾阳虚时，形寒肢冷，耳鼻不温，口淡而润，脉虚弱；脾

虚则表现为倦怠乏力，不思草料，大便溏薄，完谷不化，小便频数，淋漓不尽，舌苔淡白，脉沉细无力。

（3）脾肺气虚　症见面浮肢肿，久咳不止，咳喘无力，纳呆腹胀，卧多立少，草料迟细，粪便溏稀，平素易感冒，舌质淡，舌体胖嫩，脉细弱。

（4）脾肾阳虚　症见周身水肿严重，有的宿水停脐或阴囊水肿，畏寒怕冷，腰膝乏力，神疲倦怠，纳呆便溏，久泻不止，舌淡暗体胖，苔润多津，脉沉迟。

（5）气阴两虚　症见水肿朝重于睑，暮重于足，腰和四肢乏力，神疲倦怠，气息短促，低热不退，口唇红绛，口干舌燥，舌淡嫩红，脉细无力。

（6）肝肾阴虚　症见面肢水肿，低热不退，燥热不安，后躯无力，大便干燥，眩晕耳鸣，易盗汗，公畜举阳早泄，母羊发情周期不正常，严重者难起难卧，或卧地不起，咽干口燥，舌质红，少苔或薄黄苔，脉弦细。

（7）阴阳两虚　症见周身水肿，神疲气短，身倦乏力，腰肢疼痛，形寒怕冷，纳呆腹胀，大便干燥，舌淡红苔白，脉濡软或细弱。

3. 中兽药治疗

（1）膀胱湿热

［治则］　清热利湿，解毒通淋。

［方药］　八正散加减。瞿麦、萹蓄、车前子、滑石各 40 克，栀子 20 克，甘草梢、木通、大黄、灯心草各 15 克，共研为细末，开水冲调，候温，一次灌服，每天 1 ～ 2 次。

（2）脾肾两虚

［治则］　健脾益肾，清热利湿。

［方药］　参苓白术散合二仙汤加减。党参、白术各 40 克，茯苓、白扁豆各 30 克，薏苡仁、仙茅、淫羊藿、黄柏、知母、当归、山药各 20 克，共研为细末，开水冲调，候温，一次灌服，每

天1～2次。

（3）脾肺气虚

［治则］　益气健脾，理气活血。

［方药］　黄芪10～55克，白术、茯苓、益母草、鱼腥草各5～40克，猪苓、泽泻、陈皮、桑白皮、木香各5～25克，甘草5～20克，腰胯乏力加杜仲、狗脊各2～20克，形寒肢冷加干姜、肉桂各2～20克，盗汗加牡蛎、浮小麦各2～20克，水煎，候温灌服。

（4）脾肾阳虚

［治则］　温肾健脾，利水活血。

［方药］　用党参10～55克，猪苓、茯苓、泽泻、益母草各10～65克，白术、鱼腥草、桂枝、杜仲、制附子各5～25克，甘草2～20克，举阳早泄加补骨脂、肉苁蓉各2～20克，虚咳气喘加五味子、麦冬各2～20克，胃寒呕吐加半夏、生姜各2～20克。

（5）气阴两虚

［治则］　益气养阴，清热活血。

［方药］　黄芪、牡丹皮各5～40克，太子参6～55克，山药、山茱萸、茯苓、泽泻、当归、熟地黄、鱼腥草各2～25克，甘草2～20克，大便干燥加生地黄、玄参各2～20克，表虚自汗加浮小麦、牡蛎各2～20克。

（6）肝肾阴虚

［治则］　滋补肝肾，清热活血。

［方药］　生地黄、山茱萸、白茅根、泽泻、鱼腥草各5～40克，当归、野菊花各4～35克，茯苓、知母、黄柏各2～25克，牡丹皮、益母草各6～45克，甘草2～20克，心悸易惊加茯神、远志各2～20克，视力减弱加青葙子、决明子各2～20克，抽搐拘挛加天麻、白芍各2～20克。

（7）阴阳两虚

［治则］　补益阴阳，渗利活血。

［方药］　党参、枸杞子各 5 ～ 55 克，泽泻、益母草各 3 ～ 40 克，白术、茯苓、陈皮、杜仲、淫羊藿、砂仁各 3 ～ 35 克，女贞子、鱼腥草各 5 ～ 45 克，甘草 2 ～ 20 克，心悸易惊加茯神、远志各 2 ～ 20 克，血虚加熟地黄、阿胶各 2 ～ 20 克，盗汗加黄芪、浮小麦各 2 ～ 20 克。

第五节 羊神经系统疾病

一、羊日射病和热射病

日射病和热射病（包括热衰竭和热痉挛）又称为中暑，是指羊在高温或烈日环境下，由于强烈的阳光辐射及高温作用，当通风不良及畜体适应能力低下时，引起羊体温调节障碍，水盐代谢紊乱及神经系统功能损害等一系列症状。

临床表现为病羊精神沉郁或兴奋。运步缓慢，躯体摇晃，步态不稳。全身出汗，体温 42℃以上，脉搏每分钟 100 次以上。呼吸高度困难，张口呼吸，呼吸数达每分钟 80 次以上。肺泡呼吸音粗粝。结膜潮红、食欲废绝，饮欲增进。后期高热昏迷，卧地不起，肌肉震颤，意识丧失，口吐白沫，痉挛而死。临床上以体温显著升高，循环衰竭，突然神昏头低、眼急呆痴、行如酒醉、浑身肉颤、汗出如浆、气促喘粗为特征。民间兽医称为发痧，皆发生在夏季。

1. 病因

暑月炎天，奔走太急；在车船中运输，气温过高，过度拥挤；厩舍狭小，通风不良；饲养过甚，膘肥肉满。故使暑热内侵，卫气被郁，内热不能外泄，热毒积于心胸，或热耗津液，导致本病。

2. 辨证

临床上根据病情轻重分为伤暑和中暑两种。

（1）伤暑　精神倦怠，耳耷头低，四肢无力，呆立如痴，身热气喘；鼻镜干燥，水草不进，肷窝出汗。口津干涩，口色鲜红，脉象洪数。

（2）中暑　发病急，病程短，高热神昏，行走如醉，精神极度衰沉，两目直瞪，气促喘粗，浑身肉颤，汗出如浆，倒地抽搐，口吐白沫，口色赤紫，脉洪数或细数无力。

3. 中兽药治疗

（1）伤暑

［治则］　清暑，解热，化湿。

［方药］　香薷散（《中兽医诊疗经验》）加减。香薷 20 克，茯神、远志、黄连、薄荷、甘草各 10 克，朱砂 9 克，栀子、连翘、柴胡、枳壳、青皮各 14 克。共研为末，蜂蜜 80 克为引，开水冲调，候温灌服。

（2）中暑

［治则］　清热解暑，安神开窍。

［方药］　方剂一：茯神散（《元亨疗马集》）。茯神 8 克，朱砂、雄黄各 2 克，共研为细末，猪胆汁 1 个，同调灌服。

方剂二：朱砂散（《甘肃中兽医诊疗经验》）。朱砂 6 克，党参、黄连各 10 克，知母、茯神、山栀各 20 克，甘草 12 克，猪胆汁 1 个为引，共研为细末，开水冲药，候温灌服。

方剂三：止咳人参散（《元亨疗马集》）加减。党参、芦根、葛根各 20 克，生石膏 40 克，茯苓、黄连、知母、玄参各 18 克，甘草 12 克，共研为末，开水冲调，候温灌服。无汗加香薷；神昏加石菖蒲、远志；狂躁不安加茯神、朱砂；热极生风，四肢抽搐加钩藤、菊花；有衰竭症状者，要结合补液及补电解

质进行救治。

4. 针灸治疗

用利刀于尾尖穴上呈“十”字形劈之。彻太阳、三江、颈脉、通关、耳尖等血。初患体壮者，可彻颈脉血30毫升左右；中后期、脉虚数者，切勿放血过多。

二、羊癫痫

癫痫俗称抽羊角风，是羊意识和行为发生障碍的一种慢性神经性疾病，主要表现为无定期性的僵直或间断性的痉挛。发作无定时，也无明显的先兆，有时仅呈现呆板或垂头站立。

发作时病羊突然倒地，咩咩惊叫，肛门测温正常；先从口角附近开始痉挛，发展到全身，头后仰，僵直；四肢伸直，不停地作游泳状划动；牙关紧闭，口角周围溢出白色泡沫，瞳孔散大，眼球回转；心跳加快，呼吸不规则。每次发作持续时间短则2～5分钟，长则15～30分钟，随着病程的延长，可发展到每天发作3～4次。发作停止后，病羊自己起立，饮水、食料恢复正常，和健康羊无异。该病多发生于3～8月龄的羔羊。

1. 病因

癫痫是大脑皮层或皮层下中枢兴奋性增强，使兴奋或抑制严重紊乱致使该病发作。有时脑肿瘤和脑寄生虫也可以引起癫痫发作。

中兽医认为羊癫痫外因多是感受暑热、过度劳役；内因是肝阳偏盛，肝风内动，痰火上逆，壅塞上焦，气机闭塞，以致突发此病。

2. 辨证

（1）血虚型　病羊倒地发抽，牙关紧闭，口吐白沫，头向后背，前腿扒，后腿伸直，舌淡白津液少，耳耷头低，精神沉郁，行动缓慢，食欲减退，反刍无力，脉象细迟。

（2）血热型　忽然倒地，全身发抽，四肢乱蹬，牙关紧闭，口吐白沫，严重时一天发作六七次。舌色赤红，津液干黏，口角挂有涎沫，舌两边筋纹明显粗大发紫，口渴贪饮，食欲减退，急躁不安。

3. 中兽药治疗

（1）血虚型

［治则］　养血熄风，柔肝舒筋。

［方药］　方剂一：镇痛散加减。钩藤、僵蚕、当归、川芎、白芍、茯神、柏子仁、石菖蒲、菊花、决明子各 6 克，全蝎、朱砂（先煎）各 3 克，蛤蚧 3 条，两煎两服。

方剂二：补肝汤加减。药用生地黄、当归、酸枣仁各 20 克，白芍、川芎各 15 克，木瓜、炙甘草各 20 克，共研为细末，开水冲调，一次候温灌服，每天一剂，连续 3 ～ 5 天。

方剂三：钩丁胆星汤。钩藤 18 克，天竺黄、生石膏、酸枣仁、当归、陈皮各 15 克，胆南星、蝉蜕、炒僵蚕、薄荷、麦冬各 8 克，玄参 10 克，生地黄 15 克，朱砂 1 克（包冲服），共研为细末，开水冲调，候温灌服。

方剂四：柴胡、郁金、桔梗、白芍、僵蚕、石菖蒲、天麻、珍珠母、茯神、远志各 8 克，全蝎 3 克，胆南星、半夏各 5 克，共研为细末，开水冲调，候温灌服。

方剂五：石菖蒲、钩藤各 20 克，贝母 15 克，天麻、全蝎、陈皮各 10 克，远志 12 克，胆南星、半夏各 10 克，朱砂 6 克（另包），茯苓、甘草各 15 克，共研为细末，先灌朱砂，其他诸药开水冲调，候温灌服，每天 1 剂。

（2）血热型

［治则］　清热凉肝，熄风止惊。

［方药］　羚角钩藤汤加减。羚角片 20 克（先煎），鲜生地黄

60克，川贝母35克，淡竹茹40克，钩藤、菊花、生白芍、茯神木各30克，霜桑叶、生甘草各15克，水煎，候温，一次灌服，每天一剂，连用3～5天。

4. 针灸治疗

针刺肝俞、脾俞、太阳、鼻中、山根、百会等穴。

第五章 羊常见营养代谢性疾病

一、羊低镁血症（青草搐搦）

低镁血症又称青草搐搦、青草蹒跚、泌乳搐搦、低镁血性搐搦等。本病是指母羊由于采食低镁或高钾牧草引起血液中镁含量减少，临床上出现以兴奋、痉挛等神经症状为特征的矿物质代谢性疾病。主要发生在人工草场（过多施用氮、钾肥料）上放牧的羊群，天然草场上放牧的羊群极少发生。本病属世界性疾病之一，多数地区发病率为 1% ～ 2%，少数地区可达 20% 左右，死亡率高达 70% 以上。

本病在临床上以痉挛为特征，与神经型酮病、乳热病等疾病的临床症状极为相似。发病前 1 ～ 2 天呈现食欲不振，精神不安，兴奋等类似发情表现。有的精神沉郁，呆立，步样强拘，后躯摇晃等。急性病羊在采食中突然抬头咩叫，盲目游走，随后倒地，发生间歇性肌肉痉挛，2 ～ 3 小时反复发作，终因呼吸衰竭而亡。亚急性病羊开始精神沉郁，步态踉跄；接着兴奋不安，肌肉震颤，搐搦，瞬膜外露，牙关紧闭，耳、尾和四肢强直，全身强直性痉挛，呈间歇性。慢性过程即使轻微刺激病羊其反应也十分敏感，头颈、腹部和四肢肌肉震颤，甚至强直性痉挛，角弓反张，可视黏膜发

绀，呼吸迫促，脉搏增数，口角有泡沫状唾液。

1. 病因

该病分为镁缺乏和钾过多两大类型。土壤中镁缺乏或镁溶解流失，导致镁含量减少；草场尤其是人工草场施用钾肥过多而致使土壤中钾含量增多，钾过高时即使土壤中镁含量不缺乏，由于钾离子、镁离子的拮抗而影响植物对镁的吸收，导致饲草料中镁缺乏，是低镁血症发生的主要原因。

放牧草场氮含量过多，瘤胃内产生大量氨（100毫升含40～60毫克），氨与磷、镁结合成不溶性磷酸铵镁，一方面降低了机体对镁的吸收，另一方面可诱发羊群下痢，从而影响消化道对镁的吸收，导致血镁含量减少。在含钾过多的草场上放牧，钾离子可使机体肌肉、神经的兴奋性提高，表现兴奋、痉挛等症状。母羊在妊娠期镁消耗量增大，在分娩后又由于大量泌乳，使镁消耗更大，加上瘤胃内产生过多氨等，致使对镁的吸收不充分而导致血镁含量减少。

2. 辨证

中兽医学虽无低镁血症的说法，但纵观该证以痉挛、抽搐为特征。中医学认为“诸暴强直，皆属于风”，因此低镁血症所表现的肢体震颤，四肢蠕动，肌肉震颤，角弓反张，牙关紧闭，关节拘急，甚至猝然昏倒等，与肝阳上亢、血虚生风所表现的肝风内动证颇为相似。

3. 中兽药治疗

［治则］　滋阴熄风，柔肝止痉。

［方药］　生牡蛎、生龙骨、白芍各40克，茯神25克，当归、阿胶（烊化）、生地黄、石决明、钩藤、甘草各20克，水煎，灌服，日服1～2剂。

其他验方：防风、荆芥、羌活、独活、苍术、茴香各16～25克，乌梢蛇55～105克，米壳、陈皮各10～18克，乌药、枳壳、秦艽各 15 ～ 20 克。煎两次，和匀，待温，缓慢灌服。大多药后一小时症状减轻，甚至能爬起行走、反刍、采食。一般服 1 剂可痊愈，少数需再服 1 剂。

二、羊妊娠毒血症（脂肪肝）

羊妊娠毒血症也称羊的脂肪肝、肥胖母羊综合征。在断奶期饲喂能量过高的饲草料，导致消化、代谢、生殖等功能紊乱，临床以食欲废绝、酮病、乳热、乳腺炎和卧地不起为基本特征。不同胎次的羊都有发病，但胎次低的羊发病率较高。

病羊初期拒食精饲料，随后拒食青贮料，但还能继续采食干草，可能出现异食癖。随着身体消瘦和皮下脂肪消失，皮肤弹性减弱；急性发作的病羊精神沉郁，食欲减退乃至废绝，瘤胃蠕动微弱；可视黏膜黄染，体温升高，步态不稳，目光凝视，对外界反应迟钝；伴发胃肠炎症状，排黑色泥状、恶臭粪便。多在病后 2 ～ 3 天内卧地不起而死亡。慢性病羊多在分娩后 3 天内发病，多呈现酮病症状，呻吟，磨牙，兴奋不安，抬头望天或颈肌抽搐，呼出的气和汗液带有丙酮气味；步态不稳，眼球震颤，后躯麻痹不全，嗜睡；食欲减退乃至废绝，泌乳性能大大降低；粪便量少干硬，或粪便稀软下痢。有的伴发产后瘫痪，被迫横卧地上，其躺卧姿势为头屈曲放置于肩胛部呈昏睡状；子宫弛缓，胎衣不下，产道内蓄积多量褐色，腐臭味恶露。

1. 病因

目前，围产期羊脂肪肝的确切发病原因虽然还不十分清楚，但该病的发病率与羊品种、年龄及饲养管理有极大的关系。羊妊娠、分娩以及泌乳会使垂体、肾上腺负担过重，由于肾上腺功能不全，引起糖的异生作用降低，且瘤胃对糖原的利用也发生障碍，结果使血糖降低而发病。还有人认为，羊分娩后血糖及蛋白结合碘含

量均降低，特别是分娩后2周内，蛋白结合碘显著减少，造成甲状腺功能不全而发生脂肪肝。在不同年龄的羊中，以5～9岁的羊发病率最高，初产羊发病率较低。羊的一些消耗性疾病，如前胃弛缓、创伤性网胃炎、皱胃变位、骨软病、生产瘫痪以及其他慢性传染病等，均可继发脂肪肝。

2. 辨证

中兽医认为本病多由于饮食不节，过食精饲料，责之于内，导致肝脾失和，脾失健运，肝失疏泄，气滞血瘀。

根据病因、临床症状，可将本病分为肝郁气滞和湿热蕴脾两种证型。

（1）肝郁气滞　可视黏膜黄染，目光呆滞，步态强拘或步态不稳，眼球震颤，后躯麻痹不全，皮肤弹性减弱。多有乳痈，胎衣不下，产乳少或无乳。

（2）湿热蕴脾　症见精神沉郁，可视黏膜黄染，呻吟，磨牙，食欲废绝，瘤胃蠕动减弱。产后的病羊明显消瘦，有时粪便呈稀粥样，色黄，恶臭，卧地不起。

3. 中兽药治疗

（1）肝郁气滞

［治则］　疏肝解郁，行气活血。

［方药］　黄芪、山楂各40克，当归、白芍各20克，泽泻、延胡索各15克，川芎、枳壳、柴胡、茯苓、甘草各10克，桃仁12克，川楝子8克，共研为细末，开水冲调，候温灌服。

（2）湿热蕴脾

［治则］　燥湿清热，益气强胃。

［方药］　当归、山楂各40克，党参、白术、丹参、神曲各20克，陈皮、紫苏、茯苓各15克，厚朴、甘草各10克，水煎2次，加陈皮酊150毫升，一次灌服，每天2次。

三、羊骨软病

骨软病是成年羊因磷缺乏或钙、磷比例不当以及维生素D缺乏所致的矿物质代谢障碍性疾病。临床上主要表现为消化功能紊乱、异食癖、跛行、骨质疏松和骨骼变形等。骨软病主要发生于饲料单纯、营养不全价的舍饲成年羊群，特别是妊娠羊或泌乳性能高的羊群，呈地方性流行。由于发病率和淘汰率较高，给养殖业造成了巨大的经济损失。

临床表现为病羊食欲减退、反刍减少、瘤胃蠕动音减弱等，最明显的变化是出现异食癖，如舔食墙土，啃嚼砖石瓦块，或舔食铁器、垫草等异物。随后出现运动障碍，四肢强拘，运步不灵活，跛行。经常拱背站立，卧地不愿起立。随着病情的发展，出现躯体和四肢骨骼变形、肿胀，蹄壳干裂，尾椎骨移位、变软，肋骨肿胀呈串珠状、易折断。站立不能持久，强迫站立时出现全身性颤抖。病羊还可出现发情延迟或呈持久性发情，受胎率低，甚至流产或产后胎衣不下。中兽医认为“腰者肾之府，转摇不能，肾将惫矣”。元气败伤则精虚不能灌溉，血虚不能营养，以致筋骨疾废不用。

1.病因

饲料钙、磷含量不足或比例不当及机体钙、磷代谢障碍是本病发生的主要原因。此外，维生素D缺乏、运动不足、光照过短、妊娠、泌乳、慢性胃肠病以及甲状旁腺功能亢进等都可导致本病的发生。成年反刍动物骨骼的总矿物质中钙占36%、磷占17%，钙与磷的比例约为2 ∶ 1。根据骨骼组织中钙与磷的比例和饲料中钙与磷的比例基本上相适应的理论，饲料中的钙与磷比例以（1.5 ～ 2.1）∶ 1较为适宜。有资料认为，日粮中钙与磷比例为1.82 ∶ 1时，羊矿物质代谢呈正平衡；日粮中钙与磷比例为2.24 ∶ 1时，其代谢呈负平衡。可见无论钙或磷，任何一种过多或不足都可能影响或破坏血浆钙、磷含量的稳定性，导致骨组织矿物质代谢障碍，进而发生骨软化或骨质疏松性骨营养不良。饲料中

钙、磷的含量受生长地区土壤成分和天气变化等因素的影响，土壤中矿物质含量贫乏，植物从根部吸收到的钙、磷也大为减少。羊群对钙、磷需求量在不同生理阶段有相应的变化，空怀羊和非泌乳羊比妊娠羊和泌乳羊对钙、磷需求量要低，其吸收率也相应降低，甚至随粪便排出体外的量也要加大。患有前胃疾病时，皱胃胃液中稀盐酸和肠液中胆酸量减少或缺乏，使磷酸钙、碳酸钙的溶解度降低和吸收率下降。羊在生长期间日光（紫外线）照射不足时，也可能导致维生素 D 缺乏。

2. 辨证

本病属于中兽医学的“反胃吐草”范畴，当以肝肾阴虚和脾肾阳虚之证论治。

（1）肝肾阴虚　症见磨牙呻吟，头颈前伸，有时跪地，毛焦肷吊，骨瘦如柴，四肢关节严重变形，蹄壳干裂，肋骨肿胀呈串珠状，腰脊板硬，跛行，严重者卧地不起，粪球干少，尿浓色黄，口色淡红，脉细数。

（2）脾肾阳虚　食欲减退，反刍减少，瘤胃蠕动音减弱，舔食墙土，啃嚼砖石瓦块，或舔食铁器、垫草等异物。耳鼻发凉，粪稀尿少，口淡，脉沉迟。

3. 中兽药治疗

（1）肝肾阴虚

［治则］　补肾养肝。

［方药］　当归、白芍、巴戟天、胡芦巴各 40 克，川楝子、茴香、白术各 30 克，藁本、牵牛子、红花、木通、补骨脂各 20 克，共研为细末，开水冲调，候温，加黄酒 150 毫升，灌服。

（2）脾肾阳虚

［治则］　温补脾肾。

［方药］　当归40克，益智仁、五味子、肉豆蔻、白术、白芷、青皮各 30 克，草果、肉桂、川芎、砂仁、厚朴、枳壳、甘草、大枣各 20 克，生姜 18 克，槟榔 12 克，细辛 5 克，共研为细末，开

水冲调，候温灌服。

四、羊骨质疏松症

骨质疏松症是羊矿物质代谢紊乱的一种慢性全身性病症。成年羊骨质疏松症因钙、磷代谢障碍和骨组织进行性脱钙引起，多在产后发生。

病羊表现消瘦，精神沉郁，眼窝下陷，体温正常或偏低，食欲不振，反刍减弱或停止，发情配种延迟。长期脱钙，骨骼变形，两尾椎逐渐消失。下颌骨肿大，针能刺入。触摸尾部柔软易弯曲，按压无痛感。肋骨肿胀、扁平，叩诊有痛感。管状骨叩诊有清晰空洞音。腕、跗、蹄关节及腱鞘均有炎症。跛行，步态僵硬、不愿行走，严重者运动时可听到肢关节有破裂音（“吱吱”声），走路时拱腰拉胯、后肢抽搐摇摆、拖拽两后肢，运步艰难，严重者不能站立。有些病羊两后肢跗关节以下向外倾斜，呈“X”形。骨骼脱钙最早发生于肋骨、尾椎、蹄等部位。如病羊尾椎骨变软易弯曲，尾椎骨骺变粗、移位，最后1、2尾椎萎缩或吸收消失；肋骨肿胀、畸形，有些病羊最后一根肋骨被吸收得仅剩半根；病羊骨骼骨髓腔扩张，骨质变脆变软，易骨折。肋软骨肿胀呈串珠样，易骨折。蹄生长不良、变形，呈翻卷状。病羊出现异食癖现象，常舔食墙壁、羊栏、泥土、沙土。

1. 病因

（1）维生素D缺乏　维生素D可以促进肠道对钙的吸收，还可减少钙通过尿液排出，维生素D与机体内钙、磷代谢密切相关。当维生素D不足时，可导致羊对饲料中钙、磷吸收能力下降，从而引起羊骨质疏松症。

（2）饲料中钙、磷比例不当　对于成年羊来说，骨骼灰分中钙占38%，磷占17%，钙、磷比例约为2 ： 1，在配制日粮时要求日粮中的钙、磷比例（钙：磷=1 ： 1～2 ： 1）基本与

骨骼中的钙、磷比例相适应。羊肠道对钙、磷的吸收情况不仅决定于钙、磷的含量，也与饲料中的钙、磷比例有关。据报道，肠道对钙、磷的最佳吸收比例为 1.4 ： 1.0。如果不注意饲料搭配，当日粮中钙多磷少，或磷多钙少时，也会引起钙、磷不足，导致本病发生。

（3）饲料中钙、磷缺乏　羊对饲料中钙、磷的吸收率一般为 22% ～ 55%（平均是 45%）。如果饲料中所含的钙、磷比较少，羊就会分解贮存在骨骼中的钙、磷来维持生理活动，从而导致骨质疏松症的发生。

（4）氟含量过高　饲料和饮水中含有钙、磷拮抗因子，饲料中氟含量过高，或饮水中含有过高的氟，都会影响羊对钙、磷的吸收及骨代谢。

（5）某些疾病继发　甲状腺功能亢进可使骨骼中大量钙盐溶解，导致骨质疏松。脂肪肝、肝脓肿可影响维生素 D 的活化，从而使钙、磷吸收和成骨作用发生障碍，继发本病。肾功能障碍可促进钙从肾脏排出，从而继发本病。慢性消化道疾病直接影响钙、磷吸收，也可发病。

2. 辨证

根据病因、临床症状，可将本病分为肝肾阴虚和脾肾阳虚两种证型。

（1）肝肾阴虚　腰膝酸软，背痛，筋脉拘急牵引，往往在运动时加剧，神倦无力，舌质红、少苔，脉细数。

（2）脾肾阳虚　精神沉郁，被毛粗乱，食欲减少，运步艰难，四肢强拘，舌质淡、苔白滑，脉沉。

3. 中兽药治疗

（1）肝肾阴虚

［治则］　滋肾养肝，壮骨止痛。

［方药］　六味地黄汤加味。熟地黄、茯苓各 10 克，泽泻 4

克，牡丹皮、当归、山药、白芍、木瓜各 6 克，山茱萸、杜仲、伸筋草、青风藤、穿山龙各 15 克，川续断 10 克，怀牛膝、石斛各 6 克，甘草 4 克。

（2）脾肾阳虚

［治则］ 温脾补肾，散寒止痛。

［方药］ 理中汤合金匮肾气汤加味。党参 40 克，干姜 25 克，白术、熟地黄、山茱萸、泽泻各 35 克，炙甘草 15 克，茯苓、牡丹皮、桂枝、附子、木瓜各 30 克。

五、羊硒缺乏症

硒缺乏症又称羔羊硒反应性衰弱症，即白肌病。本病是由于采食或饲喂缺硒饲草料引起的以营养性肌萎缩、母羊繁殖性能障碍等为主要特征的世界性地方病之一。1 岁以内尤其是 1 ～ 3 月龄羔羊更易发病。

硒和维生素 E 长期不能满足机体需要，骨骼肌、心肌、肝细胞、血管内皮组织受过氧化物损害而变性、坏死，从而导致一系列病理过程。临床常将其分为最急性、急性和慢性三种类型。

最急性：10 ～ 30 日龄羔羊突然发病，心搏动亢进，心跳加快，心音微弱，节律不齐；共济失调，不能站立，在短时间内死于心力衰竭。

急性：精神沉郁，运步缓慢，步态强拘，站立困难，多数病羊最终陷入全身麻痹；心搏动亢进，心音微弱；呼吸数增多达 70 ～ 80 次 / 分钟；咳嗽，有时黏液性鼻漏中混有血液，肺泡音粗粝，呼吸困难；四肢肌肉震颤，颈、肩和臀部肌肉发硬、肿胀，全身出汗；病羊四肢侧伸，卧地不起，空嚼磨牙；一般在发病后 6 ～ 12 小时内死亡。

慢性：发育停滞，消化不良性腹泻，消瘦，被毛粗乱无光，脊柱弯曲，全身乏力；成年母羊繁殖性能降低，分娩的羔羊虚弱或产出死胎，胎衣不下。

1. 病因

本病有原发性和继发性硒缺乏症两种类型。原发性硒缺乏是饲草（料）中硒含量过少所致，饲草料（干物质）中硒含量低于0.1毫克 / 千克以下即可发病。继发性硒缺乏症是由于土壤中硫化物或饲草（料）中硫酸盐等硒的拮抗物含量过大，降低了羊对饲料（草）中硒的吸收和有效利用，导致硒缺乏症发生。

2. 辨证

中兽医学虽无硒缺乏这一病症，但其临床表现特征和中兽医学的心肺气虚不谋而合，颇为相似。传统医学认为，肺主气，心主血脉，气为血帅，血以载气，肺朝百脉。气、血两者生理关系极为密切，也决定了心、肺病理上的相互影响。肺气虚弱，宗气不足，则运血无力；心气不足，血行不畅，影响肺的输布与宣降之功能，所以发生呼吸异常和血运障碍。心、肺气虚，鼓动血行之力不足，心搏动亢进，心跳加快（140 次 / 分），心音微弱，节律不齐甚至心力衰竭。血行不畅，胞宫无以养，所以受胎率降低，流产或死胎等应运而生；肺气虚，肺失肃降，气逆于上，故咳嗽，呼吸困难，肺泡音粗粝；血行不畅，气血不荣，所以常有黏膜淡染、肌肉苍白诸症。综合分析，硒缺乏症应属于中兽医学的心肺气虚之证。

3. 中兽药治疗

[治则]　补益心肺。

[方药]　黄芪120克，党参40克，肉桂、甘草、生姜各30克，当归 20 克，加水适量，煎煮两次混合，日分两次灌服。

羔羊可用当归 8 克，淫羊藿、川续断各 10 克，川牛膝、茯苓、甘草各 8 克，生姜 6 克，煎汤灌服，每天 1 剂。

六、羊铜缺乏症

铜缺乏症是由于饲草和饮水中铜含量过少或钼含量过多引起

的一种代谢病。临床上以被毛褪色、下痢、贫血、运动障碍、骨质异常和繁殖性能降低等为特征。原发性铜缺乏症发病率可达40%以上。本病在世界各国的不同地区都有发生，且多呈区域性或地方性流行。病名因发生地域不同而异，美国称为舔盐病，澳大利亚称为猝倒病，新西兰称为泥炭病。春、夏季在缺铜草场放牧的羊，尤其是羔羊易发病。

铜缺乏时所表现的临床症状多种多样，概括起来主要表现在以下几个方面。

贫血：铜能影响铁的吸收和运输，缺铜时影响铁从网状内皮系统和肝细胞释放而进入血液，铁不能结合在血红素里，红细胞也就不能成熟，因此，日粮缺铜会使红细胞数量减少，引起贫血。

被毛色素沉着障碍：原发性缺铜病羊食欲减退，异食，生长发育缓慢；毛发色素沉着障碍，尤其眼周围的被毛，由于褪色或脱毛，呈无毛或白色，似眼镜外观；被毛粗乱，缺乏光泽，红毛变为淡锈红色或黄色，黑毛变为淡灰色，羔羊尤为明显，以上临床表现是缺铜的早期典型症状。

骨骼异常：羊缺铜常引起骨骼变脆和骨质疏松，所产羔羊跛行，步样强拘，甚至两腿相碰，关节肿大，骨质脆弱，易发骨折，共济失调，后肢麻痹。严重的则倒地，持续躺卧，最后死于营养衰竭。

繁殖障碍：母羊缺铜常引起卵巢功能低下，发情延迟或受阻，受胎率低，繁殖功能障碍。妊娠母羊缺铜时提前产羔或分娩困难，产后多有胎衣不下。公羊的精液质量也与铜有密切关系。

此外，羊缺乏铜还可能出现异食癖、腹泻、羊体消瘦、生产性能下降等。继发性铜缺乏症基本上与原发性铜缺乏症相同。只是贫血程度较轻，持续性腹泻症状较为突出。

1. 病因

常分为原发性和继发性铜缺乏症两种类型。原发性铜缺乏症是因饲草料中含铜量不足引起。长期采食铜含量少于3毫克/千克

的草料，即可发生铜缺乏症。继发性铜缺乏症由于饲料中存在过高的钼（大于 10 毫克 / 千克）所致，钼含量过高时，即使饲料和饮水中铜含量充足，由于铜、钼相互拮抗，羊肠道吸收铜的功能降低，羊对铜的吸收和利用受阻，需要量增大，也可能产生铜缺乏。饲料中镉、锌、铁和碳酸钙等元素含量过高，也会影响铜的吸收和利用，从而造成铜缺乏病。

2. 辨证

本病主要表现为贫血，被毛干枯、缺乏光泽，甚则被毛色泽发生异常，骨骼变形以及繁殖障碍。中兽医学认为肾主骨，生髓。肾主藏精，而精能生髓，骨赖髓养。所以肾精充足，则骨髓的生化有源，骨得到髓的充分滋养才坚固有力。羊缺铜所表现的骨骼脆弱、松软无力甚至发育不良等乃是肾精虚少，骨髓化源不足，骨无以养所致。精血同源，互相滋生，精足则血旺，被毛的润养来源于血。可见被毛色素沉着障碍、脱落、枯槁无光以及消瘦贫血也与精血不足有关。肾藏精，主发育与生殖，铜缺乏症所见一系列繁殖障碍症状，皆是肾精亏损的表现。纵观铜缺乏症临床表现，当属肾阴虚和肾阳虚两证范畴。

（1）肾阴虚　症见被毛色素沉着障碍、脱落、枯槁无光，消瘦贫血，腰胯无力；公羊举阳滑精或精少不育，母羊不孕；粪便干燥；低热不退或午后偏热；骨骼脆弱，松软无力甚至发育不良。

（2）肾阳虚　症见被毛色素沉着障碍、脱落、枯槁无光；公羊垂缕不收，性欲减退，母羊宫寒不孕；消瘦贫血；形寒怕冷，耳鼻与四肢不温；骨骼脆弱，松软无力甚至发育不良等。

3. 中兽药治疗

（1）肾阴虚

［治则］　滋补肾阴。

［方药］　熟地黄、山茱萸各 40 克，山药 35 克，泽泻、茯苓、知母、黄柏各 30 克，共研为细末，开水冲调，候温灌服。

（2）肾阳虚

［治则］ 温补肾阳。

［方药］ 熟地黄、杜仲各40克，山药55克，枸杞子、山茱萸、肉桂各30克，附子、炙甘草各20克，共研为细末，开水冲调，候温灌服。

七、羊锌缺乏症

锌缺乏症是指由于饲草料中缺锌或其他原因导致锌吸收障碍，引起以生长发育缓慢或停滞、皮肤角化不全、骨骼异常和繁殖性能障碍等为主要特点的微量元素缺乏症。肌肉、被毛色泽及其功能与锌有关，色泽较深、活动较强的肌群，锌含量也高。

羔羊缺乏锌，生长发育不良，增重率降低；口腔、鼻孔红肿发炎，流有大量唾液和鼻漏；鼻镜、后肢和颈部等处皮肤发生角化不全、皲裂，被毛脱落。阴囊、四肢部位呈现类似皮炎的症状，皮肤瘙痒、脱毛、粗糙，蹄周及趾间皮肤皲裂。骨骼发育异常，后肢弯曲，关节肿大，僵硬，四肢无力，步样强拘。成年羊和羔羊一样也有典型的皮肤角化不全，此外，后肢球关节肿胀，蹄冠部皮肤肿胀、脱屑，被毛粗乱。母羊从发情到分娩整个过程受到严重影响，出现发情延迟或发情停止，屡配不孕，甚至出现胚胎畸形、早产、死胎等。公羊精液量减少，精子活力降低，性功能减退。

1.病因

机体组织器官中锌含量相当于铁含量的一半，铜含量的5～10倍，锰含量的近100倍。肌肉色泽、功能与锌的含量有关，色泽较深、活动较强的肌群，锌含量也高。眼球脉络膜中的锌含量最多，被毛中锌含量也和色泽有关，大多数的被毛中锌含量在115～135毫克/千克。锌缺乏和其他微量元素缺乏一样，主要是饲料中供应不足或其他影响其吸收的因素所致，如过多的钙或植酸

钙、磷、镁、铁、锰以及维生素 C 等可影响锌的吸收和利用。不饱和脂肪酸缺乏对锌的吸收和利用也有影响。羊患慢性胃肠炎时，可影响对锌的吸收而引起锌缺乏症。

2. 辨证

中兽医学虽无锌缺乏症的论述，但其所表现的临床特点、典型症状和燥邪伤津颇为相似。肺主宣发，外合皮毛，燥邪犯体，最易伤肺。口腔、鼻孔红肿发炎；鼻镜、后肢和颈部等处皮肤发生角化不全、皲裂，被毛脱落；阴囊、四肢部位呈现类似皮炎的症状，皮肤瘙痒，脱毛，粗糙，蹄周、趾间皮肤皲裂等，皆为伤津耗液的突出表现，其证多为热盛伤津，当属津亏或血燥的范畴。

3. 中兽药治疗

［治则］　清肺润燥。

［方药］　生石膏 80 克，桑叶、党参、玄参、川贝、胡麻仁、阿胶各 40 克，麦冬、甘草、枇杷叶各 30 克，苦杏仁、陈皮各 20 克，加水适量，煎煮 2 次，混合，候温，每天分 2 次灌服。

八、羊维生素 A 缺乏症

维生素 A 缺乏症是由于饲料中维生素 A 原、维生素 A 不足或缺乏，或胃肠吸收功能障碍，以致维生素 A 缺乏所引起的一种慢性营养性代谢病。临床上以生长迟缓、角膜角化、夜盲、生殖功能低下等为特征。羔羊多有此病。

维生素 A 缺乏可发生许多疾病，临床症状也随之各异。干眼病和夜盲症是早期维生素 A 缺乏症的特征性症状。其他临床症状有角膜干燥、混浊，畏光，瞳孔散大，眼球突出，视力减弱，尤其对暗光的适应能力差，早晚光线较暗时步态不稳，甚至不避障碍，严重的甚至双目失明。骨组织发育障碍时，羔羊成骨细胞明显减少，骨质疏松或变形，关节肿大，共济失调，生长发育停滞。严重者神经功能障碍，有强直性或阵发性痉挛。病羊还会有消化不良，腹泻，背和尾根部有干性糠疹，皮肤角质化、脱屑，弹性降低，被毛粗糙、干枯等症状。生殖器官黏膜角质化时，公羊精液减少，性欲减退；母羊受胎率降低，妊娠后期多发生流产或出现死胎，羔羊也会出现瞎眼、牙齿咬合不全等先天性畸形。

1. 病因

长期饲喂维生素 A 原或维生素 A 含量不足的精饲料，或缺乏绿色饲草，是引起该病的主要原因。青贮和谷物饲料长期保存，维生素 A 含量减少或受光、热作用而氧化，使维生素 A 受到破坏引起发病。羔羊哺乳期哺乳量不足或加热调制不当，可成群发生维生素 A 缺乏症。慢性胃肠道疾病、寄生虫病和慢性肝脏疾病，由于病羊消化吸收不良也可继发维生素 A 缺乏症。

2. 辨证

维生素 A 缺乏症属中兽医的“夜盲”范畴，中兽医认为，肝肾同源，肝与肾相互资生，同盛同衰。肝主血，开窍与目，目受血而能视，肝和则目能辨五色，肝血不足则夜盲或视物不明。因此，该病当按肝血亏虚、肾阴耗损论治。

3. 中兽药治疗

［治则］ 滋补肝肾。

［方药］ 枸杞子、熟地黄、当归各 40 克，山药、山茱萸各 30 克，牡丹皮、茯苓、菊花、夜明砂、决明子各 20 克，泽泻 16 克，白芍 15 克，共研为细末，开水冲调，候温灌服。

九、羊维生素 D 缺乏症

维生素 D 是一种固醇类衍生物，其中维生素 D_2（麦角骨化醇）和维生素 D_3（胆骨化醇）与动物营养学关系最为密切。维生素 D 在鱼肝和鱼油中含量最为丰富，蛋类、哺乳动物肝脏和豆科植物中

也有较高含量，但植物性饲料中含量极少。羊群所需维生素D的主要来源是日光照射。由于某些原因使维生素D缺乏，肠黏膜对钙、磷的吸收障碍，是羔羊发生佝偻病、成年羊尤其是妊娠母羊和哺乳母羊发生骨软症的主要原因之一。

维生素D缺乏对羊，特别是对羔羊、妊娠母羊和泌乳母羊的影响较为突出，首先是生长发育缓慢和生产性能明显降低。临床表现食欲减退，生长发育不良，消瘦，被毛粗乱无光。同时骨化过程受阻，掌骨、跖骨肿大，表现出前肢向前或侧方弯曲，膝关节增大和拱背等异常姿势。随病情发展，病羊步态强拘甚至跛行、搐搦、强直性痉挛、卧地不起。由于严重胸廓变形，常引起呼吸迫促或困难，有时还伴发前胃弛缓和轻型瘤胃臌气。妊娠母羊早产，产出体质虚弱或畸形羔羊。

1. 病因

本病与长期舍饲日光照射过少和冬季光照时间过短等有关。植物性饲草中的维生素D_2只存在于枯死植物叶中或日光晒干的干草中，由于受加工方法的影响，常常使维生素D含量大幅降低。维生素D在机体内转化为活化型维生素D_3才能发挥其生理功能，维生素D_3与钙、磷的吸收和代谢有着密切关系，在血钙、血磷含量充足或钙、磷比例适当的条件下，维生素D_3作用于靶器官如小肠、肾脏和骨骼等，促使小肠和肾脏对钙、磷的吸收能力增强，以维持血液中钙、磷含量的稳定性，并使骨的钙、磷沉积过程处于良好状态。维生素D能促进肾小管对钙、磷的吸收，使血钙、血磷含量增多。

2. 辨证

中兽医学认为，羔羊先天禀赋不足，易感疾病，以致脾肾虚损，骨质柔弱或畸形。肾藏精、主骨，肾阳衰弱，不能充骨生髓，温养筋骨，使骨髓空虚。六淫之邪乘虚而入，耗伤精气，影响骨质的形成。气血痹阻，使骨质疏松变形。病久气血周流不畅，痹阻经

脉，伤筋软骨，以致病情日益加重。

3. 中兽药治疗

［治则］ 温补肾阳，填补肾精。

［方药］ 怀山药、牡蛎、生龟甲、黑芝麻、制首乌各40克，怀牛膝、熟地黄、茯苓、山茱萸、生白术、党参、当归各30克，益智仁20克，红枣10枚。水煎服，候温灌服，或将药研为细末，每天早、晚用开水冲调，候温灌服。

十、羊维生素E缺乏症

维生素E又称生育酚，广泛分布于各种青绿饲草饲料中，接近成熟时期的草料中其含量较多，叶中其含量比茎中多20～30倍。露天晒制或霉败变质的干草中，90%的维生素E活性丧失，人工调制的干草和青贮饲草中，维生素E活性丧失相对较少。羊维生素E缺乏时，会发生以肌肉营养不良，心肌、骨骼肌和肝组织坏死等为主要特征的一系列疾病。

本病主要发生于4月龄以内羔羊，分为急性和慢性两种类型。急性又称心脏型，多以心肌凝固性坏死为主要病变，病羔羊在中等程度运动中便可突发心搏动亢进、心律不齐和心跳加快等，常因心力衰竭而急性死亡。慢性又称肌肉型，以骨骼肌深部肌束发生硬化、变性和严重性坏死为特征。在临床上呈现运动障碍，喜卧懒动，步样强拘，四肢站立困难。严重病羊多陷入全身性麻痹，不能站立，只能被迫横卧。当病羊咽喉肌肉变性、坏死影响采食、呼吸时，很快死亡。

1. 病因

可分为原发性和继发性维生素E缺乏症两种类型。原发性多见于饲喂劣质干草、稻草、块根类、豆壳类、长期贮存的干草、陈旧青贮饲草料的成年羊，特别是妊娠羊、分娩羊和哺乳母羊发病率较高。继发性以羔羊发病较多，与饲喂富含不饱和脂肪酸的植物性

饲料使维生素 E 过多消耗有关。各种应激因素如天气恶劣、长途运输或运动过强、腹泻、体温升高、营养不良以及含硫氨基酸（胱氨酸和亮氨酸）不足等均可能成为该病的诱发因素。

2. 辨证

中兽医学认为，心主血脉，肺主气，气为血帅，血以载气。心气不足，肺气虚弱，宗气不足，则运血无力，血行不畅，气血不荣。因此导致心搏动亢进，心跳加快，心音微弱，节律不齐甚至心力衰竭，受胎率降低，流产或死胎，黏膜淡染，肌肉苍白甚至坏死等诸症丛生。综合分析，维生素 E 缺乏症应属于中兽医的心肺气虚。

3. 中兽药治疗

[治则]　补益心肺。

[方药]　黄芪 120 克，当归 20 克，党参 40 克，肉桂、甘草、生姜各 30 克，加水适量，煎煮 2 次，混合，每天分 2 次灌服。

第六章 羊常见外科疾病

一、羊关节炎

关节炎是关节滑膜层的渗出性炎症。其特征是滑膜充血、肿胀，有明显渗出，关节腔内蓄积大量浆液性或浆液纤维素性渗出物。按照病程长短可分为急性和慢性关节炎两种。羊以膝关节炎及跗关节炎、腕关节炎、系关节炎常见。

急性关节炎表现关节肿大，局部增温，疼痛；站立时患肢屈曲，不能负重，呈悬垂状或蹄尖着地；运动时呈轻度或中度以支跛为主的混合跛行。慢性关节炎表现炎症症状不明显，无热、无痛，但可见关节积液或关节畸形，硬性肿胀，运动受到限制，步幅较小，跛行一般较轻。脓性关节炎表现为关节肿大、温热和波动；关节穿刺时，可见关节滑液混有脓液，同时有体温升高、脉搏增数、食欲减少、精神萎靡等全身症状；站立时患肢屈曲，不能负重，以蹄尖着地；运动时呈中度或高度混合跛行，或呈三脚跳。

急性后肢膝关节炎表现疼痛剧烈，关节肿大，关节液增多，运步跛行，同时可听到摩擦音；慢性则见关节液蓄积，关节变形，运步跛行，邻近肌肉组织萎缩。

跗关节炎表现关节肿大，关节液增多，有波动感，跛行较轻。

前肢腕关节炎以桡腕关节较易患病，病肢在迟缓时波动感明显。

1. 病因

主要由饲养管理不当和病原微生物侵犯为主。如母羊尤其泌乳母羊在新陈代谢紊乱的情况下，机体血清中钙、磷、镁、维生素A含量异常时，更易发病。此外，舍饲羊不遵循兽医卫生保健要求也是导致该病发生的原因，如饲养密度过大、光照不足、缺乏运动、羊舍粪便清理不及时、更换垫草不及时、羊舍的单栏羊位过于短小等，在此情况下极易发生挫伤、扭伤、脱位等机械性损伤。羊患有布鲁氏菌病、羊副伤寒、传染性胸膜肺炎、乳腺炎、产后产道感染等病时，病原微生物经血液循环侵犯到关节组织，也是该病的发病原因。

2. 辨证

中兽医认为本病是由风湿或寒湿引起的肢体疼痛、麻木或关节肿痛的疾病，属于中兽医“痹症”范畴，轻者步行困难，重者四肢下部厥冷，伤及肝肾则卧地不起。发病与体质条件、气候寒冷、栏地潮湿、羊棚进风、饲养管理失宜有关。水谷之不足，则损伤真气。脉中失营，脏腑少注，不能外营四肢，损伤卫气，不能抵抗外邪。风寒湿邪乘虚而入，流注经络，使气血凝滞而成本病。可分为以下证型。

（1）寒胜痛痹　关节疼痛较剧，痛有定处，关节屈伸不利，痛处皮肤不红、不热，得热则舒，遇寒加剧，舌苔白，脉弦紧。

（2）风胜行痹　关节酸痛，游走不定，屈伸不利，或有恶风寒发热，苔薄，脉浮。

（3）风湿热痹　关节红肿疼痛，得冷稍舒，痛不可触，或发热恶风，口渴，烦闷不安，苔黄，脉数。

（4）湿胜着痹　肌肤麻木，肢体疼痛沉重，痛处固定不移，活动不便，舌苔白腻，脉濡缓。

3. 中兽药治疗

（1）寒胜痛痹

[治则]　温经散寒，祛风除湿。

［方药］　桂枝、威灵仙、防己、当归、白术、羌活、独活各20克，白芍25克，甘草10克，开水冲调，候温灌服，每天1剂，连服4～6天。

（2）风胜行痹

［治则］　祛风通络，散寒除湿。

［方药］　赤芍25克，秦艽、葛根、防风、当归、羌活、桂枝各20克，甘草12克，开水冲调，候温灌服，每天1剂，连服4～6天。

（3）风湿热痹

［治则］　清热利湿，活血祛风。

［方药］　生石膏40克（先煎），忍冬藤40克，威灵仙、粳米各25克，知母、连翘、赤芍、桑枝各20克，桂枝15克，甘草6克，开水冲调，候温灌服，每天1剂，连服4～6天。

（4）湿胜着痹

［治则］　利湿活络，祛风散寒。

［方药］　薏苡仁35克，苍术、川芎各20克，桂枝、当归各15克，生姜、麻黄、甘草各12克。开水冲调，候温灌服，每天1剂，连服4～6天。

4. 针灸治疗

以关节患病所在部位的穴位为主穴，配合临近的相关穴位进行针灸；急性用血针，慢性选火针、灸熨。

（1）后肢膝关节炎

① 白针：掠草、后三里、小胯穴，留针30分钟。每天或隔日针刺1次，10次为一个疗程，适用于变形性膝关节炎。

② 水针：关节腔内注射。膝关节屈伸90°，常规剪毛消毒后，从内侧或外侧抽取无回血后，缓慢注入正清风痛宁注射液。1次2～4毫升，隔天注射后停止运动10～30分钟。

③ 火针：掠草、尾根、百会穴，每隔10天施术一次。

（2）跗关节炎

① 血针：曲池穴，放血 20 ～ 30 毫升。

② 烧烙术：曲池穴或患部。

（3）前肢肘关节炎　白针或火针前三里、抢风、肘俞穴。

二、羊淋巴外渗

淋巴外渗是在钝性外力作用下，淋巴管断裂，致使淋巴液积聚于组织内的一种非开放性损伤。临床表现为肿胀形成缓慢，无热无痛，柔软波动，穿刺排出浅黄色稍透明的液体。

本病常见于皮下结缔组织，如颈部、肩胛部、腹侧壁、臂部、膝前等部位。肿胀出现缓慢，一般于伤后 3 ～ 4 天出现，有明显的界限和波动感及拍水音，穿刺排出浅黄色稍透明的液体，或其内混有少许血液，皮肤不紧张，炎症反应轻微。一般无全身症状，时间较久，析出纤维素块，囊壁有结缔组织增生、增厚，有明显的坚实感。

1. 病因

本病常因钝性外力在动物体上强烈滑擦，使皮肤或筋膜与其下部组织发生分离，淋巴管断裂，淋巴液流入组织内。常见于角斗、跌倒、挤压、摩擦。

2. 辨证

本病是由于羊体受外界热能冲击力或冲撞压迫皮下软组织而受伤所致。《元亨疗马集·疮黄论》曰：“黄者，气之壮也，气壮使血离经络，血离经络溢于肤腠，肤腠郁结而血瘀，血瘀者，而化为黄水，故曰黄也”。

本病初起患部肿硬，间有疼痛或局部发热，继则扩大而软，边缘明显，移行较快，有的出现波动，刺之流出黄水。黄证按病程分，有急性、慢性之别；按病位分，常见有胸黄、肘黄、肚底黄、外肾黄、膝黄等；按病性分，又有阴黄、阳黄。

（1）阴黄　多因饲养失调，久卧湿地，致使寒湿之邪凝于肌腠，滞而不散，结为黄肿；或乘热急饮冷水太过，水盛火衰，脾失健运，致使水湿内停，渗于腹下成为黄肿。表现为局部慢肿，边缘界限不明显，触诊不热不痛，手按留有指痕，病势发展慢，针刺流出黄白色液体，口色淡红，脉象沉细。

（2）阳黄　多因湿热毒邪侵入机体，致使心肺壅热，迫血离经，溢于肌腠，而成黄肿。表现为肿胀热痛明显，大小不一，按压或硬或软，病势发展快，刺破后流出黄水，口色赤红，脉象洪数。

3. 中兽药治疗

（1）阴黄

［治则］　温阳补阴，散黄通经，外敷配合口服。

［方药］

① 外治

方剂一：雄黄拔毒散加减。雄黄、樟脑各 10 克，黄柏、榆白皮各 40 克，白矾、硼砂、大黄、龙骨各 20 克，共研为细末，醋调外涂，每天一次，连用数次。

方剂二：全蝎 5 条，蜈蚣 1 条，天南星 5 克，鱼石脂 20 克，凡士林适量，前三味药研为极细末，过 120 目筛，入鱼石脂、凡士林配成膏剂，涂于肿胀部。

② 内治

方剂一：茴香散加减。小茴香、肉桂、川楝子、甘草、贝母、秦艽、青皮、栀子、酒知母各 10 克，干姜 8 克，共研为细末，开水冲调，候温灌服。

方剂二：大腹皮 20 克，茯苓皮、桑白皮、葶苈子各 18 克，陈皮、白术、厚朴、槟榔、当归、滑石、甘草各 15 克，共研为细末，开水冲调，候温加黄酒 100 毫升为引，同调灌服，每天 1 剂，连用 3 ～ 5 天。

方剂三：实脾饮。大腹皮 25 克，白术、厚朴、茯苓、木瓜各 20 克，炮附子、炮姜、大枣各 20 克，草果仁 18 克，木香 15 克，

炙甘草、生姜各 10 克，共研为细末，开水冲调，候温灌服，每天 1 剂，连用 3 ～ 5 天。

（2）阳黄

［治则］ 清热解毒，消肿散瘀，外敷配合口服。

［方药］

① 外治

方剂一：加味雄黄散。黄柏、龙骨、雄黄、白蔹、白及、大黄各等份，共研为细末，醋调敷肿处，每天一次，连用数次。

方剂二：白及拔毒散加减。白及、芙蓉叶各 20 克，黄柏、赤小豆各 10 克，大黄 8 克，雄黄、龙骨、白矾、木鳖子各 6 克，共研为极细末，过 120 目筛，密闭、遮光保存备用。以消毒药液清洗患部后取适量醋调敷于患部，每天 1 次，连续使用至病愈。

方剂三：鲜青蒿 650 克，鲜杨树叶 650 克，加水 3 升熬至 1.5 升，去渣，加芒硝 150 克、冰片 10 克，化开，候温，擦洗患处，每天 2 次，连用 3 ～ 5 天。

② 内治

方剂一：消黄散加减。芒硝 40 克，栀子 25 克，知母、贝母、防风、蝉蜕、大黄各 20 克，连翘、黄连、黄芩、黄药子、白药子、郁金各 15 克，甘草 10 克，共研为细末，开水冲调，候温，加鸡蛋清 2 个、蜂蜜 80 克为引，同调灌服，每天 1 剂，连用 3 ～ 5 天。

方剂二：金银花散加减。金银花、连翘各 35 克，板蓝根、大黄、川芎各 20 克，乳香、没药各 15 克，百部 18 克，僵蚕 10 克，蜈蚣 6 条，甘草、灯心草各 6 克，水煎取汁，候温，加鸡蛋清 2 个、黄酒 80 毫升为引，同调灌服，每天 1 剂，连用 3 ～ 5 天。

三、羊肩胛上神经麻痹

肩胛上神经麻痹是因肩胛上神经受损引起肩胛部肌肉的功能障碍性病症。

临床表现为病羊站立时肩关节偏向外方与胸壁离开，胸肩的中间出现凹陷，肘关节明显向外方突出。运动时患肢提举无明显异常，或出现环行步，步幅缩短，负重时肩关节明显外偏。若延误治疗，病羊会出现肩部肌肉萎缩和肩胛过度松弛的症状。

1. 病因

由于肩胛上神经的位置、分布和起源围绕肩胛颈部，而该部位极易受到损伤。本病多由于外界强烈刺激，如跌倒、猛进、打碰、滑走、跑步中骤然回转或停止，撞击后颈区或肩区而受损伤，或被分隔栏损伤，或受颈圈或颈枷不良摩擦等，使肩胛骨前缘下三分之一处的肩胛上神经受损伤而诱发。在该部位因粗心注射刺激性物质或皮下注射继发的蜂窝织炎都可能引发本病。

2. 辨证

中兽医认为此病为筋络不通、气滞血瘀所造成。

3. 中兽药治疗

［治则］ 活血散瘀，舒筋通络。

［方药］ 方剂一：蒲黄散加减。当归 30 克，牛膝 25 克，蒲黄、杜仲、红花、金银花、蒲公英、川芎、苍术各 20 克，乳香、没药各 15 克，血竭、甘草各 10 克，共研为细末，开水冲调，入黄酒 150 毫升，候温一次灌服，每天 1 剂，连用 3 ～ 5 天。

方剂二：威灵仙散加减。威灵仙 30 克，木瓜 30 克，牛膝、当归各 25 克，红花、乳香、没药、川芎、防风各 20 克，羌活 15 克，共研为细末，开水冲调，入黄酒 150 毫升，候温一次灌服，每天 1 剂，连用 3 ～ 5 天。

4. 针灸治疗

（1）白针、电针或水针　针刺抢风、肘俞、前三里、膊尖、肩井等穴。

（2）水针疗法　可用 0.2% 硝酸士的宁 5 毫升，维生素 B_1 5 毫

升，混合后在患肢的膊尖、肩井穴分点注射，每天一次，连用 7 天为一个疗程。

（3）TDP　肩胛部照射，每天 20 ～ 30 分钟。

四、羊桡神经麻痹

桡神经麻痹是桡神经受到损伤引起前肢伸肌肉的功能障碍性病症。表现为运动时患肢牵伸困难；着地时因肘关节、腕关节不能固定而呈过度屈曲状态。

1. 病因

本病主要由外伤所引起，如挫伤、跌倒、踢蹴、骨折及分隔栏损伤等。长时间横卧保定进行手术时，由于地面坚硬，下位肢体局部受压也可引发患病。此外年老体弱、气血不足、过劳、感冒等疾病存在时更易继发本病。

2. 辨证

根据临床症状可分为两种证型。

（1）不全麻痹　站立时，无明显异常，患肢尚可负重，有时肘部肌肉出现颤抖现象。运动时，患肢关节伸展不充分，有些摇晃，运动缓慢。负重时，关节软弱无力呈屈曲状，尤其在不平道路和快步运动时更为明显。

（2）全麻痹　站立时，肩关节过度伸展，肘关节下沉，腕关节、指关节屈曲，掌部伸向后方，以蹄尖壁着地，患肢变长。负重时，除肩关节外，其余关节均呈屈曲状态，患肢不能负重，呈向前方突出的弓状姿势。人为固定腕关节和球关节，患肢可负重，但撤去外力或患肢重心改变时，又恢复原状。运动时，病肢提举不充分，呈现以蹄尖壁拖地而行的严重跛行，可见大点头。触诊臂三头肌和腕、指的伸肌均弛缓无力，患部皮肤痛觉降低，久则肌肉萎缩。

中兽医认为此病为筋络不通、气滞血瘀所造成。

3. 中兽药治疗

[治则] 活血散瘀，舒筋通络。

[方药]

(1) 外用方药 伸筋草酒。伸筋草、透骨草各40克，防风35克，荆芥、千年健、生蒲黄、地肤子、五加皮各20克，共研为细末，75%酒精浸泡后取上清液涂搽患部，适当按摩，并以热酒糟温熨患部，每天1次，连用5～7天。

(2) 口服方药

方剂一：活血散瘀汤加减。威灵仙20克，当归、川芎、桃仁各18克，红花、乳香、没药、土鳖虫各15克，水煎去渣，入黄酒100毫升，候温，一次灌服。

方剂二：补骨脂散加减。炒补骨脂30克，当归、川续断、牛膝各25克，川芎、黄檗、炙骨碎补、红花、苍术、炒杜仲各20克，乳香、没药、生蒲黄、连翘、生姜各15克，血竭8克，甘草10克，共研为细末，开水冲调，入黄酒150毫升，候温，一次灌服，每天1剂，连用3～5天。

方剂三：三痹汤加减。黄芪、续断、独活、秦艽、防风、川芎、当归、白芍、牛膝、杜仲、党参、熟地黄各35克，甘草、细辛、肉桂各10克，水煎口服，每2天使用1剂，连用4～6天。

4. 针灸治疗

(1) 白针或电针 针刺抢风、肘俞、肩井、肩俞、肩外俞、前三里等穴。

(2) 水针 取抢风、前三里穴，每穴注射0.2%硝酸士的宁注射液3毫升，或自家血5毫升，或维生素B_1注射液，或当归注射液。

(3) 火针 针刺抢风、肘俞穴。

(4) 火罐 宽针急刺抢风穴后，再行拔火罐。

五、羊坐骨神经麻痹

坐骨神经麻痹是由于坐骨神经受到损伤，致使其支配的肌肉群的功能发生障碍的一种疾病。羊时有发生。

1. 病因

引起本病的原因有中枢性和外周性两种。外周性多见，常由机械性损伤所致，如突然滑倒、剧伸、碰撞、骨折（骨盆、髂骨、股骨）、保定不当等。卧地过度潮湿、羊生产瘫痪、布鲁氏菌病等也可引发本病，医源性臀部注射刺激性药物或针刺本身均可引起坐骨神经损伤，特别是羔羊更易发生。

2. 辨证

站立时后躯各关节迟缓、下垂或降低，呈半屈曲状态，球节突出，常以趾和球节背侧着地站立，肢显过长，将病肢放于正常位置时，病肢仍能支持体重。运动时后躯各关节伸展异常，球节以下屈曲，患肢前伸缓慢，向外划弧，趾部拖拉前进，落地负重时臀部下沉，呈现特异的肢跛。触诊股四头肌、股部、胫部皮肤，感觉减退或消失。病程过久，股四头肌迟缓，甚至萎缩。

中兽医认为此病为筋络不通、气滞血瘀所致。

3. 中兽药治疗

［治则］ 活血散瘀，舒筋通络。

［方药］ 牛膝大黄散加减。川牛膝35克，熟大黄、当归、红花、土鳖虫、炙骨碎补、地龙各20克，乳香、没药、煅自燃铜、甘草各15克，血竭10克，共研为细末，开水冲调，入黄酒150毫升，候温，一次灌服，每天1剂，连用3～5天。

4. 针灸治疗

（1）白针、火针、电针　针刺百会、肾俞、肾棚、大胯、小胯、邪气、汗沟、仰瓦，每次2～4穴。若电针，每次通电20分钟，每天 1 次，连用 3 ～ 5 天。

（2）水针　大胯、小胯、仰瓦，任选 1 ～ 2 穴，每穴注射 0.2% 硝酸士的宁注射液 3 毫升或自家血 5 毫升。

六、羊腐蹄病（蹄糜烂、蹄叉腐烂）

腐蹄病为蹄叉角质及其深层发生腐烂坏死、流出灰黑色恶臭液体或充满灰褐色渣滓的病症，属中兽医漏蹄的范畴，是羊常发的一种蹄病。

病羊初期患蹄尚能负重，运步时虚行下地，呈现支跛，特别在硬地或石子路上行走，跛行更为明显。后期则患蹄不敢踏地，呈高度支跛，步行困难，多卧少立。触诊蹄部早期温度升高，趾动脉亢进，敲打蹄底或钳夹患部两侧出现疼痛。

1. 病因

本病主要是因羊栏过度阴暗潮湿，粪尿未及时清除，环境泥泞，致使羊蹄长期被污水、粪尿浸渍，角质软化，蹄底过度磨损感染细菌，导致蹄底腐烂。久不修蹄，蹄形不正，蹄底负重不均，羊蹄被碎石块、异物茬尖等刺伤后被污物封围，形成缺氧状况，也是发生本病的因素。或天气寒冷，缺乏运动，气滞血瘀，发而为肿，日久化而为脓，蹄溃肉腐，从而引发本病。

2. 辨证

根据病因和症状临床常分为以下两种类型。

（1）干漏　多因牲畜伤力过度，或水泥圈舍使得蹄底磨损过度，或因蹄底嵌入异物，日久气血运行受阻，蹄胎失于润养所致。症见蹄心或白线处干枯，用蹄刀挖削蹄底，可见灰褐色渣滓。

（2）湿漏　多因气候湿热，厩舍不洁，蹄胎被粪尿侵蚀，或久行泥泞道路，湿毒浸入蹄胎，或因蹄底外伤，蹄毒内侵，致使蹄部瘀血凝滞，久则腐烂成漏。症见蹄胎有大小不同的漏洞，充满或流出灰黑色液体或脓血，有难闻的腐臭味。

3. 中兽药治疗

本病主要采用外治法，配合口服中药、针灸调理。

（1）外治　无论干漏、湿漏均应先将蹄部异物、腐肉脓血和腐败渣滓除净，用1%高锰酸钾溶液或3%过氧化氢溶液彻底清洗、消毒患部，酒精棉球擦干后再用以下方法处理。

① 雄黄、枯矾等量，加少许血余炭，共研为极细末，过筛，局部撒布，用黄蜡封闭创口，包扎蹄绷带。

② 乳香、没药、松香各65克，透骨草18克，香油100毫升。前4味药共研为极细末，加入香油，用微火煎熬成活血止痛膏。用药膏将患部空隙填平，再用脱脂棉及黄蜡封口，包扎蹄绷带。

③ 血竭20克，桐油80毫升。将桐油煮沸，加入血竭溶化，搅匀制成血竭桐油膏，趁热涂覆创面或灌满空洞，绷带包扎。

④ 香油60毫升炸花椒5克，凉至约60℃倒入蹄心患处；再用烟叶末将蹄心填满，把黄蜡置勺内熔化后倒入创口内，包扎蹄绷带。

⑤ 枯矾、龙骨、雄黄各等份，共研为极细末，即成枯矾散，撒布创面，包扎蹄绷带。

⑥ 将磺胺粉、血竭粉以3 ∶ 1的比例混合研末，即成磺胺血竭散，撒于患部，用黄蜡封闭，包扎蹄绷带。

（2）内治

［治则］　解毒排脓，防腐生肌。

［方药］　加味消疮饮。金银花40克，连翘35克，浙贝母25克，天花粉、白药子、赤芍、防风、白芷、陈皮、当归各20克，乳香、没药各15克，甘草10克，共研为细末，开水冲调，候温灌服，每天1剂，连用3～5天。

4. 针灸治疗

（1）血针　蹄头为主穴，涌泉、滴水、缠腕为配穴。

（2）激光　照射患部。

（3）烧烙　烧烙涌泉穴或患部，烙前矫正修蹄，并去净患部坏死、腐烂物质，烙后以油涂搽。

七、羊风湿病

风湿病是反复发作的急性或慢性全身性结缔组织的炎症。临床以胶原结缔组织发生纤维蛋白变性，骨骼肌、心肌以及关节囊中的结缔组织出现非化脓性局限性炎症为特征。多因畜体阳气不足，卫外不固，再逢气候突变，夜露风霜，阴雨苦淋，久卧湿地，穿堂贼风，劳役过重，乘热渡河时，风寒湿邪乘虚侵袭皮肤，流窜经络，侵害肌肉、关节、筋骨，遂成此病。其症状为肌肉、关节肿痛，皮紧肉硬，屈伸不利，四肢跛行，跛行随运动而逐渐减轻。重则关节肿大、变形、肌肉萎缩、麻木，甚至卧地不起。

羊遇风寒后常突然发病，不愿活动，食欲减退或废绝，病初体温升高，脉搏加快，四肢和腰部肌肉肿胀，全身关节热痛，跛行，运动后或天气好转后病状减轻或消失。风湿发生部位表现不一。颈部风湿，可见病羊脖子发硬疼痛，若一侧发病，则歪向疼痛一侧，俗称歪脖子；如发生在两侧，则头颈伸长、僵直，低头困难。腰部风湿，病羊腰部僵硬，疼痛无力，步幅小，步态强拘，转弯困难。发生在四肢，则病羊腿瘸，常交替发生，腿伸屈起立困难，患肢僵硬发肿，跛行，常随运动或晴天而好转，而遇冷天又犯。

1. 病因

风湿病的病因迄今尚未完全阐明，一般认为风湿病是一种变态反应性疾病，并与溶血性链球菌感染有关。而中兽医认为风湿病是由于机体受到风、寒、湿三类致病因素的侵袭，致使经络阻塞、气血凝滞，引起肌肉关节病变的一类证候，属痹证范畴。本病多发生于冬、春季。

2. 辨证

（1）根据病邪特性分类　可分为以下三种类型。

① 寒痹（痛痹）：寒邪偏盛所致。症见痛有定处，疼痛显著，得热痛减，遇冷加重。病多在腰胯及四肢，口色青白，脉弦而紧。

② 风痹（行痹）：风邪偏盛所致。症见关节或肌肉疼痛，疼痛游走不定，行无定处，四肢轮流跛行，腰背僵硬，运步困难，兼有恶寒发热、口色淡红，脉浮而缓。

③ 湿痹（着痹）：湿邪偏盛所致，症见关节肿胀，四肢沉重，难于移动，呈黏着步样。疼痛较轻，痛处固定，或肿胀麻木，多发于四肢关节。口色白滑，脉沉而缓。

（2）根据病理过程分类　可分为以下两种类型。

① 急性风湿：多因素体阳气偏盛，内有蕴热，又感风寒湿邪，里热为外邪所郁，湿热壅滞，气血不宣所致；或风寒湿三邪久留，郁而化热，壅阻经络关节也可致该病发生。症见发病急剧，肌肉或关节肿痛，有灼热感，运动时患肢强拘，提举困难，步幅缩短。伴有发热、出汗、颤抖、尿短赤、口色赤红、脉象滑数。

② 慢性风湿：痹证日久，肝肾亏虚，气血不足，筋骨失养，可引起关节肿大、变形、热痛不显、肌肉萎缩、筋脉拘急、运动失灵、易于疲劳，最后导致病羊不能运动，卧地不起。

3. 中兽药治疗

（1）寒痹

［治则］　散寒温经，通络蠲痹。

［方药］　通经活络散加减。当归 30 克，炙黄芪 35 克，牛膝 25 克，补骨脂、白芍、木瓜、威灵仙、巴戟天、藁本、泽泻各 20 克，薄荷、桂枝各 18 克，木通 15 克，共研为细末，开水冲调，候温，加入黄酒 150 毫升，一次灌服，每天 1 剂，连用 3 ～ 5 剂。

（2）风痹

［治则］　祛风养血，通络蠲痹。

［方药］　防风散加减。防风、葛根各 35 克，山药 30 克，独活、羌活、连翘各 20 克，当归 25 克，乌药 18 克，升麻、柴胡、制附子各 15 克，甘草 10 克，共研为细末，开水冲调，候温，加入

蜂蜜 80 克，一次灌服，每天 1 剂，连用 3 ～ 5 天。

（3）湿痹

［治则］ 除湿利水，通络蠲痹。

［方药］ 薏苡仁汤加减。薏苡仁 55 克，独活、苍术、豨莶草、当归各 20 克，川芎、威灵仙、桂枝、羌活各 18 克，川乌 15 克，水煎取汁，加入黄酒 120 毫升，候温灌服，每天 1 剂，连用 3 ～ 5 天。

（4）急性风湿

［治则］ 清热祛风，除湿蠲痹。

［方药］ 桂枝石膏汤加减。石膏 100 克，桂枝、桑枝、知母、黄柏、赤芍、苍术、忍冬藤各 20 克，薏苡仁 40 克，防己 35 克，甘草 15 克，水煎取汁，加入蜂蜜 80 克、鸡蛋清 3 枚，候温灌服，每天 1 剂，连用 3 ～ 5 天。

（5）慢性风湿

［治则］ 滋补肝肾，祛风散寒，除湿蠲痹。

［方药］ 独活寄生汤。独活、秦艽、防风、当归各 18 克，桑寄生、熟地黄各 30 克，杜仲、牛膝、党参、茯苓各 20 克，白芍、川芎、肉桂各 15 克，细辛 5 克，甘草 10 克，水煎取汁，加入蜂蜜 80 克、黄酒 80 毫升、鸡蛋清 3 枚，候温灌服，每天 1 剂，连用 3 ～ 5 天。

4. 针灸治疗

（1）白针、电针或火针　全身风湿，针刺百会、抢风、气门穴；颈部风湿，针刺九委穴；前肢风湿，针刺抢风、肩井、肩俞、肩外俞、肘俞等穴；后肢风湿，针刺百会、大胯、小胯、邪气、汗沟、曲池等穴；背腰风湿，针刺关元俞、腰中、百会、肾棚、肾俞、肾角等穴。

（2）水针　按患部选取百会、肾俞、抢风、大胯、小胯等穴，每穴注射 10% 葡萄糖注射液两份与 5% 碳酸氢钠一份的混合液 20 毫升。

（3）血针　缠腕为主穴，配涌泉、滴水穴；病重者，取胸堂、尾本穴。

（4）TDP　病区照射，40～60分钟。

（5）灸熨　醋酒灸或醋麸灸；软烧法；艾灸；隔姜灸。

（6）激光疗法　一般常用6～8毫瓦的氦氖激光作局部或穴位照射，每次20～30分钟，每天1次，连用10～14天为一个疗程。

八、羊荨麻疹

荨麻疹又称遍身黄、肺风黄或风疹，是一种变态反应性皮肤疾病。是机体对致敏性因素或不良刺激的感受性加强所致。其特征是病羊皮肤瘙痒。

本病多无任何先兆，病羊突然于皮肤上出现扁平而形态各异、大小不等的红色或黄白色疹块，疹块周围多有红晕呈堤形肿胀，被毛逆立，疹块往往相互融合，形成较大的疹块。病初期疹块多出现在头颈两侧、肩背、胸壁和臀部，而后波及股内侧及乳房、生殖器。疹块发展快，消失也快。病羊因皮肤瘙痒而揩桩蹭墙、啃咬患部，四肢不断踩动，常有擦破皮和脱毛现象。病羊出现兴奋不安，体温升高，呼吸急迫，流涎，腹泻，或头部肿胀严重，耳鼻唇肿，不能采食咀嚼，两眼翻肿难睁。

1. 病因

（1）外源性因素　包括某些吸血昆虫（如蚊、虻、厩蝇等）的刺蜇；有毒植物（如荨麻等）的刺激；生物制品（如血清注射、免疫接种等）；接触（外搽、口服或注射）某些刺激性药物和抗生素（如碘酊、石炭酸、松节油、白霉素、青霉素等），使机体过敏而发病。运动过度，腠理疏泄而汗出，寒冷外侵或贼风乘虚而入，正邪相搏，卫气被郁，营卫不和而致病；有的偶尔因搔抓或磨蹭皮肤而发病。

（2）内源性因素　采食异常、变质或发霉饲料，吸收其中某些异常成分、毒素而致敏；或因羊对某些饲料（蛋白质含量增高类）有特异敏感性；或胃肠消化功能紊乱使肠道菌群失调，某种消化不全产物或菌体成分被吸收而致敏；或胃肠道内有寄生虫，其虫体成分及其代谢产物被吸收而致敏，因这些有毒物质既不能外泄，又不能内解，最终外郁皮毛腠理之间而发生该病。

2. 辨证

根据病邪特性，可分为风寒和风热两种证型。

（1）风寒型　丘疹遇冷加重，遇热则退，尿清长，大便稀薄，口湿舌淡，脉象迟紧。

（2）风热型　丘疹遇热加重，遇冷则退，尿短赤，大便干燥，口干舌红，脉象洪大。

3. 中兽药治疗

（1）风寒型

［治则］　疏风散寒，发汗解表。

［方药］　方剂一：防风通圣散。防风、白术、薄荷、当归、川芎、连翘、白芍、栀子、麻黄、荆芥、芒硝各 20 克，桔梗、黄芩、石膏各 18 克，滑石粉、生姜各 25 克，大黄（酒炒）20 克，甘草 15 克，共研为细末，加水适量，候温灌服。

方剂二：荆防败毒散加减。荆芥、防风、桔梗各 20 克，茯苓 30 克，羌活、独活、前胡、柴胡、枳壳各 18 克，川芎 15 克，甘草 10 克，共研为细末，开水冲调，候温灌服，每天 1 剂，连用 2 ～ 3 天。

（2）风热型

［治则］　疏风清热，解毒消肿。

［方药］　方剂一：消风散加减。黄芪 40 克，防风、黄芩、地肤子、生地黄、玄参各 20 克，蜂房 15 克，熟大黄 18 克，金银花、连翘各 15 克，知母、贝母、黄药子、白药子、黄连、郁金、黄檗、

栀子、薄荷各10克，蝉蜕、生甘草各5克，牛蒡子15克，绿豆60克，共研为细末，开水冲调，候温，调入蜂蜜80克、鸡蛋清2个，一次灌服，每天1剂，连用2～3天。

方剂二：消黄散（《元亨疗马集》）加减。芒硝40克（后下），苦参30克，连翘、荆芥、薄荷各20克，知母、大黄各18克，黄药子、白药子、栀子、黄芩、贝母各15克，黄连、郁金、甘草各15克，共研为细末，开水冲调，候温入蜂蜜80克、鸡蛋清2个，一次灌服，每天1剂，连用2～3天。

4. 针灸治疗

血针颈脉穴，放血30～50毫升。

九、羊结膜炎

结膜炎，俗称“红眼病”，是眼结膜和球结膜在各种外界刺激、感染和机体自身因素的作用下，发生表层或深层的急性炎症。多见于感染性疾患或某些热性病的病程中，中兽医称此病为风火眼、肝经风热。

本病临床以怕光不敢睁眼、流泪、疼痛、肿胀，结膜充血、眼内有分泌物等为主要症状。根据分泌物的性质，可以分为浆液性、黏液性和化脓性结膜炎。一般并不严重，但是当其炎症波及角膜或引起并发症时，可导致视力的损害。

根据病的经过，可分为急性和慢性两种。

急性结膜炎：病初结膜充血、发红，流泪，分泌物呈浆性，随后结膜显著充血，肿胀明显，畏光、流泪，分泌物黏性、量多，常蓄积于结膜囊内或附于眼角内。结膜下组织受侵害时，疼痛和肿胀剧烈，肿胀结膜呈肉块样、外翻，露出于上下眼睑之间，遮蔽整个眼球，呈紫红色、黑褐色坏死。炎症蔓延到角膜，其周围有新生血管，发生弥漫性角膜混浊。

慢性结膜炎：结膜轻度充血、暗红色、肥厚，泪液及炎性分泌物流出，在眼睛下方皮肤可见到泪痕，形成湿疹样皮炎，被毛脱落，出现痒感。羊外翻的结膜粘上污物，发痒，常因擦伤、出血，结缔组织增生，导致结膜变硬、紫红色，溃烂和坏死。炎症波及角膜，引起角膜翳。

1.病因

（1）继发于某些疾病过程　如恶性卡他热、羊嗜血杆菌病、羊吸吮线虫病、流感以及变态反应性疾病等。

（2）化学性物质的刺激　如药品、烟雾、毒气、石灰、肥皂水、高浓度消毒液对结膜的作用，以及厩舍通风不良。

（3）物理性异物的刺激、压迫、摩擦、损伤等　如风沙、灰尘、芒刺、谷壳、草秸、花粉、高温、火焰、鞭伤等。

2.辨证

中兽医认为本病多因外感风热及内伤热毒所致。根据病因、临床症状可分为以下三种类型。

（1）风热传眼　多因暑月炎天，暑气熏蒸，劳役过重，车船运输，圈舍闷热，风热侵袭，外邪内合，致使内热不得外泄，风热相搏，交攻于眼；或风热化火，热毒内盛，致使热毒积于心肺，流注于肝，肝火上炎，外传于眼，发生本病。症见结膜和眼睑潮红、充血、肿胀、疼痛、畏光、流泪、眵多难睁。有时角膜发生混浊，或生白色或蓝色云翳。日久，则云翳遮盖瞳孔，视力减退，甚至失明。口色鲜红，脉象弦数。

（2）火毒炽盛　多因饮食无节，过食浓厚饲料或霉败饲料，内伤料毒积于心肝，外传于眼而发病。症见发病较急，低头闭眼，眼睑肿胀，有大量黄稠分泌物，粘住睫毛而不能睁眼，畏光流泪，重则眼睑翻肿，胬肉增生，遮蔽瞳孔。日久则黑睛混浊、生翳。粪便干燥，口色红，脉象弦数。

（3）虚火上炎　因久病体虚，肾水亏损，不能滋养肝木，虚火上炎，上冲于眼而发。症见结膜和眼睑潮红、肿胀、疼痛，畏

光，流泪，眵多难睁，蹄甲干燥，口色淡红无苔，脉象细数。

3. 中兽药治疗

（1）风热传眼

［治则］ 祛风清热，清肝明目，消肿退翳。

［方药］ 方剂一：防风散加减。防风、荆芥、黄芩、石决明、决明子各15克，黄连、没药、甘草、蝉蜕、青葙子、龙胆各10克，共研为细末，开水冲调，候温，加入蜂蜜80克为引，一次灌服，每天1剂，连用2～3天。

方剂二：决明散加减。石决明65克，决明子30克，栀子25克，大黄、白药子、黄药子各20克，黄芩、没药、黄连、郁金各15克，共研为细末，开水冲调，候温，加入蜂蜜80克、鸡蛋清2个为引，一次灌服，每天1剂，连用2～3天。

（2）火毒炽盛

［治则］ 泻火解毒，清肝明目。

［方药］方剂一：龙胆泻肝汤加减。龙胆30克，黄芩、栀子、当归各20克，柴胡15克，生地黄35克，甘草10克，金银花、连翘、决明子、青葙子各20克，共研为细末，开水冲调，候温，加入蜂蜜80克、鸡蛋清2个为引，一次灌服，每天1剂，连用2～3天。

方剂二：银翘蒲菊汤加减。金银花、连翘、蒲公英各20克，菊花、生地黄、栀子各18克，黄连10克，水煎，候温灌服，每天1剂，连用2～3天。

（3）虚火上炎

［治则］ 滋阴养血，清肝明目。

［方药］ 加味杞菊地黄汤。枸杞子、菊花各25克，补骨脂、防风、荆芥、青葙子各20克，熟地黄25克，甘草10克，夜明砂、茵陈各35克，制僵蚕、淡竹叶、薄荷各18克，知母、黄柏各20克，共研为细末，开水冲调，候温，入蜂蜜80克、鸡蛋清2个为引，一次灌服，每天1剂，连用2～3天。

（4）外治法

① 新鲜青蒿 150 ～ 200 克，加水适量，武火煎 10 分钟左右，用 3 ～ 4 层纱布滤去药渣，澄清，放置在外面，露天过夜，使药液接触到露水即可。用药液洗敷眼睛患处，每天 2 ～ 3 次，轻者 1 ～ 2 天即可痊愈，重者 2 ～ 3 天，一般不超过 5 天，同时灌服菊花散，每天 1 剂，连用 2 天。

② 拨云散加减。炉甘石、硼砂、青盐、黄连、铜绿各 20 克，硇砂、冰片各 5 克，共研为极细末，过 160 目筛，密闭遮光保存，用时以温生理盐水冲洗患眼后点眼，每天 3 次，连用 7 ～ 10 天。

4. 针灸治疗

（1）白针　针刺睛明、睛俞、垂睛穴，每天一次。

（2）水针　取睛明、睛俞、垂睛穴，用 10% ～ 25% 葡萄糖溶液 2 ～ 5 毫升进行穴位注射，每次选 1 ～ 2 个穴位；或取垂睛穴注射链霉素注射液 1 ～ 2 克，每天或隔天注射 1 次；或取链霉素 160 万单位，用 10 毫升生理盐水稀释，交替注入太阳穴或垂睛穴皮下，每次每眼用一穴；或取太阳穴，注射醋酸氢化泼尼松 50 毫克，每 5 天注射 1 次，连用 2 ～ 3 次。

（3）血针　太阳、三江、颈脉为主穴，配睛明、睛俞点刺出血，每天或隔日一次。

（4）自家血疗法　取 5 毫升自家血注入睛明、睛俞穴（患眼眼睑皮下），隔日一次。

另外，亦可用顺气穴插枝；瞬膜脱出者，用骨眼钩钩住瞬膜，三棱针点刺出血。

十、羊角膜炎

各种不良刺激作用，致使角膜组织发生炎症，称为角膜炎。按照角膜损伤程度的不同可分为浅表性和深在性。深部角膜受损

愈合后，由于新生血管的形成而遗留下小而致密的白色、不透明疤痕，称为角膜翳。而外伤和溃疡常导致角膜混浊，混浊位于瞳孔区时则影响视力，甚至造成失明。

病羊病初患眼畏光流泪，眼结膜肿胀，疼痛，而后角膜凸起，角膜周围血管充血，角膜表面粗糙，角膜上出现点状、棒状、云雾状灰白色或淡蓝色混浊，严重者角膜增厚遮住眼睛，有的发生溃疡，形成瘢痕或角膜翳，往往引起失明。有的伴有体温升高，精神沉郁，食欲减退等全身症状。

1. 病因

（1）机械性损伤　常见于鞭伤、树枝擦伤等异物伤害。

（2）生物性损伤　传染性疾病见于羊传染性角膜炎、恶性卡他热等疾病过程以及眼寄生虫病。

（3）化学性损伤　农药杀虫剂、强酸、强碱、乳头药浴液、肥皂水、氨水等化学药品刺激。

另外，结膜损伤后，炎症波及角膜也可引发本病。

2. 辨证

根据病因、病理变化和临床症状可分为以下四种类型。

（1）肝经风热　多因奔走过急，饮水不足，体内蕴热，致使肝火上升，外传于眼所致。症见怕光、流泪，痒痛明显，球结膜睫状轻度充血或无明显充血，角膜表面有细小灰白色点状浸润。多见于外感或急性结膜炎后发生。

（2）肝经热毒　多因暑热炎天，喂养无节，精饲逸居，内伤料毒，湿热蕴结于内，外传于眼，形成白翳，凝于角膜表面所致。症见畏光、流泪、双目紧闭、烦躁不安，球结膜有明显睫状充血或混合性充血，角膜表面有乳白色点状及枝状混浊，角膜深层有灰白色浸润，有的因角膜溃疡、组织缺损而凹陷。严重者前房积脓或并发虹膜睫状体炎，全身发热，食欲减退，粪干尿黄，舌质红，苔黄厚。

（3）肝胆湿热　多因病毒引起，长期用西药治疗不愈之症，病程较长，反复发作。症见全身发热，低头呆立，口渴不欲饮，粪干或稀，尿黄，舌质红，苔黄厚腻。

（4）阴虚　多见于久病不愈，长期服用苦寒药或病后体虚、产后羊等。症见眼部干涩，畏光，流泪，视力下降，眼结膜睫状充血或混合性充血，角膜表面灰白色浸润或溃疡，并轻度凹陷，头低耳耷，舌质红，苔少微黄。

3. 中兽药治疗

（1）肝经风热

［治则］　疏风泻热，清肝明目。

［方药］　方剂一：夏菊散加减。夏枯草 35 克，菊花、荆芥各 30 克，防风、薄荷、黄芩、连翘各 20 克，羌活 15 克，共研为细末，开水冲调，候温，加入蜂蜜 80 克、鸡蛋清 2 个，一次灌服，每天 1 剂，连用 2 ～ 3 天。

方剂二：疏风泻肝散加减。龙胆、菊花、黄连、荆芥、防风各 25 克，连翘、大黄各 30 克，栀子、羌活、柴胡、川芎、青葙子各 20 克，共研为细末，开水冲调，候温灌服，每天 1 剂，连用 2 ～ 3 天。

（2）肝经热毒

［治则］　清肝泻热，解毒明目。

［方药］　方剂一：决明夏枯草散加减。石决明 60 克，夏枯草 40 克，决明子、生地黄各 25 克，蒲公英 35 克，黄芩、紫草、当归、车前子、大黄、栀子各 20 克，共研为细末，开水冲调，候温，加入蜂蜜 80 克、鸡蛋清 2 个，一次灌服，每天 1 剂，连用 2 ～ 3 剂。

方剂二：菊花散加减。菊花、黄连、蝉蜕各 10 克，枸杞子、青葙子、密蒙花各 20 克，龙胆 18 克，石决明、决明子、谷精草、木贼、柴胡、红花、黄芩各 15 克，共研为细末，开水冲调，候温灌服，每天 1 剂，连用 2 ～ 3 剂。

（3）肝胆湿热

［治则］　清热利湿，疏肝明目。

［方药］　方剂一：银夏散加减。金银花、薏苡仁各35克，夏枯草40克，黄芩、栀子、厚朴、当归、大黄、牡丹皮各20克，茯苓、车前子各25克，共研为细末，开水冲调，候温，加入蜂蜜80克、鸡蛋清2个，一次灌服，每天1剂，连用2～3天。

方剂二：龙胆泻肝散加减。大黄、石决明各30克，青葙子30克，菊花25克，龙胆、柴胡、黄芩、生地黄、防风、荆芥各15克，蝉蜕、甘草各10克，共研为细末，开水冲调，候温灌服，每天1剂，连用2～3天。

（4）阴虚

［治则］　滋阴清热，平肝明目。

［方药］　方剂一：加味杞菊地黄汤。枸杞子、菊花、补骨脂、荆芥、防风、淡竹叶、僵蚕、薄荷、甘草各15克，地黄、青葙子、夜明砂各30克，水煎，候温灌服，每天1剂，连用3～5天。

方剂二：知柏青葙散加减。知母、黄檗各30克，青葙子、石斛、沙参、黄芩、当归、菟丝子各20克，生地黄35克，石决明50克，共研为细末，开水冲调，候温，加入蜂蜜80克、鸡蛋清2个，一次灌服，每天1剂，连用2～3天。

（5）外治法

方剂一：炉甘石、硼砂、青盐、黄连、铜绿各20克，硇砂、冰片各5克，共研为极细末，过160目筛，装瓶，密闭遮光保存，用时以温生理盐水冲洗患眼后点眼，每天3次，连用7～10天。

方剂二：硼砂、冰片各20克，炉甘石100克，朱砂10克，硇砂4克，共研为极细末，过160目筛，装瓶，密闭遮光保存，每次用量约0.2克，每天点眼数次。

方剂三：鲜猪胆汁，以生理盐水适当稀释后点眼，每天3次，连用7～10天。

4. 针灸治疗

（1）血针　太阳为主穴，三江、颈脉、睛明、睛俞（睑结膜点刺）、耳尖、尾尖为配穴，出血量 10 ～ 30 毫升，针刺后用食盐水洗眼。

（2）白针　睛明、睛俞、垂睛穴，每天 1 次。

（3）水针　睛明、睛俞穴，每穴注射青霉素 10 万单位，用 1% 普鲁卡因 2 毫升稀释；或太阳穴注射硫酸链霉素 100 万单位或注射醋酸氢化泼尼松 125 毫克，5 天 1 次，连用 2 ～ 3 次；或垂睛穴注射链霉素注射液 1 ～ 2 克，每天或隔日注射 1 次；或取链霉素 100 万单位，用 5 毫升生理盐水稀释，交替注入太阳穴或垂睛穴的皮下，每次每眼用一穴。

（4）自家血疗法　颈静脉采血 3 ～ 5 毫升，注入睛明、睛俞穴（患眼眼睑皮下）1 ～ 2 毫升，隔 2 ～ 3 天注射 1 次。对一般性角膜炎 2 ～ 3 剂症状明显减轻，3 ～ 5 剂即可痊愈，对较重的及化脓性角膜炎，5 ～ 7 剂即可痊愈。

或用顺气穴插枝；瞬膜脱出者，用骨眼钩钩住瞬膜，三棱针点刺出血。

第七章 ▸▸▸ 羊常见产科疾病

一、羊子宫内膜炎

子宫内膜炎是子宫黏膜的炎症，是一种常见的母羊生殖器官疾病，也是导致母羊不孕的重要原因之一。

根据病因、临床症状，本病可分为以下三种类型。

急性子宫内膜炎：病羊表现食欲不振，泌乳量降低，拱背努责，常做排尿姿势，从阴道排出黏液性或黏液脓性或污红色恶臭的渗出物，卧地时流出的量更多，严重时体温升高，精神沉郁，食欲减退，反刍减少。直肠检查有1个或2个子宫角变大，收缩反应减弱，有时有波动。阴道检查可见子宫外口充血肿胀。

慢性子宫内膜炎：①慢性黏液性子宫内膜炎。发情周期不正常，或虽正常但屡配不孕，或发生隐性流产。病羊卧下或发情时，从阴道排出混浊带有絮状物黏液，有时虽排出透明黏液，但仍含有小的絮状物。阴道及子宫颈外口黏膜充血、肿胀，颈口略微开张，阴道底部及阴毛上常积聚上述分泌物，子宫角变粗，壁厚而粗糙，收缩反应微弱。②慢性黏液性脓性子宫内膜炎。从阴道中排出灰白色或黄褐色较稀薄的脓液。母羊发情时排出较多，发情周期不正常。阴道检查可发现阴道黏膜和子宫颈内壁充血，往往有脓性分泌物，子宫颈稍开张。

隐性子宫内膜炎：生殖器官无异常，发情周期正常，但屡配不孕，只有在发情时流出略混浊的黏液；发情时阴道流出的黏液中含有小气泡或发情后流出紫红色血液。

1. 病因

大多数母羊在流产、分娩、配种或产后由于细菌等微生物侵入而引起。母羊在难产时的手术及器械助产、截胎术、阴道炎、子宫颈炎、子宫脱垂、子宫弛缓、恶露滞留、阴道外翻、剥离胎衣时损伤子宫阜与子宫内膜，以及布鲁氏菌病、滴虫病、不合理冲洗子宫方法和药物刺激均可引起子宫内膜炎。

2. 辨证

本病根据病因、临床症状可分为血瘀型、脾虚型、肾虚型、湿热型和气血两伤型。

（1）血瘀型　阴道内部有少量混浊黏液，屡配不孕。子宫角粗大、肥厚、坚硬，收缩反应微弱，卵巢上有持久黄体。

（2）脾虚型　精神倦怠，粪便稀，带下色白或淡黄，量多质稀如涕，无臭味，连绵不断，发情前后流出量较多，子宫壁增厚，子宫收缩微弱，多数不发情或屡配不孕。

（3）肾虚型　精神沉郁，耳鼻偏凉，粪便稀，尿频而清长，带下色白量多，质稀如水样，淋漓不断，最显著的特点是发情不旺，配种不易受胎，卵泡萎缩。

（4）湿热型　病羊临床表现为全身症状严重，如发热，口渴喜饮，食欲减退，反刍减少；带下量多，色黄或黄白，如米泔水样，多为脓性或夹杂血液、豆腐渣样黏稠物，味腥臭，卧地后流出量更多；拱腰努责，阴门瘙痒；子宫角变大、有渗出液；尿短赤；发情周期紊乱，配种不受胎；舌厚黄，脉搏滑数或弦数。

（5）气血两伤型　病羊体瘦、气短、乏力、舌质淡、脉沉无力。

3. 中兽药治疗

（1）血瘀型

［治则］　活血化瘀，祛滞消肿。

［方药］ 膈下逐瘀汤加减。三棱、牡丹皮、莪术各 50 克，五灵脂、当归、枳壳、丹参各 30 克，若大便干者加大黄、芒硝各 30 克，水煎，候温灌服，每天 1 剂。

（2）脾虚型

［治则］ 健脾益气，燥湿止带。

［方药］ 完带汤加减。炒白术、山药各 40 克，党参、炒白芍、当归各 30 克，车前子、薏苡仁、苍术、巴戟天各 20 克，陈皮、柴胡、甘草各 15 克，共研为细末，开水冲调，候温灌服，每天 1 剂，气虚甚者加黄芪；痰湿重者去白芍、柴胡，加茯苓、半夏、厚朴；带多不止者加煅龙骨、煅牡蛎；纳少且粪便溏稀者加白扁豆、莱菔子。

（3）肾虚型

［治则］ 温补肾阳，燥湿止带。

［方药］ 加减内补散和复方仙阳汤。淫羊藿、益母草各 35 克，菟丝子、黄芪、当归、熟地黄、桑螵蛸、山药、枸杞子各 30 克，白蒺藜、肉桂各 15 克，共研为细末，开水冲调，候温灌服。

（4）湿热型

［治则］ 清热解毒，利湿化瘀。

［方药］ 方剂一：龙胆泻肝汤加减。龙胆、生地黄各 35 克，栀子、黄芩、泽泻、车前子、柴胡、大黄、白芷、甘草各 20 克，乳香、没药各 15 克，共研为细末，开水冲调，候温灌服，每天 1 剂。

方剂二：易黄汤加减。黄柏、黄芩、龙胆、车前子、金银花、当归、赤芍各25克，山药、椿皮、巴戟天、白芍、生地黄各20克，共研为细末，开水冲调，候温灌服，每天 1 剂。

（5）气血两伤型

［治则］ 益气补血，补正培元。

［方药］ 十全大补汤。黄芪 40 克，熟地黄、大枣各 35 克，党参、茯苓、白术、当归、川芎、白芍、肉桂、生姜各 20 克，酸枣仁、远志、甘草各 15 克，水煎，候温灌服，每天 1 剂。

（6）外治法

① 针对慢性子宫内膜炎可用冰硼散。硼砂、芒硝各300克，冰片30克，朱砂35克，共研为极细末，混匀装棕色瓶备用。先用1%温盐水200～300毫升反复冲洗病羊子宫，直至排出液为透明状，直肠辅助排净冲洗液；将冰硼散极细末200～300克与适量盐水混拌成悬液往子宫内灌注，手提捏病羊后腰部几下以防药液流出，1～2次/天，5～7天为一个疗程。

② 苦黄液：苦参80克，黄芩、黄柏各55克，川黄连35克，捣碎加水煎半小时，过滤，药渣再煎20分钟，两次药液合并浓缩至300毫升备用，为防变质每天煮沸一次。子宫灌注。

③ 醋香附、蒲黄、益母草、连翘、鱼腥草、当归、黄芪各40克，党参30克，白术、紫花地丁、红花、丹参、桃仁、黄芩、生地黄、川芎、茯苓、秦艽、车前子、鸡冠花各20克，金银花30克，甘草15克。上述诸药洗净，烘干后，水煎2次，过滤，两次药液混合，浓缩成每毫升相当于原生药0.5克的溶液。子宫灌注，每次20～30毫升，隔日1次，3次为一个疗程。

④ 中药“山黄散”治疗。山药60克，黄柏35克，益母草160克，当归、金银花、海螵蛸、车前子各20克，生龙骨40克，甘草10克，以上各药加1500毫升水，用慢火将其煎熬成600毫升，先用细纱布过滤4次，再用滤纸过滤2次后备用。子宫灌注，每天1次，3天为一个疗程。

二、羊胎衣不下

胎衣不下也称胎衣滞留。羊胎衣在产后12小时内应排出体外，未排出者称之为胎衣不下。羊胎衣不下已成为影响羊繁殖的主要疾病之一。羊胎衣不下的发生与羊产后子宫收缩无力、胎盘组织结构发生异常、围产期营养代谢紊乱、生殖内分泌激素紊乱、机体免疫状态失调等关系密切。

胎衣不下分为胎衣完全不下与胎衣部分不下两种。

胎衣完全不下：可见少量胎膜悬垂于阴门外；或仅有少量停留在阴道内，只有进行阴道检查时才被发现。病初多无全身症状，仅见病羊稍有拱腰、举尾、轻微努责等现象。日久胎衣腐败，流出恶臭、褐红色分泌物，其中混有白色碎块样腐败胎衣。

胎衣部分不下：胎衣大部分悬垂于阴门之外，只有小部分或仅剩孕角顶端的极小部分依然粘连在子宫母体胎盘上。外露胎衣初为浅灰红色，后腐败变为松软而呈不洁的浅灰色，并很快波及子宫内胎衣，阴道内不断流出恶臭的褐色分泌物。或胎衣大部分脱落，仅有极小部分残留在子宫角内的母体胎盘上，不进行胎衣完整性检查是很难发现的；或经过 3 ～ 4 天后，排出带有灰红色胎衣块的恶露时才被发现。

1. 病因

母羊在妊娠期间，由于营养不良，气血亏损，或劳役过度，正气耗损，致使胞宫收缩力减弱，无力排出胎衣；或产程过长，畜体倦乏，胞宫弛缓无力；或因产时感受风寒，以致气血凝滞，运行不畅，宫颈过早收缩；或胎儿过大，羊水过多，长期压迫宫壁；此外，由于胞宫内壁和胎盘病理性粘连，以及早产、流产、子宫病症等，皆可引起本病。

2. 辨证

本病根据病因、临床症状可分为以下三种证型。

（1）寒凝血瘀　羊努责不安，回头顾腹，恶露较少，色暗红，间有血块，舌暗紫，苔薄白，脉象沉紧。

（2）气血虚弱　羊努责无力，产后胎衣不能正常排出，阴道流血量大，色淡，毛焦体瘦，精疲力乏，头耷耳低，形寒惧冷，喜卧，口色淡白，舌苔薄白，脉象虚弱。

（3）久病化热　精神委顿，食欲减退，体表发热，口腔燥热，口色红紫，苔黄腻，脉弦细数。

3. 中兽药治疗

（1）寒凝血瘀

［治则］ 活血化瘀，温经散寒。

［方药］ 方剂一：当归、川芎各40克，桃仁、益母草、黄芪、炮姜、党参各30克，红花、海金沙各20克，甘草10克，加常水2000～3000毫升，煮沸15～20分钟，去渣，候温，加入白酒200毫升，一次灌服。

方剂二：当归35克，蒲黄、桃仁、川芎、五灵仙、益母草、炮姜各20克，炙甘草18克，研末，开水冲调，候温灌服。

方剂三：党参、蒲公英、滑石各40克，龟板、海金沙各30克，当归、益母草、红花各20克，紫花地丁20克，甘草35克，红糖300克为引，共研为末，开水冲调，候温灌服。

（2）气血虚弱

［治则］ 益气补血，活血行瘀。

［方药］ 方剂一：十全大补汤加味。熟地黄20克，当归、益母草、桃仁、白芍各18克，党参、白术、茯苓、川芎、甘草、红花、陈皮、升麻、附子、肉桂各15克，大枣5枚，共研为细末，开水冲调，候温灌服。

方剂二：参芪益母生化散加减。黄芪、益母草各35克，当归、川芎、川续断、炮姜各30克，党参、木香、赤芍各25克，柴胡20克，红花、桃仁、甘草各15克，水煎，分3次灌服。

方剂三：炙黄芪60克，党参、白术、当归、陈皮各40克，炙甘草30克，桃仁25克，升麻、柴胡、川芎、益母草各20克，共研为细末，一次开水冲调，候温灌服。

（3）久病化热

［治则］ 清热化瘀，祛腐生新。

［方药］ 方剂一：银翘红酱解毒汤。金银花、连翘、大血藤各40克，败酱草、薏苡仁各20克，牡丹皮、栀子、赤芍、桃仁各18克，延胡索、川楝子各15克，乳香、没药各10克，共研为末，

开水冲调，候温灌服。

方剂二：当归 40 克，川芎、桃仁、炮姜各 18 克，炙甘草 10 克，党参、黄芪、连翘、蒲公英、黄柏各 20 克，金银花、紫花地丁各 30 克，共研为细末，开水冲调，候温灌服。

4. 手术剥离治疗

将病羊站立保定，用消毒药液将其外阴周围洗净，然后术者将手指甲剪短磨光，洗净涂油。术者左手握住垂露于阴户外的胎衣，右手顺阴道伸进子宫后方的胎衣与子宫黏膜之间找到胎盘，用拇指、食指、中指三指配合把胎盘由后向前逐个从母体胎盘上剥离下来。剥至前面不便操作时，左手可将外露的胎衣稍加牵动，使子宫角的胎盘后移，直至把全部胎盘剥离，胎衣即可完整地取出。

三、羊阴道炎

阴道炎是指母羊阴道及阴门的正常防卫功能受到破坏，细菌侵入阴道组织，引起阴道组织的炎症。临床上以阴门有黏液性或脓性分泌物为特征。

阴道炎有急性、慢性之分，慢性阴道炎又有卡他性、脓性和蜂窝织炎性等数种。

急性阴道炎症状明显，阴道黏膜发红、水肿并有炎性渗出物，阴道内有炎性渗出物；阴唇红肿，阴门时有炎性分泌物流出。

慢性卡他性阴道炎症状不明显，黏膜颜色稍苍白，有时红白不均，黏膜表面常有皱纹或大的皱襞，黏膜表面常附有渗出物。

慢性化脓性阴道炎阴道中有脓性渗出物，羊卧下时向外流出，尾部有薄的脓痂，阴道检查有痛感，黏膜肿胀，有不同程度的溃疡或糜烂。有时组织增生，造成阴道狭窄，狭窄部之前的阴道腔常有脓性分泌物。全身症状表现为食欲减退、精神稍差。

慢性蜂窝织炎性阴道炎黏膜肿胀充血，黏膜下结缔组织内有弥散性的脓性浸润，有时形成脓肿。阴道中有脓性渗出物，并混有坏死的组织块。有时有溃疡，日久形成瘢痕。

1. 病因

由于配种过早，母羊体格发育过小，胎儿相对过大造成难产；或由于分娩时受伤或授精时引起损伤造成细菌感染；也可继发于子宫内膜炎、子宫和阴道脱垂、胎衣不下等疾病。或者由于母羊体质虚弱，气血双亏或血瘀胞宫造成产程过长或胎衣滞留不下，又失于护理所致。

2. 辨证

根据病因和临床症状，本病可分为气虚血瘀、脾虚型和湿热型。

（1）气虚血瘀　病羊不断从阴门排出污秽红色恶臭的脓性分泌物，常有拱背、翘尾、尿频、体温升高、精神沉郁、食欲下降、乳量减少的症状。阴道检查可见黏膜充血肿胀、糜烂、坏死和出血，阴道内有脓性分泌物。

（2）脾虚型　精神倦怠，大便溏泻或小便清长，四肢无力，羊日渐消瘦。阴道分泌物色白或淡黄，量多且稀薄而连绵不断，口色淡白，脉象沉迟。

（3）湿热型　阴道流出赤白相杂的黏稠污浊物，气味腥臭。体温偏高，食欲、反刍减少，羊有时拱腰努责，外阴部发痒，经常摇尾或以臀部揩墙擦桩，小便短赤，舌红苔黄，脉象滑数。

3. 中兽药治疗

（1）气虚血瘀

［治则］　补气活血。

［方药］　方剂一：丹参、金银花、蒲公英各 20 克，赤芍、桃仁各 10 克，木香、茯苓、牡丹皮、生地黄各 6 克。气血双亏体质瘦弱者加党参、黄芪各 35 克，白术 6 克。气滞血瘀者加山楂肉 20 克和延胡索 6 克。

方剂二：四物汤加减。当归、黄柏、生地黄、黄芩、阿胶各

20 克，川芎、白芍、牛膝各 18 克，甘草 10 克，共研为细末，开水冲调，候温灌服，每天 1 剂，连用 3 天。

［外用方］

① 针对滴虫性阴道炎可用灭滴合剂：苦参、生百部、白鲜皮各 20 克，蛇床子、地肤子各 18 克，石榴皮、川黄柏、紫槿皮、枯矾各 15 克，水煎后过滤，候温，灌注于阴道内，每天 1 次，连用 3 天。

② 蛇床子、苦参各 35 克，花椒、白矾各 15 克，水煎去渣，候温冲洗，每天 2 次，每剂用 3 天。冲洗后涂上消毒软膏。

③ 桐油 15 毫升，冰硼散 2 克（冰片 2 克、硼砂 15 克，朱砂 3 克，芒硝 25 克）混匀备用，在用药前，先把外阴部（如尾根、阴唇等处）用常水洗净后，用 10% 硫酸镁溶液冲洗阴道患部异物，再用生理盐水冲洗，待脓液排净后，将桐油冰硼乳剂灌注于阴道内即可，每天 1 次。

（2）脾虚型

［治则］ 化湿健脾。

［方药］ 完带汤加减。党参、白术、山药、薏苡仁、茯苓各 35 克，苍术 25 克，白芍 20 克，陈皮、柴胡、车前子各 18 克，共研为末，开水冲调，候温灌服。

（3）湿热型

［治则］ 清热燥湿。

［方药］ 方剂一：龙胆泻肝汤加减。当归、香附各 30 克，补骨脂、杜仲各 25 克，龙胆、柴胡、栀子、黄柏、黄芩、泽泻、车前子（布包）各 20 克，木通 18 克，生地黄、甘草各 15 克，水煎灌服。如带下赤红者，加小蓟、墨旱莲、侧柏叶，以凉血止血；食欲不振者，加苍术、山楂，以燥湿健脾开胃；有发热者，加蒲公英、金银花；如阴部发痒、揩墙揩桩，用蛇床子 80 克、苦参 60 克、白矾 15 克，水煎，用纱布过滤，冲洗阴道。

方剂二：加味二炒散。炒苍术、炒黄柏、金银花各 60 克，当归、土茯苓各 35 克，赤芍 30 克，蛇床子、白芷各 15 克，共研为

末，开水冲调，候温灌服。

［外用方］ 蛇床子、苦参各35克，花椒、白矾各15克、水煎去渣，候温冲洗，每天2次，1剂用3天。

四、羊子宫脱垂

羊子宫脱垂属中兽医垂脱证范畴，是指羊的子宫部分或全部脱垂于阴道外，此症多见于分娩之后。

当子宫不完全脱出时，母羊拱背站立，垂尾，用力努责，常排尿、排粪，一般无全身症状。完全脱出时可见脱出的子宫悬垂于阴门外，像小麻袋样不规则的长圆形肿胀物，初呈红色，表面横列许多暗红褐色子叶。脱出时间较长时，其子宫壁瘀血，黏膜干燥、小点出血、坏死、发炎，结成污褐色痂皮，并出现全身症状。

1. 病因

多发于产后，常因体质虚弱、饲养失宜或劳役过度等致使中气不足、肾气亏损、冲任不固，无力维系胞宫，使子宫韧带松弛，胞宫失去悬吊与支持作用而翻转脱出；或老弱经产母羊，因体质素虚，产前过度劳役或产后过早剧烈运动且饲养管理不善，导致脾肾两亏，气血不足，中气下陷；或长期缺乏运动，久逸而使筋脉失养、弛缓无力或因便秘难下，母羊努责过甚。其他因素而使腹压突增等，均可造成子宫翻转脱出。

2. 辨证

根据病因、病理和症状，可将羊病分为气血双亏、气滞血瘀和湿热下注三种证型。

（1）气血双亏 病羊神疲体倦，卧地厌起，食欲、反刍均减，大便溏泻，四肢微肿，子宫脱出无力回缩，后躯发冷，口色淡白，脉象细而无力。

（2）气滞血瘀 病羊子宫脱出于阴门外不能缩回，其色暗紫，羊站立不安，不时努责，精神倦怠，食欲减退，反刍减少，口色青

紫或赤紫，脉象沉涩。

（3）湿热下注 病羊子宫脱出于阴门外，先脱部位以致严重感染溃烂，破流黄水，喜卧，排尿频数，有疼痛感，尿色黄赤，口渴而饮水不多。

3. 治疗

子宫脱出后以手术整复为主，辅以中药治疗。

（1）手术整复 将病羊前低后高站立保定，用 1% ～ 3% 温盐水或白矾水清洗脱出的阴道、子宫及阴门周围，去除黏附其上的污物及坏死组织；再用白矾或冰片适量，共研为细末，涂抹其上，以使阴道、子宫尽量收缩。若已发生水肿，应用小三棱针点刺外脱的肿胀黏膜，放出血水。整复时，术者用拳抵住子宫角末端，在羊努责间隙把外脱的子宫推进产道，还纳入骨盆腔，并把子宫所有皱襞舒展，使其完全复位。另取新砖烧热，垫醋布数层于阴门外，进行热熨，以利恢复，防止再脱；或进行阴唇的纽扣状缝合，即在阴唇两外侧各垫上两三个纽扣，纽扣的下面向外，线通过纽扣孔进行缝合，然后打结固定。

（2）中兽药对症治疗 子宫脱出经手术复位后，可以进行对症治疗。

①气血双亏

［治则］ 补脾益肾，益气养血。

［方药］ 十全大补汤。党参 35 克，当归、白术各 30 克，茯苓、白芍、熟地黄各 25 克，川芎、附子、肉桂各 20 克，甘草 15 克。

②气滞血瘀

［治则］ 行气活血，消肿止痛。

［方药］ 活血化瘀汤加减。赤芍、当归各 30 克，乌药、杜仲、郁金各 25 克，川芎、乳香、没药、川续断各 20 克，甘草 10 克，酒适量为引。随证加减：若兼湿热下注，热毒炽盛者，可于方中加黄连、黄柏、金银花、连翘等清热利湿、泻火解毒药物；

若兼见气虚或中气下陷者，可于方中随加黄芪、党参、柴胡、升麻等健脾补气、升提阳气的药物。

③ 湿热下注

［治则］ 清热利湿，泻火解毒。

［方药］ 八正散加减。大黄 25 克，土茯苓 20 克，木通、茵陈、灯心草、泽泻、栀子各 18 克，滑石、车前草各 15 克。

4. 针灸治疗

针灸百会、肾棚、尾根、阴俞等穴，每天 1 次，连用 3 天。

电针交巢、脱肛（位于肛门两侧约 2 厘米处，左右各一穴）二穴，1 天 1 ～ 2 次，每次 30 分钟以上。或者在交巢穴和脱肛穴用 18 ～ 20 号针头进针 1.5 寸左右，分别注入 0.25% 盐酸普鲁卡因注射液 3 毫升。

为控制子宫再次脱出，可取两侧阴脱穴（阴唇两侧，阴唇上下联合中点旁开 2 厘米处，左右各一穴），各注射 95% 乙醇 20 毫升，每天 1 次，连用 2 天。

五、羊阴道脱出

阴道脱出是指阴道底壁、侧壁和上壁部分组织、肌肉松弛扩张，连带子宫和子宫颈后移，使松弛的阴道壁形成皱褶嵌堵于阴门之内（又称阴道内翻）或突出于阴门之外（又称阴道外翻），可以是部分阴道脱出，也可以是全部阴道脱出。

当病羊病初卧下时，前庭及阴道下壁形成拳头大、粉红色瘤样物，夹在阴门之间或露出阴门之外，母羊起立后，脱出部分能自行缩回。随着病程的发展，脱出物增多，不能自行缩回，可由阴道壁部分脱出发展成全部脱出。脱出物可达排球大，粉红色，光滑湿润。若脱出的部分长期不能缩回，则黏膜瘀血，变为紫红色，黏膜发生水肿，严重时可与肌层分离，表面干裂、出血，脱出的阴道黏膜破裂、发炎、糜烂或者坏死。严重时可继发全身感染，甚至死

亡。羊精神沉郁，脉搏快而弱，食欲减少。

1. 病因

多因母羊在妊娠期间饲养失调，营养不良，奔跑过度，以致气血亏损，中气下陷，不能固摄所致；或由于腹痛起卧，吃得过饱，卧地过久，分娩时过于努责等，使腹内压力增加；以及产后营养失调，中气不足，收摄无力，阴道松弛，致使阴道脱出。

2. 辨证

阴道部分脱出，多发于产前，阴道脱出于阴门外，呈大小不等的半圆形，多于母羊卧下时发生，起立后常可慢慢缩回；如为全部脱出，则呈圆形或椭圆形，大如排球，可看见关闭的子宫颈，站立不能缩回。继则阴道黏膜水肿，色泽由鲜红变为污暗，病久黏膜溃破糜烂。

（1）气虚下陷　症见阴道部分脱出或全部脱出阴道外。动则坠出愈甚，气喘，精神不振，尿频数，或带下量多、质稀色白。舌质淡、苔薄白，脉细无力。

（2）肾阳虚脱　症见母羊子宫部分或全部脱出。小便频数，夜间尤甚，喜卧，舌淡红，脉沉细。

3. 治疗

以手术整复为主，配合补中益气药物口服。

（1）手术整复　先用1%～3%温盐水、2%～3%白矾水或者花椒白矾液（花椒10克，白矾20克，水500毫升，混合烧开5分钟即得），冲洗脱出的阴道黏膜，清除污垢，再用小宽针或三棱针点刺水肿部分，挤出水肿液和坏死组织，然后将脱出部分送回。为了防止再脱，可在阴唇外侧，用消毒缝合线进行圆枕减张缝合，压迫固定数日，治愈后拆除缝线。

（2）中兽药治疗　手术整复后可采用下列处方防止复发。

①气虚下陷

［治则］　中气下陷，治宜补中益气，升清降浊。

［方药］　加味补中益气汤。黄芪、熟地黄各35克，党参、白术、甘草、当归、升麻、柴胡、陈皮各20克，生姜15克，共研为末，开水冲调，候温灌服，每天1剂，连用3天。体温升高者，去生姜、熟地黄，加金银花、黄芩各30克和连翘20克。

② 肾阳虚脱

［治则］　肾阳虚脱，治宜补肾益气，升阳举陷。

［方药］　大补元煎加味。党参35克，升麻40克，山药、熟地黄、杜仲、山茱萸、枸杞子各30克，炙甘草15克，桑螵蛸30克，共研为末，开水冲调，候温灌服，每天1剂，连用3天。

4. 针灸治疗

在交巢穴和脱阴穴（位于阴唇中点旁约2厘米处，左右各一穴）进针1.5寸左右，三点各注入0.25%盐酸普鲁卡因3毫升。

六、羊脱肛

脱肛是指羊直肠末端的黏膜组织向外翻出而脱垂于肛门外。病羊不时努责，不断摇尾拱腰，排粪不下，眼见直肠头脱出于肛门外。皮毛焦细，精神不振。病初时脱垂组织如小碗大，久之黏膜肿胀，逐渐增大至小盆大，形状和颜色呈西红柿样。尾根被患部阻隔而举起，不能合拢。脉迟细，舌苔色青白。

1. 病因

多因羊老龄羸弱，饮喂失宜，剧烈运动过重，损伤元气，致中气不足，气虚下陷，无力固摄；或阴虚津亏，粪便干燥，排粪用力过猛；或久泻、久痢、久咳，以致气血亏虚、中气下陷，固摄失司所致。

2. 辨证

根据病因、病理和症状，可将羊脱肛分为气血两虚、气虚下陷和湿热下注三种证型。

（1）气血两虚　直肠经常脱出，不能自行复位，用手整理送回后，再次脱出，提肛肌收缩乏力，脱出频繁。出现黏膜炎症、水肿，触之较厚，有弹性，肛门松弛。

（2）气虚下陷　直肠在卧地或排粪后部分脱出，触之柔软，无弹性，不易出血，便后可自行回纳。

（3）湿热下注　直肠全层脱出，直肠被肛门括约肌嵌压，导致血液循环障碍，水肿更加严重，触之很厚，肛门松弛无力，因外界污染，污秽不洁，甚至发生黏膜出血、糜烂、坏死和继发损伤。

3. 中兽药治疗

本病以手术整复为主，佐以润肠通便或补中益气药物共同治疗。

（1）气血两虚

［治则］　调营养血，益气固阳。

［方药］方剂一：参茸提肛散加减。党参、当归、乌梅各30克，黄芪35克，炒白术、肉豆蔻各20克，鹿茸10克，补骨脂、甘草各15克，共研为末，开水冲调，候温灌服，每天1剂，连用3～4天。

方剂二：提肛散加减。黄芪30克，熟地黄、金樱子各10克，党参5克，白术、炙甘草、白芍、茯苓、当归各8克，升麻、柴胡、陈皮、川芎、枳壳、五味子各6克，槐花、当归、肉豆蔻各3克，补骨脂5克，水煎，候温灌服，每天1剂，连用3～4天。

（2）气虚下陷

［治则］　健脾温中，补中益气，升阳举陷。

［方药］　补中益气汤加减。升麻40克，黄芪35克，柴胡、党参、当归各30克，生姜20克，炒白术、陈皮、甘草、大枣、枳壳、枳实各15克，共研为末，开水冲调，候温灌服，每天1剂，连用3～4天。

（3）湿热下注

［治则］　清热泻火，利湿解毒。

［方药］　升阳除湿汤加减。柴胡、升麻、麦芽、防风、苍术、

茯苓、木香各 20 克，泽泻、甘草各 15 克，神曲 30 克，水煎，候温灌服，每天 1 剂，连用 3 ～ 4 天。

七、羊持久黄体

持久黄体也称永久黄体滞留，是指母羊在分娩后或性周期排卵后，妊娠黄体或发情性周期黄体及其功能长期存在而不消失。临床特征是产后或一个性周期过后，性周期停止，长期不发情。

临床表现为病羊性周期停止，个别母羊出现暗发情，但不排卵，不爬跨，不易被发觉。外阴户收缩呈三角形、有皱纹，阴蒂、阴道壁、阴唇内膜苍白干涩，母羊安静。直肠检查，一侧或两侧卵巢增大，卵巢表面上有突出的黄体，黄体体积较大，质地较卵巢实质为硬，有的呈蘑菇状，中央凹陷。有时在一个卵巢上摸到 1 ～ 2 个或多个较小的黄体。子宫多数位于骨盆腔和腹腔交界处，子宫角不对称，子宫松软下垂，触诊无收缩反应，有时伴有子宫内膜炎等疾病。

1. 病因

饲养管理不当，如饲料中缺乏微量元素、维生素 E 不足、运动不足、冬季厩舍寒冷且饲料不足以及矿物质代谢障碍等都会引起卵巢等功能减退；高产羊由于消耗过大，以致卵巢营养不足；子宫疾病，如胎衣在子宫内腐败、子宫化脓、子宫积液、子宫积脓，一般都可形成持久黄体。

2. 辨证

羊发情周期停止，长时间不发情，直肠检查时可触到一侧卵巢增大，比卵巢实质稍硬。超过了应当发情的时间而不发情，间隔 5 ～ 7 天进行直肠检查，如果羊黄体位置、大小、形状及硬度均无变化，即可确诊为持久黄体。但为了与妊娠黄体加以区别，必须仔细检查羊的子宫。究其病因、病机，乃为肾阳不足，气虚血瘀。

3. 中兽药治疗

［治则］　补气养血，补肾壮阳，活血调经。

［方药］　方剂一：益母草40克，白术、党参各30克，当归、茯苓、白芍、丹参各20克，川芎、甘草各15克，水煎后一次灌服，隔日1次，3次为一个疗程。

方剂二：益母草35克，枸杞子30克，当归、赤芍、菟丝子、补骨脂、熟地黄各20克，阳起石、淫羊藿各15克，水煎后一次灌服，隔日1次，3次为一个疗程。

4. 针灸治疗

① 用8～10毫瓦氦氖激光照射病羊的交巢穴，距离40～50厘米，每天照射一次，每次照射15～20分钟，30～40毫瓦功率的激光器每次照射8～10分钟，一般连续照射3～7天可见效。

② 用8毫瓦氦氖激光照射阴蒂部，或阴蒂部加地户穴，照射距离为40厘米，每头每天照射一次，每次照射10分钟，10天为一个疗程。

③ 用6～8毫瓦氦氖激光照射阴蒂或交巢穴或阴唇黏膜部分，光斑直径0.25厘米，距离40～60厘米，每天照射1次，每次15～20分钟，14天为一个疗程。

八、羊卵巢功能减退

卵巢功能减退是卵巢发育或卵巢功能发生暂时性或长久性的衰退，致使母羊性周期停止，从而表现出不发情或发情停止的疾病。母羊出现排卵障碍，如发情而不排卵或排卵延迟，屡配不孕，母羊不发情或发情不完全。

病羊主要表现性周期紊乱，发情及性欲不明显，发情持续时间较短，即使发情也不排卵。两侧卵巢大小基本一致，形状及质地正常，卵巢上无卵泡和黄体，有时一侧卵巢上有黄体残迹。卵巢缩小，组织萎缩，质地硬。

1. 病因

最主要是饲养管理不当引起的。饲料不足，品种单一，品质低劣，营养不良；日粮不平衡，营养物质比例不当、缺乏或不足；精饲料喂量过大，母羊过度肥胖；运动不足；过度催奶，机体营养随乳汁排出，生殖系统营养不足等；外界不良环境条件的应激，如热、冷、饲料、泌乳应激等；机体本身状况，如老龄、患全身性严重疾病或患子宫疾病、遗传病等，均可引起卵巢功能减退。

2. 辨证

根据病因、症状，可将本病分为以下两个证型。

（1）气血虚弱　畜体瘦弱，被毛粗乱无光，精神不振，不发情或发情不明显，屡配不孕。

（2）肾阳虚　羊发情周期延长或发情不明显，甚至无发情表现；口色淡白，四肢无力，耳鼻欠温，肠鸣，发情正常亦屡配不孕。

3. 中兽药治疗

（1）气血虚弱

［治则］　益气补血，催情助孕。

［方药］　方剂一：党参40克，熟地黄、当归、阳起石各30克，鸡血藤35克，山药25克，杜仲15克，益母草35克，红花10克，白术20克，水煎，以红糖100克为引，灌服，每天1剂，连用4天。

方剂二：鸡血藤200～300克，阳起石45～60克（或淫羊藿200～300克），水煎，以红糖120克为引，灌服。

（2）肾阳虚

［治则］　温补肾阳，催情助孕。

［方药］　方剂一：参芪归地散。益母草100克，阳起石40克，党参、黄芪、当归各30克，熟地黄、肉苁蓉、巴戟天各20克，甘草10克。水煎服，候温灌服或研末灌服，隔天1剂，连服3剂。

方剂二：淫羊藿、王不留行各15克，益母草、菟丝子各20克，肉苁蓉、熟地黄、何首乌、玄参各15克，当归、川芎、党参、枳壳、韭菜子各10克，共研为细末，分成4份，每天灌服1份，连服4天。

方剂三：复方仙阳汤。益母草100克，淫羊藿、补骨脂各80克，党归、阳起石、枸杞子各60克，菟丝子、赤芍各55克，熟地黄40克，煎服或研末灌服，隔天1剂。

4. 针灸治疗

可电针肾棚、百会、肾角、肾俞、肷俞、腰中穴。

九、羊卵巢囊肿

卵巢囊肿分卵泡囊肿和黄体囊肿两种。卵泡囊肿是由于卵泡上皮变性，卵泡壁结缔组织增生变厚，卵泡液未被吸收或增多而形成。黄体囊肿是由未排卵的卵泡壁上皮黄体而形成。

卵巢囊肿的主要症状是发情周期紊乱，母羊无正常的发情周期，由于囊肿性质不同，故症状不同。卵泡囊肿是卵巢中未排卵的卵泡所形成，因为分泌多量的卵泡素使母羊持续发情和发情亢进，性周期缩短为4～10天发情一次。子宫颈口肥大，子宫增大，壁厚柔软；一侧或两侧卵巢上有大小不等的较大囊泡，最大的直径可达3～5厘米，并有波动；或卵巢表面有许多小的富有弹性的壁薄的卵泡。由于发情时间延长，常造成坐骨韧带弛缓，尾根与坐骨结节间形成明显凹陷，阴唇松弛肥大，追赶爬跨其他羊只，频频咩叫，食欲减退，身体消瘦，呈慕雄狂症状。发生黄体囊肿时，外阴部无变化，母羊长期不发情。直肠检查时，卵巢较坚实并明显增大，有轻微的疼痛和波动，且持久存在而不易消失。

1. 病因

卵巢囊肿的发病原因尚未完全清楚，一般认为与营养不全有关，或不正确地应用激素，使垂体或其他激素功能失调而引起。寒

冷也可能是致病因素之一。

造成卵泡囊肿的主要因素是饲料营养不全，钙磷不平衡，饲料中缺乏维生素 A、维生素 D 或含有多量雌激素，喂过多精饲料而又缺乏运动；内分泌功能紊乱，过多的分泌促卵泡素，但黄体生成素则不足，使卵泡表面纤维化，不正确使用激素制剂，均可以发生卵泡囊肿。长期子宫积脓、积水，急性子宫内膜炎，慢性子宫内膜炎，输卵管炎，卵巢炎等治疗不及时，长期的炎性刺激，使卵巢不能正常排卵，也可引起卵泡囊肿。

造成黄体囊肿的主要原因是内分泌功能紊乱，前列腺素分泌不足，黄体不能消失；子宫积脓、积液，子宫内长期滞留死胎，卵巢囊肿久未治愈，形成黄化。输卵管炎、卵巢炎等可继发成黄体囊肿。

2. 辨证

根据病因、症状，可将本病分为以下两个证型。

（1）血瘀型　主要表现为腹中积块坚硬，固定不移，少腹疼痛拒按，口干不欲饮水，舌质青紫或暗红，脉象沉细涩。

（2）气滞型　主要表现为病羊精神沉郁，阴道分泌物较多，舌质淡红，舌苔薄白，脉象沉弦。

3. 中兽药治疗

（1）血瘀型

［治则］　活血化瘀，散结消肿。

［方药］　方剂一：益母草、知母、当归各 40 克，香附 55 克，炙乳香、炙没药各 25 克，三棱、莪术、黄柏、鸡血藤各 30 克，川芎 20 克，共研为末，冲服，连用 3 ～ 6 剂。

方剂二：黄芪 60 克，赤芍、益母草、三棱、莪术、丹参、当归、大枣各 60 克，桃仁、红花各 20 克，土鳖虫 10 克，川芎、木通、炙甘草各 30 克，白术 35 克，每剂药水煎 3 次，去渣，将 3 次药液混合后分 3 次喂服，每次加白酒 150 毫升与药液同喂，隔天服

1剂，连用4～5剂。

（2）气滞型

［治则］　理气活血，破瘀消肿。

［方药］　桃仁18克，红花15克，三棱、莪术、青皮、陈皮各20克，香附30克，益母草35克，肉桂、甘草各10克，水煎取汁，候温灌服，或共研为末，开水冲调，候温灌服。

4. 针灸治疗

6毫瓦氦氖激光连续照射母羊地户穴、阴蒂穴，距离35～40厘米，每穴每次照射10分钟，每天1次，12次为一个疗程。

十、羊卵巢炎

卵巢炎是母羊卵巢发生炎症的疾病。卵巢炎按病程分为急性和慢性两种。

急性卵巢炎母羊不发情，如非两侧卵巢同时发炎，发情周期正常。直肠检查时感觉患病侧卵巢呈圆形，肿大，柔软而表面光滑，卵巢可增大2～4倍，触之羊有疼痛感，卵巢上无黄体和卵泡。病羊通常表现精神沉郁，食欲减退或废绝，发情周期无规律，体温升高。

慢性卵巢炎母羊患病侧卵巢体积增大，质地变硬，而且表面高低不平，有时变硬，仅限于卵巢的某一部分。触诊时有轻微疼痛或没有疼痛，卵巢实质萎缩，触之无痛，无卵泡也无黄体。病羊无全身症状，性欲缺乏或呈慕雄狂症状。

脓性卵巢炎通常在卵巢上发生豌豆大至鸡蛋大的脓肿，触之似卵泡，有波动感，疼痛更加明显。

1. 病因

急性卵巢炎主要是由子宫炎、输卵管炎、腹膜炎及其他器官炎症引起；或因持久黄体及卵巢囊肿挫破或穿刺囊肿等手术后的损伤引发感染；或者病原微生物经血液和淋巴液进入卵巢而发生感染。

慢性卵巢炎是由结核病和布鲁氏菌病病原菌所引起；或者从急性卵巢炎转变而引起病原微生物通过输卵管、血管或淋巴管侵入卵巢时，可发生本病；或由于操作不慎，用力触摸卵巢、挤压黄体或穿刺卵巢而造成损伤，也能继发本病。

2. 辨证

根据病因、病理和临床症状可分为湿热瘀结和热毒炽盛两种证型。

（1）湿热瘀结　病羊精神沉郁，反复低热起伏，拱腰缩背。阴道分泌物量多，色黄有味，口色暗红或有瘀点。

（2）热毒炽盛　病羊精神沉郁，食欲减退或废绝，寒战高热，拱腰缩背。阴道分泌物量多，色黄如脓，气味臭秽。口色红，苔黄厚，脉弦数有力。

3. 中兽药治疗

（1）湿热瘀结

［治则］　清利湿热，解毒消瘀。

［方药］　方剂一：止带方合失笑散加减。车前子、黄柏各35克，茵陈30克，猪苓、泽泻、牡丹皮、赤芍、栀子、蒲黄、败酱草各25克，牛膝10克，五灵脂20克。水煎取汁，候温灌服，或共研为末，开水冲调，候温灌服。

方剂二：清热调血汤加减。大血藤40克，生地黄、薏苡仁各35克，败酱草、牡丹皮各30克，黄连、红花、桃仁各25克，香附10克，延胡索25克；阴道分泌物腥臭者，加鱼腥草40克，马鞭草30克；食欲不振者，可加陈皮30克，茯苓40克，水煎取汁，候温灌服，或共研为末，开水冲调，候温灌服。

方剂三：大血藤、败酱草、三棱、莪术各10克，虎杖、丹参、黄芪各15克，浓煎至50毫升，子宫灌注，每天1次。

（2）热毒炽盛

［治则］　清热解毒，活血化瘀。

［方药］　方剂一：五味消毒饮加味。金银花、大血藤各 40 克，败酱草 35 克，蒲公英、紫花地丁、野菊花各 30 克，天葵子、牡丹皮、赤芍各 25 克，青木香、川楝子、延胡索各 20 克，水煎取汁，候温灌服，或共研为末，开水冲调，候温灌服。

方剂二：银翘红酱解毒汤。金银花、连翘、桃仁各 35 克，大血藤、败酱草各 25 克，薏苡仁、赤芍各 30 克，乳香、没药、延胡索、川楝子各 20 克，水煎取汁，候温灌服，或共研为末，开水冲调，候温灌服。

十一、羊卵巢静止

卵巢静止是卵巢的功能受到扰乱，直肠检查无卵泡发育，也无黄体存在，卵巢处于静止状态。母羊表现为长期不发情。若长时间得不到治疗则可发展成卵巢萎缩。卵巢萎缩通常是卵巢体积缩小，有时为一侧，有时为两侧。卵巢质地硬化，无活性，性功能减退。

发病母羊发情周期延长或长期不发情，发情的外表征象不明显，或仅出现发情征象但不排卵。卵巢表面光滑，无卵泡，无黄体。有些静止的卵巢呈蚕豆样大小，较软；有些卵巢质较硬、略小，并有黄体残留的痕迹。隔 7 ～ 10 天，或一个性周期后，卵巢仍无变化。子宫收缩无力，甚至子宫体积缩小。有的母羊体形消瘦，毛质粗糙无光泽。

1. 病因

本病易发生于营养失调、瘦弱及老龄母羊。其主要病因是饲料单一，蛋白质及能量不足，缺少维生素和钙，或因长期患慢性疾病，造成气血亏虚；或肾阳不足，以致冲任脉不固，血不化精，精气不至，长期不发情。

2. 辨证

可分为以下 2 个证型。

（1）气血亏虚　病羊体羸瘦，被毛粗乱无光，精神不振，不发情或发情不明显，屡配不孕。

（2）肾阳虚　病羊发情周期延长或发情不明显，甚至无发情表现；口色淡白，四肢无力，耳鼻欠温，肠鸣，发情正常亦屡配不孕。

3. 中兽药治疗

（1）气血亏虚

［治则］　益气养血，滋补肝肾。

［方药］　方剂一：川续断 30 克，黄芪、丹参各 20 克，党参、白芍、当归、熟地黄、香附、黄精、补骨脂、枸杞子各 15 克，五味子、砂仁、淫羊藿各 10 克，白术、肉苁蓉、川芎各 8 克，炙甘草 6 克，研末，开水冲调，候温灌服，加黄酒适量，猪卵巢或公鸡睾丸 1 对为引，隔日一剂，连服 3 ～ 5 剂。

方剂二：八珍汤加减。益母草 40 克，党参、黄芪、茯苓、当归、炒白术各 20 克，白芍、熟地黄、山药各 18 克，川芎、陈皮、盐黄柏、炙甘草各 15 克，研末，开水冲调，候温灌服，连用 3 ～ 5 剂。

方剂三：鸡血藤 60 克，党参 80 克，益母草、当归各 65 克，熟地黄、山药各 55 克，杜仲 30 克，红花 25 克，白术 45 克，阳起石 60 克，煎汤，红糖 200 克为引，一次灌服，每天 1 剂，连服 4 天。

（2）肾阳虚

［治则］　温肾补阳，益血养精。

［方药］　方剂一：强阳保肾散加减。胡芦巴、补骨脂、覆盆子、芡实各 25 克，淫羊藿、阳起石、肉苁蓉、沙苑子、蛇床子、茯苓、远志、五味子、韭菜子各 20 克，小茴香 15 克，肉桂 12 克，共研为细末，开水冲调，候温灌服。

方剂二：温肾散加减。山茱萸、紫石英、熟地黄各 65 克，煅

龙骨、煅牡蛎、补骨脂各 40 克，茯苓、当归、炒山药、菟丝子、蛇床子、益智仁、附子、肉桂各 15 克，共研为细末，用猪肾 2 个（切碎），水煎取汁冲药末灌服，每天 2 次。本方主治肾虚不孕。

十二、羊产后瘫痪

产后瘫痪又称生产瘫痪，也称之为乳热症，中兽医称本病为胎风，是羊中较为多见的一种产科疾病，以突然发生舌、咽、肠道麻痹，知觉丧失及四肢瘫痪为特征。

病羊初期表现精神委顿，食欲减退，反刍、嗳气均减少，喜卧，不愿行走，行走时后肢摇摆，体温一般正常，心跳快而弱，呼吸变粗，表现不安，最后卧地，头部至鬐甲部呈轻度的 S 状弯曲，各种反射减弱，但不完全消失。后期病羊卧地不起，四肢屈于躯干之下，头向后弯至胸部一侧，昏睡，知觉丧失，四肢末梢厥冷，脉搏微弱，呼吸深长而缓慢，并伴有呼噜声，不时磨牙。

1. 病因

现代医学认为多与代谢有关，与钙和维生素缺乏关系较大。

2. 辨证

中医认为该病发生多因产前劳役过度，营养不足，身体瘦弱；或产后气血耗损，腠理不固，风寒湿邪乘虚侵袭，由表及里，传入经络，郁滞不通；或产后肝肾亏虚，营血不足，津液损耗，内不能养神，外不能养筋，故发此病。

3. 中兽药治疗

（1）初期

［治则］　祛风舒筋，活血补肾。

［方药］　补阳疗瘫汤加减。补骨脂、益智仁、麦芽各 30 克，当归、黄芪、川续断、枸杞子、桑寄生、熟地黄、小茴香各 20 克，青皮 18 克，川芎、威灵仙、甘草各 15 克，共研为末，开水冲调，

候温灌服，每天一剂，连用 3 ～ 5 次，一般即可痊愈。

（2）后期

［治则］　气血双补，重补肝肾，活血化瘀，祛风除湿。

［方药］　方剂一：十全大补汤加减。党参、白术、益母草、黄芪、当归各 35 克，白芍、陈皮、大枣各 30 克，熟地黄、川芎、甘草各20克，升麻、柴胡各18克，共研为细末，开水冲调，候温，加白酒 50 毫升，一次灌服，每天 1 剂，连用 3 剂。

方剂二：独活寄生汤加减。独活 20 克，桑寄生、熟地黄各 30 克，秦艽、当归、杜仲、牛膝、党参、茯苓各 20 克，防风、白芍各 18 克，细辛 4 克，川芎、肉桂各 10 克，甘草 15 克，共研为末，开水冲调，候温灌服，每天 1 剂，连用 4 ～ 5 次可痊愈。如果疼痛表现明显者，可酌加制川乌、制草乌、白花蛇舌草等以疏风通络，活血止痛；寒邪偏盛者，酌加附子、干姜以温阳散寒；湿邪偏盛者，去熟地黄，酌加防己、薏苡仁、苍术以祛湿消肿。

4. 针灸治疗

针刺百会、大胯、小胯、抢风穴，对刺激无反应的危重病羊，配合穴位注射药物，取百会、大胯、抢风穴各注射硝酸士的宁 5 毫升，1 次 / 天。

十三、羊乳腺炎

乳腺炎是指乳房受到机械的、物理的、化学的和生物学的因素作用而引起的炎症。临床上以乳房肿胀、敏感、乳汁变质、产乳量减少或停止为特征。多发生于产后母羊哺乳期。此外，在妊娠后期临产之前亦偶见发生。

乳腺炎按临床表现可分为临床型和亚临床型，临床型按照症状和乳汁的变化，又可分为急性型、亚急性型和慢性型。

急性乳腺炎：突然发病，乳房发红、肿胀、变硬、疼痛，乳汁显著异常和减少。出现全身症状，病羊体温升高，食欲减退，反

乌减少，脉搏增速，脱水，全身衰弱，精神沉郁。当病情发展很快且症状严重时为最急性乳腺炎，此时可危及病羊生命。

亚急性乳腺炎：病羊一般没有全身症状，最明显的异常是乳汁中有絮片、凝块，并呈水样，乳房有轻微发热、肿胀和疼痛。

慢性乳腺炎：慢性乳腺炎多由长时间持续感染引起，或由于急性乳腺炎未及时进行有效治疗而转成。长期保持亚临床型乳腺炎，或亚临床型和临床型交替出现，临床症状长期存在。最终可导致乳腺组织纤维化，乳房萎缩、出现硬结，产乳停止。

亚临床型乳腺炎：病羊的乳房和乳汁肉眼观察无异常，但乳汁理化性质发生变化，乳汁体细胞数增加。隐性乳腺炎病羊是病原携带者，可以感染其他健康羊。

1. 病因

本病的发生多因饲养管理不当所致，如挤奶技术不熟练，造成乳头管黏膜损伤，挤奶前未清洗乳房或挤奶人员手不干净以及其他污物污染乳头等；病原微生物的感染，如大肠杆菌、葡萄球菌、链球菌、结核杆菌等通过乳头管侵入乳房而引起的感染；机械性的损伤（如乳房受到打击、冲撞、挤压）或幼畜咬伤乳头等机械作用而引起的损伤都可成为诱因；本病还常继发于子宫内膜炎及生殖器官的炎症性疾病。

2. 辨证

乳腺炎属于中兽医学中的奶肿、奶痛、奶黄、乳痈等范围。是瘀血毒气凝结于乳房而成痈肿的一种疾病。根据病因，分为气血瘀滞和热毒壅盛。

（1）气血瘀滞　主症为乳房内有大小不等的硬块，皮肤不变，触之不热或微热，乳汁不畅，若延误不治，肿块往往溃烂，羊躁动不安，口色黄，苔薄，脉弦数。

（2）热毒壅盛　病初乳房部分发生肿胀、发热、疼痛、拒绝幼畜吃乳，不愿卧地，亦不愿走动，两后肢张开站立。乳汁减少，乳质变性，呈淡棕色或黄褐色，甚于乳汁中出现白色絮状物，并带血丝。如已成脓，触之有波动感，日久则破溃流脓，这时病羊精神委顿，起卧不安，运动缓慢，食欲反刍减少，口舌赤红，舌有黄苔，脉象洪数。

3. 中兽药治疗

(1) 气血瘀滞

[治则] 舒肝解郁，活血化瘀，通乳止痛，托里透脓，防腐生肌。

[方药] ① 病初期：加味瓜蒌散。瓜蒌35克，蒲公英30克，当归、甘草、乳香、没药、生黄芪、忍冬藤各20克，贝母、土鳖虫各10克，水煎，分两次灌服，连用3剂。同时用手轻揉乳房，慢慢挤出乳汁，再用雄黄散（雄黄10克，白及、白蔹、龙骨、大黄各20克，共研为细末）调敷肿处。

② 中期：若肿未消，内已成脓而未溃，则用探针抽出脓液，再服托里消毒散。黄芪、连翘各35克，当归、皂角刺、香附、乳香、延胡索各20克，土鳖虫10克，水煎两次，一次灌服，连用3剂。

③ 后期：若溃破日久，脓出清稀，不能收口，可用内补黄芪散。黄芪、熟地黄各30克，党参、茯苓、川芎、当归、白芍、肉桂、皂角刺、甘草各20克，远志、生姜各10克，大枣10个为引，水煎2次，候温灌服，连用3剂。

(2) 热毒壅盛

[治则] 初期消肿解毒，通乳止痛；成脓期清热解毒，托里透脓；溃后期排脓解毒，防腐生肌。

[方药] ① 初期：口服消乳散，外敷金黄散。

消乳散：牛蒡子、连翘、天花粉、紫花地丁各20克，黄芩、陈皮、生栀子、皂角刺、柴胡各15克，生甘草、青皮各10克，共研为末，开水冲调，候温灌服。若在哺乳期，乳汁壅滞者，加漏芦、王不留行、木通、路路通；不哺乳或断乳后，乳房肿胀者，宜

回乳加焦麦芽。

金黄散：南星、陈皮、苍术、厚朴各15克，甘草10克，黄柏、姜黄、白芷、大黄、天花粉各20克，共研为末，醋调或水调涂于患部。

② 成脓期：若肿胀未消，内虽成脓但未溃者，则宜用针刺破数孔，排出脓液，再用艾叶、葱、防风、荆芥、白矾。水煎去渣，洗患处，气血双亏者调补可用补中益气汤加减。炙黄芪60克，党参、当归、陈皮各40克，炙甘草30克，升麻、柴胡各20克，水煎服，候温灌服。

③ 溃后期：久不收口者，可服内托生肌散。生黄芪80克，天花粉65克，生杭芍、甘草各40克，乳香、没药各30克，丹参20克，共研为末，开水冲调，候温灌服。

4. 针灸治疗

急性型以水针、血针为主。

（1）水针 膁俞、百会穴，注射青霉素40万～80万单位。或0.5%普鲁卡因注射液50～80毫升，加青霉素40万单位，乳基穴注射。

（2）血针 两侧肾堂穴，放血20～30毫升；或配颈脉、滴水穴。

（3）灸熨 灸熨患处，每次30～60分钟。

（4）TDP 患部照射，每次60分钟，每天1～2次。

（5）氦氖激光照射 取海门、肚口、阳明穴（乳头基部外侧，每个乳头一穴），照射距离10～20厘米，照射10～15分钟，每天照射1～2次。

十四、羊乳房水肿

乳房水肿又称乳房浆液性水肿。是由乳房、后躯静脉循环障碍及乳房淋巴循环障碍所致的乳房明显肿胀。其临床特征是乳房明显肿胀，按压有凹陷，但无热痛感。

病初羊乳房皮肤充血，乳房极度膨胀，其内充满乳汁，按压可留下指痕；乳房皮肤增厚，触压坚实，有的可见数条裂纹，从中渗出清凉的淡黄色液体。轻度水肿发生于乳房基部前缘和下腹部。严重的水肿可波及胸下、会阴及四肢，乳房下垂，迫使病羊后肢张开，运动困难，由于运动时摩擦，常见乳房基部于股内侧溃烂。典型的乳房水肿是 4 个乳区全部被侵害，也有被侵害半侧或者 1 个乳区的。乳房乳头出现水肿，皮肤发凉，无痛感，触诊似掐面粉袋样，乳量少，乳汁无肉眼可见异常。精神、食欲正常，全身反应轻微。

1. 病因

主要原因是干奶期饲养不当，主要表现为干奶期精饲料喂量过多，日粮中食盐用量过大。或者分娩前，母羊乳房血流量增加，乳静脉压增高而淋巴液积聚，雌激素分泌增强以及妊娠期过长、胎儿过大等，皆可引起本病。此外，运动场狭小，羊群饲养密度过大，导致产前母羊运动不足也可诱发本病。

2. 辨证

中兽医认为本病主要是病羊脾肺气虚，气虚影响三焦，三焦运化失司，水液运行失常，瘀滞停留，化为水饮，聚于乳房，造成水肿。

3. 中兽药治疗

［治则］ 补中益气，健脾利湿，利水消肿，化瘀散结。

［方药］ 方剂一：消肿散加减。瓜蒌 40 克，当归、川芎、益母草、牛蒡子、天花粉、连翘、金银花各 20 克，黄芩、陈皮、栀子、皂角刺、柴胡、青皮、木通、路路通各 10 克，共研为细末，开水冲调，候温灌服，每天 1 剂，连用 3 ～ 5 天。

方剂二：利湿健脾散加减。黄芪 35 克，白术、党参、赤茯苓、泽泻、木通、猪苓各 20 克，防风、荆芥、羌活、前胡、柴胡、桔

梗各 18 克，桂枝、川芎各 15 克，甘草 10 克，共研为末，开水冲调，候温灌服，隔日 1 剂。

4. 针灸治疗

针刺耳尖、尾尖、山根穴出血，穿刺阳明穴，见有水、血、奶混合液体外滴为度。

十五、羊缺乳症

缺乳症是母羊产后较为多见的疾病，严重影响仔畜的生长发育。缺乳是指母羊产后乳汁甚少或全无，亦称“乳汁不行”。临床以初产羊或老龄羊及营养不良羊发病较多见。

1. 病因

多因妊娠期间或长期饲料短缺、单一，以致营养不良，或劳役过度，耗伤气血，造成气血两虚。乳汁乃气血化生而成，气血不足，则乳汁化生无源，严重者甚至无乳。或者因母羊妊娠期间饲喂失调，劳役不当，饱食后剧烈运动或久役，饥渴而失饮喂，以致脾胃受损而虚。胃虚不能受纳腐熟，脾虚失于运化，精血不足而缺乳。

2. 辨证

根据病因、临床症状可分为脾虚胃弱、气血两虚和血瘀气滞三种证型。

（1）脾虚胃弱　羊长期消化不良，慢草，泻泄，逐日消瘦，神疲乏力，口色青黄，舌有白苔；乳房松软空虚，初时能挤出少量乳汁，若不及时调治，则乳汁渐减，甚至全无。

（2）气血两虚　病羊精神较差，吃草减少，乳房缩小，触之柔软、不热、不痛，可挤出少量乳汁，结膜、口色淡白，尾脉细弱。

（3）血瘀气滞　母羊体况良好，乳房充盈，但挤不出乳汁，触摸乳房有硬块，发热，口色、结膜淡红，脉弦紧。

3. 中兽药治疗

（1）脾虚胃弱

［治则］　补中健脾，通络下乳。

［方药］　养胃助脾散加减。山药、党参各 35 克，厚朴、白术各 30 克，茯苓、陈皮、当归、沙参、麦冬、五味子各 20 克，石菖蒲、甘草、生姜各 15 克，大枣 5 枚，共研为末，开水冲调，候温灌服。

（2）气血两虚

［治则］　补血益气，通络下乳。

［方药］　方剂一：通乳散加减。土鳖虫 55 克，王不留行、当归各 40 克，黄芪、党参、通草、川芎、白术、川续断、阿胶各 20 克，木通、杜仲、炙甘草各 15 克，共研为细末，开水冲调，候温灌服。

方剂二：加味八珍散。党参、熟地黄、当归各 35 克，枳壳 25 克，白术、陈皮、厚朴各 20 克，川芎 18 克，茯苓、白芍、炙甘草、阿胶各 15 克，砂仁 10 克，共研为末，开水冲调，候温灌服。

（3）血瘀气滞

［治则］　理气解郁，活血祛瘀，活络通乳。

［方药］　方剂一：当归 35 克，赤芍、川芎、王不留行、益母草各 30 克，柴胡、青皮、漏芦、桔梗、木通各 20 克，通草、红花各 15 克，共研为细末，开水冲调，候温灌服。

方剂二：下乳通泉汤加减。王不留行 25 克，生地黄 30 克，牛膝 20 克，当归、白芍、木通、天花粉、土鳖虫各 15 克，川芎、漏芦、甘草、青皮各 10 克，柴胡 8 克，共研为细末，开水冲调，候温灌服。

十六、羊胎动不安

羊胎动不安主要是母羊妊娠期间由于气血衰弱、冲任虚损或

因意外损伤引起流产前兆的一种疾病，如不及时治疗，可能会引起流产而造成损失。

1. 病因

多因饲养管理不善，饲料营养不全、品质低劣；或长期饥饱不均致使母羊营养不良、体质瘦弱、冲任经脉空虚，血虚不能养胎而引起胎动不安。或因母羊素体阴虚，阴虚则阳亢，阴血虚，无力滋养胎元；阳邪亢，则热扰胞胎；或外感热邪入里化火，灼及冲任经脉，热邪扰动胎元而发生胎动。或因母羊妊娠后期躯体笨重，行动不便，偶遭跌扑闪挫损伤，引起胎动。或因圈舍狭窄羊群拥挤，相互爬跨碰撞，引起胎动。此外还有误食霉败变质饲料、有毒物质、妊娠禁忌药物或空肠过饮冷水等均可引发该病。

2. 辨证

根据病因，临床症状，羊胎动不安可分为损伤型、血虚型、热邪型三种证型。

（1）损伤型　病羊有损伤病史后出现蹲腰努责，起卧不安，频频作排尿姿势，有时尿中带血，尾巴乱拧，回头望腹，肚腹胀满，行走不便，有时急起急卧，甚至卧地不起。

（2）血虚型　患病母羊体质瘦弱，被毛粗乱，营养不良，蹲腰努责，腹痛不安，频频作排尿姿势，阴道流出浊液，多间竭性发作，口色淡白，脉象细弱。

（3）热邪型　病羊突然发病，体温升高，呼吸喘促，心跳加快，蹲腰努责，起卧不安，回头望腰，后肢踢腹，急起急卧，尿频尿急，尿中带血，口鼻干燥，口色赤红，脉象洪数。

3. 中兽药治疗

（1）损伤型

［治则］　行气止痛，活血安胎。

［方药］　活血安胎散加减。煅牡蛎 60 克，川续断、黑杜仲、

制香附、熟地黄、白术、当归、赤芍、棕榈炭各40克，木香、陈皮各30克，川芎、黄芩各20克，黄酒艾叶为引，每天1剂，连用3天为一个疗程。

（2）血虚型

［治则］ 补气养血，固本安胎。

［方药］ 白术安胎散加减。熟地黄、党参、焦白术各60克，阿胶（烊化）、当归、白芍、炙甘草、生姜各40克，陈皮、砂仁各30克，黄芩、紫苏各20克，川芎15克，大枣50个为引，每天1剂，连用3天为一个疗程。

（3）热邪型

［治则］ 清热凉血，安胎。

［方药］ 清热安胎散加减。生地黄60克，熟地黄、山药、白芍、黄芩、黄柏、炒栀子、川续断、桑寄生各40克，黄连、制香附、甘草各30克，荷叶40克为引，每天1剂，连用3天。

十七、羊胎漏下血

胎漏下血是指母羊在妊娠期间，从阴道中流出暗红色或褐色血液的一种病症。以阴道内流出少量暗红色或褐色血液，无腹痛或轻度腹痛为特征。此病多见于妊娠后期。若下血不止，常可导致胎动不安、胎死母腹、堕胎、早产等病症。

1. 病因

由于先天禀赋不足，或后天饮喂失调，营养不足；或劳役过度，精气耗损；或妊娠期间患病，致气血双亏，冲任空虚，不能固摄胞络而致漏血；或由于肾阴素亏，或久病体弱，伤及肾阴；或邪热伤阴，水火（阴阳）不能保持相对平衡，阴虚阳亢，水火不济，以致血热迫血妄行而致胎漏；或因拥挤、滑倒、蹴踢、跳越沟坎、撞击或剧烈运动时用力过猛等，使胎元受损，冲任不固而致胎漏。

2. 辨证

按病因、病理和症状，可将本病分为阴虚血热、气血双亏和外伤三种证型。

(1) 阴虚血热　精神短少，食欲不振，形体消瘦或虚胖，站立不稳。口色偏红，结膜充血，舌软无苔，脉象浮而细数，有黑色血块从阴道流出。

(2) 气血双亏　精神不振，食欲减退，体质消瘦，头低耳耷，被毛无光，行走无力。口色淡白，脉象沉细无力，阴道内有黑豆汁样液体流出。

(3) 外伤型　羊轻度腹痛，食欲减少，阴道流血较多，频频排尿。如不及时治疗，往往引起流产。

3. 中兽药治疗

(1) 阴虚血热

[治则]　滋阴凉血，止血安胎。

[方药]　方剂一：黄芩炭、荷叶炭各 65 克，生地黄 50 克，薄荷、杜仲、白芍、黄柏、桑寄生、血余炭、甘草各 35 克，共研为细末，开水冲调，候温灌服。

方剂二：保阴煎加减。生地黄、黄苏、黄柏、白芍、续断、杜仲各 35 克，墨旱莲、地榆、桑寄生各 30 克，阿胶 30 克（烊化冲服），血余炭 20 克，荷叶 1 张，甘草 15 克，水煎，候温灌服，每天 1 剂，连用 3 ～ 4 天。

(2) 气血双亏

[治则]　补益气血，止血安胎。

[方药]　方剂一：黄芪 65 克，桑寄生 50 克，党参、酒白芍、熟地黄、升麻、白术、杜仲炭、艾叶炭、血余炭、黄芩炭、侧柏炭各 35 克，共研为细末，开水冲调，候温灌服。

方剂二：举元煎合胶艾汤加减。黄芪 40 克，党参、杜仲、艾叶、苎蔴根各 35 克，白芍、熟地黄、升麻、桑寄生、白术、当归各 30 克，阿胶（烊化冲服）30 克，血余炭、棕榈炭各 20 克，甘草

15 克，水煎，候温灌服。

（3）外伤型

［治则］　养血止血，镇痛安胎。

［方药］　方剂一：党参 100 克，黄芪、桑寄生、川续断、阿胶（烊化）、苎蔴根、黄芩炭、血余炭各 35 克，杜仲炭、菟丝子各 65 克，共研为末，开水冲调，候温灌服。

方剂二：人参（或太子参）60 克，菟丝子 40 克，杜仲炭 30 克，黄芪、桑寄生、阿胶、黄芩炭、蕨麻根各 20 克，续断、血余炭各 15 克，共研为细末，开水冲调，候温灌服。

十八、羊难产

难产是母羊妊娠期满，已出现临产征兆，而胎儿不能顺利产出的病症。以初产母羊较多见。如不及时治疗，往往导致胎儿和母羊死亡。

1. 病因

多因母羊妊娠期间饲喂失调，营养不良，劳役过重，体质虚弱，气血亏损。临产时胞宫收缩无力，交骨不开；或胎膜先破，羊水流尽，产道干涩；或产时受寒冷侵袭，血被寒凝；或临产受惊，气滞血瘀；或过于肥胖，缺乏运动等，都可引起难产。此外，胎位不正，产道狭窄，胎儿过大或畸形，也可致发本病。

2. 辨证

按病因、病理变化和临床症状，可将本病分为气滞血瘀和气血不足两种证型。

（1）气滞血瘀　母羊精神不安，卧地不起，频频拱腰努责，回头顾腹，呼吸喘促，阴户肿胀，并从阴道流出黄色浆液，或露出部分胎衣，或可见胎儿肢蹄或头，但胎儿迟迟不下。舌质暗红，脉多沉紧。

（2）气血不足　病羊神疲力乏，躺卧于地，努责减弱或消失，不时痛苦呻吟。浑身出汗，体瘦毛焦，阵缩无力，口色淡白，脉多

沉细无力。阴户肿胀，并从阴道流出黄色浆液，或露出部分胎衣，或可见胎儿肢蹄或头，但胎儿迟迟不下。

3. 治疗

本病的治疗以手术助产为主，辅以药物治疗。

（1）手术助产　羊采取前低后高站立或侧卧保定。先将胎儿露出部分及母羊的会阴、尾根等处洗净，再用药液冲洗消毒。术者手臂也用药液消毒，并涂上润滑剂（如石蜡油），然后将手伸入产道，检查胎位、产道是否正常及胎儿的生死情况。如胎儿姿势、位置、方向不正引起的难产，应将胎儿露出部分送回子宫内，再矫正胎儿姿势。如产道干涩，可注入一定量的消毒过的液体石蜡，以滑润产道，然后配合母羊努责，将胎儿拉出。若矫正胎位确有困难，及产道狭窄、胎儿大，必须及时进行剖腹产手术。如胎儿已死，也可用隐刃刀或线锯将胎儿切成几块，从产道分别取出。在助产过程中，要注意严格消毒，细心操作，以防感染和损伤产道。

（2）中兽药治疗

① 气滞血瘀

［治则］　理气行血，活血散瘀。

［方药］　当归 40 克，红花、牛膝、肉桂、桃仁各 10 克，枳壳 15 克，共研为细末，加入黄酒 80 毫升为引，开水冲调，候温灌服。

② 气血不足

［治则］　补气养血。

［方药］　用炙黄芪、党参、白术、当归各 15 克，白芍 12 克，川芎、熟地黄、茯苓各 10 克，炙甘草、肉桂各 8 克，共研为末，开水冲调，候温灌服。

十九、羊产后厌食

产后厌食是母羊产后少食或不食的病症。临床上以食欲下降，体质渐瘦，反刍次数减少，瘤胃、瓣胃音减弱，粪便干硬为特征。高产羊和头胎羊发病率较高。

本病主要发生于产后数天至1个月左右，病羊表现精神委顿，前胃弛缓，食欲减退，顽固性消化不良，异食，不时空嚼磨牙，随着病程的延长而出现进行性消瘦及营养不良（如贫血）等症状。前胃蠕动次数减少，力量减弱。肠道蠕动音不明显。心音弱，心率减慢或加快，心音区扩大。

1. 病因

因羊产前饲养失调，饲料单一所致，加之产时耗血气亏，或胎儿过大，产程过长，正气耗伤，阴血过失，造成气血双亏；或因分娩后气血骤虚，卫外之阳不固，腠理疏松，以致外邪乘虚而入所致；或因母羊妊娠期间饲喂失调，饱食后剧烈运动，饥渴而失饮喂，以致脾胃受损而虚；或因羊产后饲喂精饲料过多，以致分娩时亏耗气血，伤及脾胃，从而所食草料难以腐熟、化导，停滞于胃，不能运转而致病。

2. 辨证

根据病因、症状，本病可分为外感、气血双亏、伤食、脾胃虚寒和恶露不尽五种证型。

（1）外感 产后不久，羊发热恶寒，精神不振，皮温不均，毛竖无光，拱背卷腹，鼻流清涕，咳嗽，上唇微黄，苔薄白；病初食欲、反刍稍减，以后逐渐停止，瘤胃蠕动无力，手触胃壁松软，脉浮弦。

（2）气血双亏 羊精神委顿，体瘦毛焦，行动迟缓，卧多立少，反刍无力，甚至停止，口色淡白，舌质绵软，口温偏低，粪干稀不定，胃壁松软无力，阴道内常流污红色液体，个别兼有轻微腹痛，低热不定，脉象细弱。

（3）伤食 病初食欲不振，反刍减少，以后逐渐不食，反刍停止，嗳气酸臭，有时空口咀嚼，鼻镜无汗，有时出现腹痛不安，

拱背低头，回头顾腹或后肢踢腹，粪便干燥，色黑量少，口色燥红，脉象沉涩；左肷胀大，按之瘤胃有坚实感，重压留有压痕，瘤胃蠕动音减弱或停止。

（4）脾胃虚寒　精神委顿，食欲减少，耳耷头低，被毛松乱，耳、鼻、角及四肢发凉，泛吐清水，口色淡，粪稀、尿清，脉象沉迟。

（5）恶露不尽　病羊阴道经常流出污红色恶臭液体，重者产后 2 个月仍流不止。食欲、反刍逐渐减退或停止，有的可见瘤胃不安和努责，若瘀血化热，则恶露少、黏稠，周身发热，体温升高，口色淡白或赤红，脉象细弱或数。

3. 中兽药治疗

（1）外感

［治则］　祛风解毒，温中理气。

［方药］　天麻散加减。天麻 20 克，当归、柴胡、厚朴各 35 克，槟榔、泽兰、生姜、薄荷、陈皮、青皮各 30 克，荆芥、防风、白芷、苍术、川芎各 20 克，共研为末，开水冲调，候温灌服。

（2）气血双亏

［治则］　补气补血，和中健脾。

［方药］　加味十全大补汤。党参、白术、熟地黄、白芍、黄芪各 30 克，茯苓、川芎、肉桂各 20 克，甘草、丁香各 15 克，枳壳、山药各 40 克，香附 65 克，生姜 6 克，共研为末，开水冲调，候温灌服。

（3）伤食

［治则］　健脾消导，破滞通便。

［方药］　四君三仙丁蔻散加减。焦三仙各 35 克，滑石 65 克，枳壳 40 克，当归 55 克，厚朴 35 克，槟榔、党参、白术各 30 克，茯苓、甘草、丁香、肉蔻各 20 克，共研为末，温水冲调，灌服。

（4）脾胃虚寒

［治则］　温中健脾，消导助食。

［方药］ 养胃助脾散加减。党参、山药各 35 克，厚朴、白术各 30 克，当归、茯苓、陈皮、沙参、麦冬、五味子各 20 克，石菖蒲、甘草、生姜各 15 克，大枣 5 枚，共研为末，开水冲调，候温灌服。

（5）恶露不尽

［治则］ 祛瘀通滞，健脾助食。

［方药］ 生化汤加减。当归、党参、山药、枳壳各 40 克，白术 35 克，川芎 25 克，桃仁、三棱、莪术、甘草各 20 克，黄连 15 克，共研为末，开水冲调，候温灌服。

第八章 ▸▸▸ 羔羊常见疾病

一、新生羔羊孱弱症

新生羔羊孱弱症是指羔羊产出后衰弱无力、生活力低下的一种病症。如果本病得不到及时有效地治疗，很快会导致新生羔羊死亡。

本病按临床表现可分为轻症型和重症型。

轻症型。新生羔羊肌肉松弛，可视黏膜发绀，呼吸不均匀，有时张口呼吸，呈喘气状；口腔和鼻孔内充满黏液，舌脱于口角外；心跳加快，脉搏细弱；肺部有湿性啰音，喉及气管部更明显。

重症型。卧地不动，反射消失，呼吸停止，心脏有微弱且缓慢的跳动，呈假死状态。一般羔羊发生窒息时不能呼吸，但心脏仍在跳动，脉搏减弱，体温比正常羔羊低。

1. 病因

妊娠期间母羊蛋白质饲料、维生素、无机盐供应不足或缺乏；母羊产前患有某些产科疾病或传染病都可致使胎儿发育不良，先天不足；母羊早产、双胎等产出的羔羊也常表现孱弱；羔羊出生后由于环境温度过低，未能及时护理而受冻，使羔羊活力受到严重影响而发病。

2. 辨证

可参考中兽医学的“五迟”“五软”进行辨证。

（1）脾肾两虚，气血不足　症见母体素虚，胎禀不足，生长发育迟缓，羔羊四肢懈怠，骨软肉松，不能挺立，舌伸口外。

（2）心脾两虚，痰湿阻滞　症见可视黏膜苍白，虚软无力，状如泥膏，反应迟钝。

3. 中兽药治疗

（1）脾肾两虚，气血不足

［治则］　补肾健脾，助阳通络。

［方药］　茯苓、伏神、白术、石菖蒲、山药、熟地黄、当归、黄芪各 10 克，党参、白芍、川芎、甘草各 5 克，水煎，分两次灌服。

（2）心脾两虚，痰湿阻滞

［治则］　养心开窍，健脾助运。

［方药］　石菖蒲、麦冬、当归各 10 克，党参、茯苓、远志、川芎、乳香各 5 克，水煎取汁，候温，纳入朱砂 0.2 克，灌服。

4. 针灸治疗

针刺山根、外唇阴、开关等穴位。

二、羔羊佝偻病

佝偻病是多种幼龄动物罹患的一种以骨营养不良为基本病理特征的代谢性疾病。新生羔羊处于快速生长发育期，此时若维生素 D、钙、磷缺乏或者比例失调，则引起成骨细胞钙化不足，软骨骨化障碍，持久性软骨肥大，管骨的骨骺和肋骨与肋软骨接合部膨大，骨干缩短变粗，骨质疏松，而致运动障碍，且易发生骨折。

患病羔羊精神沉郁或萎靡不振，食欲减退并有异食癖，不爱走动，步态强拘和跛行。随病情的进一步发展，四肢诸多关节近端肿大，肋骨与肋软骨连接处呈念珠状肿，胸廓变形、隆起，四肢长骨弯曲，前肢腕关节常外展呈“O”形姿势，两后肢跗关节内收呈“X”形姿势，脊背拱起。鼻腔狭窄，颜面隆起、增宽，牙齿咬合不全，口裂不能完全闭合，伴发采食、咀嚼不灵活。肌肉和肌腱的张

力减退，腹部下垂。生长发育迟滞，形体羸瘦，被毛粗乱无光泽，换毛推迟。有的病羔羊出现神经过敏、痉挛和抽搐等神经症状。

1. 病因

饲料中维生素 D 含量不足，缺少钙、磷，圈舍日光照射不够，或是因为哺乳羔羊体内维生素 D 缺乏，羔羊消化不良以及寄生虫病所致。妊娠及哺乳母羊饲料中钙不足或钙、磷比例不当，也会引起佝偻病的发生。断奶过早或罹患胃肠疾病时，影响钙、磷和维生素 D 的吸收与利用。肝、肾疾病时，维生素 D 的转化和吸收发生障碍，导致体内维生素 D 不足。

日粮组成中蛋白（或脂肪）性饲料过多，在体内代谢过程中形成大量酸类，与钙形成不溶性钙盐排出体外，导致机体缺钙。

饲养管理不良，动物缺少运动和日照，圈舍潮湿阴冷，是该病发生的诱因。

甲状旁腺功能代偿性亢进，甲状旁腺激素大量分泌，磷经肾排出增加，引起低磷血症而继发佝偻病。

2. 辨证

根据本病的病因、临床症状，可将该病分为先天不足、脾肾阴虚和脾肾阳虚三种证型。

（1）先天不足　出生后即出现不同程度的衰弱，经数天后仍然不能站立；伴有贫血和多种营养缺乏体征，可视黏膜淡白，舌肌无力，口色淡，苔白，脉象沉细无力。

（2）脾肾阴虚　身兼热象，耳鼻温热，口内干燥或口涎稠，大便干硬，尿液浓黄，舌色红赤，少苔和无苔，脉象弦细或细数。

（3）脾肾阳虚　身兼寒象，耳鼻肢端俱凉，口涎稀薄如水，大便松软带水或泄泻，尿液清长，舌色淡红或青白，脉象沉迟或沉细。

3. 中兽药治疗

（1）先天不足

［治则］　补肾益精，壮骨填髓。

［方药］　胡芦巴散加减。炙黄芪、紫河车各35克，胡芦巴、炙狗脊各15克，山药18克，熟地黄、莲子肉各20克，党参、白术、茯苓、炒杜仲各15克，炙甘草、山茱萸各5克，共研为细末，开水冲调，候温，加入黄酒50毫升，一次灌服，每天1剂，连用3～5天。

（2）脾肾阴虚

［治则］　滋肾健脾，活血壮骨。

［方药］　健步通关散加减。知母、黄柏、天冬、骨碎补、怀牛膝、当归、白芍各15克，生地黄20克，红花5克，龙骨、牡蛎各35克，共研为细末，开水冲调，候温，加入食醋50毫升，一次灌服，每天1剂，连用3～5天。

（3）脾肾阳虚

［治则］　温肾健脾，活血壮骨。

［方药］　益智通关散加减。益智仁、巴戟天肉、炒白术、当归、川芎、补骨脂各15克，肉桂、广木香、红花各10克，牡蛎35克，干姜、炙甘草各5克，共研为细末，开水冲调，候温，加入黄酒50毫升，一次灌服，每天1剂，连用3～5天。

4. 针灸治疗

选用百会、肾俞、脾俞、关元俞、后三里穴，用毫针针刺或艾灸温灸，隔日1次，连续5次为一个疗程。

三、羔羊肺炎

羔羊肺炎是由多种病因引起的羔羊细支气管、肺泡与肺间质的炎性病变，具有较高的发病率和致死率。2月龄以内，特别是2周龄以内的羔羊多发。临床表现为体温升高、呼吸困难、结膜或黏膜发绀以及咳嗽等呼吸道症状，是严重危害羔羊健康的疾病之一。

病羊初期精神沉郁，倦怠少动，呼吸增数。进而体温升高，可达40～41℃，且高热不退，鼻流浆液性或黏液性鼻液，咳嗽，

呼吸困难，气促喘粗，鼻翼翕动，鼻镜干燥；皮温和口温升高，结膜潮红或发绀。肺部听诊肺泡音粗粝，有干性或湿性啰音，叩诊常出现局部浊音。食欲减退或废绝，瘤胃蠕动音减弱，肠音不整。心悸亢进，脉搏增数。高热甚者，颈侧皮肤因出汗而潮润。

1. 病因

引起羔羊肺炎的病因比较复杂，有的是某一单纯病原感染所致，更多的则是多种致病因素共同作用的结果。首先，妊娠母羊和产后母羊饲养管理不良，尤其是饲料中缺少蛋白质、维生素、矿物质元素或其他营养物质，均会影响胎儿或羔羊的生长发育，降低其抗病力，致使其出生后易发生肺炎。其次，新生羔羊的呼吸器官稚嫩，免疫功能尚不健全，如此时饲养管理不当，遇气候突变，寒冷侵袭，风寒之邪乘虚而入；圈舍潮湿阴冷，光照通风恶劣，空气污浊，致使羔羊呼吸道黏膜受损，加之某些病毒、细菌、支原体等病原侵入呼吸道造成感染而发病。

2. 辨证

根据本病的病因、临床症状，可将本病分为风热咳喘、风寒咳喘、肺燥咳喘和痰湿咳喘四种证型。

（1）风热咳喘　身热出汗，咳喘气逆，肷肋翕动，呼出气热，口渴喜饮，大便干燥，小便短赤，鼻液黄稠，口色红燥，舌苔黄腻，脉象洪数。

（2）风寒咳喘　形寒肢冷，被毛逆立，耳鼻俱凉，咳嗽气喘，鼻流清涕，无汗，不爱饮水，小便清长，口淡而润，舌苔薄白，脉象浮紧。

（3）肺燥咳喘　鼻镜干燥，干咳气逆，口渴喜饮，大便干燥，小便短赤，口色红燥，脉象细数。

（4）痰湿咳喘　咳嗽痰多，喘不得卧，脓样鼻液，呼出气臭，肺部湿啰音明显，间或有捻发音，口腔湿滑，口色黄，苔黄厚腻，脉象沉滑。

3. 中兽药治疗

（1）风热咳喘

［治则］　清热宣肺，止咳平喘。

［方药］　麻杏石甘汤加味。炙麻黄5克，生石膏35克（打碎先煎），苦杏仁、桑白皮各10克，金银花、黄芩、栀子、板蓝根、连翘各15克，甘草3克，桔梗、葶苈子各5克，水煎2次，合并滤液，候温，加入蜂蜜100毫升，一次灌服，每天1剂，连用3～5天。

（2）风寒咳喘

［治则］　疏风散寒，止咳平喘。

［方药］　麻黄汤加味。炙麻黄、干姜、清半夏、甘草各5克，桂枝、白芍、五味子、苦杏仁各10克，茯苓、贝母、大枣各15克，细辛3克，生姜6克，共研为细末，开水冲调，候温，加入蜂蜜50毫升，1次胃导管灌服，每天1剂，连用3～5天。

（3）肺燥咳喘

［治则］　清热泻火，宣肺润燥，止咳平喘。

［方药］　清肺散加味。黄芩、百合、板蓝根、葶苈子各20克，浙贝母、当归、白芍、白及、麦冬、天花粉各15克，桔梗10克，甘草5克，共研为细末，开水冲调，候温，加入蜂蜜50毫升，1次胃导管灌服，每天1剂，连用3～5天。

（4）痰湿咳喘

［治则］　燥湿化痰，止咳平喘。

［方药］　苇茎汤加味。苇茎、黄芩各35克，冬瓜仁、薏苡仁、栀子、陈皮、茯苓各20克，贝母15克，清半夏、桃仁各10克，桔梗、滑石、木通各5克，共研为细末，开水冲调，候温，加入黄酒50毫升，1次胃导管灌服，每天1剂，连用3～5天。

4. 针灸治疗

可选用风池、肺俞、苏气、胸堂、颈脉、鬐甲等穴位，施用白针、火针或水针治疗均可。

四、羔羊便秘

羔羊便秘是指哺乳期羔羊大便干硬，排泄不畅或完全停滞所引起肠道阻塞性疾病。本病虽致死率不高，但病羊常因持续消化障碍，生长发育受阻，生产性能下降，给养羊业带来较大经济损失。

患病羔羊临床精神沉郁，食欲减退或废绝，鼻镜干燥或鼻汗不成珠，肠鸣音减弱或消失，排少量干粪球或较长时间不排便。羔羊表现不安、拱背、摇尾、努责，有时踢腹、卧地，并回顾腹部。偶尔腹痛剧烈，前肢抱头打滚，直至卧地不起。有时继发肠鼓胀而腹围增大。

1. 病因

新生羔羊因分娩前胎粪的积聚，分娩后发生便秘；新生羔羊未给予初乳或哺初乳时间过晚，影响羔羊消化功能；大量饲喂品质低劣的合成乳或代乳粉，引起消化不良，食糜后送迟滞；先天性发育不良或早产，体质衰弱的羔羊，由于肠道弛缓，蠕动无力，也可导致胎粪秘结而发病；母羊妊娠期营养缺乏，如钙、磷缺乏或维生素 A 缺乏等使羔羊体质瘦弱，胃肠功能不健全而发病。

2. 辨证

根据本病的病因、病机和临床主症，可将该病分为脾胃食滞、脾胃气虚和脾胃阴虚三种证型。

（1）脾胃食滞　肚腹胀满，腹痛较剧，口臭，舌红，苔厚腻，脉象沉实有力。

（2）脾胃气虚　全身无力，活动减少，舌淡苔白，脉象沉细无力。

（3）脾胃阴虚　精神不安，躁动咩叫，口干舌红苔燥，脉象细数。

3. 中兽药治疗

（1）脾胃食滞

[治则]　消积导滞，润肠通便。

［方药］　大承气散加味。神曲、大黄、枳实、厚朴各 20 克，芒硝 40 克，醋香附、麦芽各 15 克，槟榔 5 克，共研为细末，开水 2 升，冲调成糊状，候温，1 次胃导管灌服，每天 1 剂，连用 3 天。

（2）脾胃气虚

［治则］　健脾益气，润肠通便。

［方药］　四君子散加味。党参、白术（炒）、茯苓、当归、枳实、香附各 20 克，甘草（炙）10 克，槟榔 5 克，共研为细末，开水冲调成糊状，候温，加入蜂蜜 50 毫升，1 次胃导管灌服，每天 1 剂，连服 3 剂。

（3）脾胃阴虚

［治则］　滋阴生津，润肠通便。

［方药］　当归苁蓉汤。当归、肉苁蓉各 35 克，番泻叶、木香、厚朴、炒枳壳、神曲各 10 克，醋香附、麦芽各 15 克，共研为细末，开水 2 升冲调成糊状，候温，加入麻油 150 毫升，1 次胃导管灌服，每天 1 剂，连服 3 剂。

4. 针灸治疗

（1）可选用脾俞、关元、后三里等穴位，白针、火针、水针或电针均有促进胃肠运动和润肠通便的功效。

（2）穴位注射　10% 氯化钾注射液 20 毫升或比赛可灵 5 毫升，后海穴注射，以促进肠蠕动，引起排粪。

五、羔羊腹泻

羔羊腹泻是指羔羊由于消化障碍或胃肠道感染所致的以腹泻为主要症状的疾病。一年四季均可发生，以春、夏季较多见。无特定病原感染的病例不难治愈，但如治疗不及时可能继发肠炎、脱水或心力衰竭而死亡。

轻症病例，患病羔羊精神不振或沉郁，食欲减退，被毛蓬乱，体温、脉搏、呼吸一般无明显变化，个别的体温稍升高。尿量一般

减少，羔羊有时发生瘤胃膨胀；排淡黄色、灰黄色、粥样或水样粪便，臭味不大或有酸臭味，有的混有未消化的食物。肛门周围、跗部及尾毛等处常有粪汁或粪渣附着。重症患羊，精神沉郁或高度沉郁，食欲大减或废绝，有轻度腹痛，表现不安，喜卧于地。体温升高（达40℃以上），排腥臭或有腐败臭味的粥样或水样粪便，其内混有乳块、黏液、血液或肠黏膜。病至后期，重剧腹泻，则体温可能不高，甚至低于正常。脉搏加速，呼吸加快，黏膜潮红或暗红。由于重剧腹泻，体液大量流失，病羊迅速消瘦，眼窝凹陷，皮肤干燥，弹力减退，排尿减少，口腔干燥，血液浓缩。此后病羊逐渐瘦弱，反应迟钝，脉搏细数无力，甚至不感于手，口鼻、耳尖及四肢末端发凉，鼻镜干燥，有时发生痉挛抽搐。

1.病因

引起羔羊腹泻的原因比较复杂，主要有如下几个方面。

（1）饲养失宜　是引起该病的主要原因。母羊孕期营养不均衡，钙、磷不足或比例不当，胡萝卜素等维生素与矿物质元素缺乏，即可导致初生羔羊体质衰弱，而且严重影响母羊初乳质量，其中球蛋白、白蛋白、脂肪、维生素及溶菌酶减少，导致羔羊发病。

（2）妊娠母羊产前或产后饲喂蛋白性饲料过多　如豆类过多，乳汁中蛋白质含量过高，容易引起羔羊消化障碍而发生腹泻。母乳不足，羔羊过早地采食饲料，或人工哺乳不定时、不定量，或乳温过低等，均可引起本病。

（3）管理不当　如气温降低，大雨浇淋，厩舍潮湿阴冷，以及羔羊久卧湿地等，使机体受凉；或动物分群、长途运输、免疫接种、饲料变更等各种应激因素都是羔羊腹泻的常见诱因。

（4）胃肠道感染　如羔羊舔食粪尿、泥土以及粪尿污染的垫草等；人工哺乳的乳汁酸败，哺乳用具污染不洁；哺乳母羊在患乳腺炎、胃肠炎、子宫内膜炎等过程中，由于母乳变质，羔羊吸吮后，容易引起胃肠道感染，而发生腹泻。

在上述不良因素刺激下，羔羊容易发生消化障碍或胃肠道感染，导致本病发生。

2. 辨证

根据本病的病因、临床症状，可将该病分为伤食腹泻、寒湿腹泻、脾虚腹泻、湿热腹泻和疫毒腹泻五种证型。

（1）伤食腹泻　不时嗳气，口内酸臭，肚腹胀满，偶有腹痛，回头顾腹。泻粪如浆或胶冻状，粪便呈灰黄色或带血液，腥臭难闻，有时粪中混有未消化食物。口色红苔黄腻，脉象沉实。

（2）寒湿腹泻　形寒肢冷，四肢发凉，肠鸣音如雷鸣，排黄白色水样稀便，口津滑利，口色青白，舌苔白腻，脉象沉滑。

（3）脾虚腹泻　形体羸瘦，神疲力乏，卧多立少，耳鼻四肢发凉，粪便稀薄如水，带白色黏液，但臭味不大，肛门松弛，甚则失禁。口津滑利，口色淡白、舌苔白腻，脉象细弱无力。

（4）湿热腹泻　时有腹痛，里急后重，拱背举尾，粪便腥臭，粪内混有乳块、黏液、血液或肠黏膜，鼻镜及口舌干燥，口温升高，舌红、苔黄腻，脉象滑数。

（5）疫毒腹泻　是由于感染某些病毒、细菌或寄生虫而发病，症状也因病原种类不同而异。一般发病急促，全身症状重剧，体温显著升高，多呈现湿热之象。

3. 中兽药治疗

（1）伤食腹泻

［治则］　消积导滞，利湿止泻。

［方药］　方剂一：枳实导滞汤加减。枳实、神曲、茯苓各20克，大黄炭、黄芩、黄连、白术各15克，泽泻5克，水煎2次，合并滤液，候温，加入食醋50毫升，一次灌服，每天1剂，连用3～5天。

方剂二：消积散加减。炒莱菔子、陈皮、枳壳各20克，枳实、青皮、白术各15克，泽泻10克，萝卜300克（切碎），水煎2次，合并滤液，候温，加入食醋50毫升，一次灌服，每天1剂，连用

3～5天。

（2）寒湿腹泻

［治则］　温中散寒，利湿止泻。

［方药］　方剂一：姜附汤加减。生姜、石榴皮各20克，附子10克，山楂炭、槐花炭各40克，将前3味药水煎2次，合并滤液，山楂炭、槐花炭研为细末，搅拌于前药煎液中，加入黄酒50毫升，一次灌服，每天1剂，连用3～5天。

方剂二：加味猪苓汤。肉桂、炮姜、猪苓各20克，炒麦芽、炒山楂各15克，吴茱萸10克，大枣5枚，海螵蛸、天仙子各5克，水煎2次，合并滤液，候温，一次灌服，每天1剂，连用3～5天。

（3）脾虚腹泻

［治则］　补脾益气，温阳化湿。

［方药］　方剂一：补中益气汤加味。炙黄芪35克，党参30克，当归、陈皮、乌梅肉、白术（炒）各20克，升麻、柴胡、诃子各15克，炙甘草10克，水煎2次，合并滤液，候温，加入黄酒50毫升，一次灌服，每天1剂，连用3～5天。

方剂二：参芪莲肉散加减。炙黄芪35克，莲子肉、熟地黄各20克，山药15克，党参、白术、茯苓、炒杜仲各15克，炙甘草、山茱萸各5克，水煎2次，合并滤液，候温，加入黄酒50毫升，一次灌服，每天1剂，连用3～5天。

（4）湿热腹泻

［治则］　清热燥湿，利水止泻。

［方药］　方剂一：白头翁汤。白头翁、秦皮各40克，黄柏30克，黄连20克，水煎2次，合并滤液，候温，一次灌服，每天1剂，连用3～5天。

方剂二：加味葛根芩连汤。葛根、黄连、茯苓各20克，黄芩、黄柏、白术、金银花各15克，泽泻10克，木通5克，水煎2次，合并滤液，候温，一次灌服，每天1剂，连用3～5天。

（5）疫毒腹泻

［治则］　清热解毒，燥湿止泻。

［方药］方剂一：加味白头翁汤。白头翁35克，黄连、黄柏、郁金、大黄炭、槐花炭各20克，秦皮、陈皮、苍术各15克，苦参10克，甘草5克，将除大黄炭、槐花炭以外的各味药材水煎2次，合并滤液，大黄炭、槐花炭研为细末，搅拌于前药煎液中，一次灌服，每天1剂，连用3～5天。

方剂二：加味郁金散。生地黄炭、大黄炭、槐花炭、白头翁、郁金、黄芩、黄柏、栀子各20克，黄连35克，白芍、秦皮各10克，将除生地黄炭、大黄炭、槐花炭的各味药材水煎2次，合并滤液，生地黄炭、大黄炭、槐花炭研为细末，搅拌于前药煎液中，一次灌服，每天1剂，连用3～5天。

4. 针灸治疗

可选用后海（交巢）、脾俞、胃俞、关元俞、大肠俞、小肠俞、后三里等穴位，艾灸、激光照射、白针、火针或水针均有较好的治疗效果。

六、羔羊消化不良

羔羊消化不良是由于多种原因导致的哺乳期羔羊以消化功能障碍为基本病理过程的常见多发的胃肠疾病。新生羔羊多在吮食初乳不久或经数日后发病，2～3月龄后发病逐渐减少。该病致死率不高，但严重影响生长发育。

临床表现为病羊精神不振或沉郁，不愿活动，甚则卧多立少，目光呆滞。被毛粗乱无光泽，形体消瘦，肷窝塌陷，髂骨高耸，拱腰夹尾，臀部常附有粪痂。鼻镜干燥或鼻汗不成珠，饮食欲及反刍减少或废绝，瘤胃蠕动音减弱或消失，肠音不整。肛门松弛，不时排气，大便时干时稀，便臭浓烈，便中混有较多未消化乳凝块和黏液。

1. 病因

本病的发生与多方面因素有关。

(1) 外感所伤　由于饲养管理不良，羔羊舍温度过低，阳光不足，潮湿阴冷，或闷热拥挤，通风不良，使羔羊感受六淫之邪；母乳中含有某些病原微生物及其毒素，母羊乳头不洁，哺乳器消毒不严时，病原微生物或其他污染物进入羔羊体内，也可促进该病发生。

(2) 先天不足　妊娠母羊饲料品质不良，营养不全，尤其是蛋白质、维生素、矿物质缺乏，可使母体的营养代谢紊乱，影响胎儿正常发育，使羔羊先天不足，体质虚弱，脾胃功能失常，运化失职而发病。

(3) 后天失养　新生羔羊吸食不到足量的优质初乳，容易诱发本病。如因某些原因没能吸食到足够的初乳，不能获得健全的脾胃功能；或因母体初乳品质不良，缺少维生素 A 时，可引起消化道黏膜上皮角化；缺少 B 族维生素时，可使胃肠蠕动功能障碍；缺少维生素 C 时，可减弱羔羊胃肠分泌功能，最终导致羔羊消化不良。

2. 辨证

根据本病的病因、临床症状，可将该病分为先天不足、脾胃气虚、脾胃食滞、脾胃湿热、脾胃寒湿和阴虚胃燥六种证型。

(1) 先天不足　形体羸瘦，发育迟滞，伴有贫血和多种营养缺乏体征，可视黏膜淡白，舌肌无力，舌淡、苔白，脉象沉细无力。

(2) 脾胃气虚　全身无力，久泻不止，肛门松弛甚至脱肛，舌淡、苔白，脉象沉细无力。

(3) 脾胃食滞　不时嗳气，或伴有轻微腹痛，口臭、舌红、苔厚腻，脉象沉实有力。

(4) 脾胃湿热　口臭口黏，口温较高，大便稀溏或带黏液，粪便腥臭，口色红、苔黄腻，脉象滑数。

(5) 脾胃寒湿　口涎增多，口温较低，大便稀溏或泄泻如水，粪臭较轻，口色青白，苔黏腻，脉象沉滑。

(6) 阴虚胃燥　口干舌燥，粪球干小硬固，口色红、少苔，脉象细数。

3. 中兽药治疗

应加强母羊饲养管理，给予充足的易消化的全价饲料，以确保母乳质量；依据相关标准改善饲养管理条件；已确定某种维生素、矿物质或其他营养缺乏时，应予及时有效补充。针对六种常见证型，则应辨证论治。

（1）先天不足

［治则］ 补脾益肾，整肠和胃。

［方药］ 参芪莲肉散加减。炙黄芪 35 克，莲子肉、熟地黄各 20 克，党参、白术、茯苓、炒杜仲各 15 克，山药 20 克，炙甘草、山茱萸各 5 克，共研为细末，开水冲调，候温，加入黄酒 50 毫升，一次灌服，每天 1 剂，连用 3 ～ 5 天。

（2）脾胃气虚

［治则］ 健脾益气，和胃助运。

［方药］ 党参健脾散加减。党参、炒白术、陈皮、炒山药、炒白扁豆各15克，炙黄芪20克，茯苓18克，砂仁、炙甘草各5克，共研为细末，开水冲调，候温，加入黄酒 50 毫升，一次灌服，每天 1 剂，连用 3 ～ 5 天。

（3）脾胃食滞

［治则］ 消积导滞，健脾和胃。

［方药］ 曲麦散加减。神曲 40 克，麦芽、山楂各 20 克，厚朴、枳壳、陈皮、青皮、苍术各 15 克，甘草 10 克，共研为细末，开水冲调，候温，加入食醋 50 毫升，一次灌服，每天 1 剂，连用 3 ～ 5 天。

（4）脾胃湿热

［治则］ 清热燥湿，健脾和胃。

［方药］ 茵陈胃苓散加减。藿香、茵陈、苍术、厚朴、陈皮、茯苓各 15 克，猪苓、泽泻、黄连各 10 克，炙甘草 5 克，共研为细末，开水冲调，候温，一次灌服，每天 1 剂，连用 3 ～ 5 天。

（5）脾胃寒湿

［治则］　温中健脾，除湿和胃。

［方药］　参苓白术散。白扁豆、莲子肉、薏苡仁、山药各20克，党参、白术、茯苓各15克，砂仁10克，炙甘草、桔梗各5克，共研为细末，开水冲调，候温，加入黄酒50毫升，一次灌服，每天1剂，连用3～5天。

（6）阴虚胃燥

［治则］　滋阴润燥，健脾和胃。

［方药］　甘露散加减。天冬、麦冬、炒山楂、神曲、麦芽各15克，生地黄、熟地黄、石斛、枳壳、陈皮、青皮、苍术各10克，当归15克，甘草5克，共研为细末，开水冲调，候温，加入鸡蛋清2枚，搅匀一次灌服，每天1剂，连用3～5天。

4. 针灸治疗

可选用脾俞、胃俞、关元俞、大肠俞、小肠俞、后三里等穴位，白针、火针、水针或电针均能促进胃肠功能恢复，加强消化。

七、羔羊惊风

羔羊惊风俗称羔羊羊角风，类似于羔羊癫痫病，是一种暂时性的脑功能异常的疾病，临床以反复发生短时间的意识丧失、阵发性与强直性肌肉痉挛为特征。

本病多发生于8月龄以内的羔羊，非发作期没有明显的临床症状。发作无定时，也无明显的先兆，有时仅呈现呆板或垂头站立。发作时病羔羊突然倒地，咩咩惊叫，目光惊恐或呆滞。先从口角附近开始痉挛，逐渐发展到全身，角弓反张。四肢僵直，作不停的游泳状划动。牙关紧闭，口角周围溢出白色泡沫，瞳孔散大，眼球回转；心跳加速，呼吸不规则。每次发作持续时间短则2～5分钟，久则15～30分钟，很少超过40分钟的。起初十天半月甚至数月发作1次，随着病情发展，发作次数亦趋频繁，严重时1天发作数次。发作停止后，病羔羊自行起立，饮水、吮乳及其他活动恢复正常。

1. 病因

原发性羔羊惊风的真正原因尚不清楚，部分病例可能与遗传因素有关。中兽医学认为有以下几方面原因：羔羊正气不足，气血虚弱，对外界各种刺激的适应性不良；雷声、爆破、火车鸣笛等多种突发巨响或其他恶性刺激事件，使羔羊受到严重惊吓，扰乱心神；饲养管理不善，感受六淫之邪，入里化热，耗伤心血、肝阴及肾精，引起心热内盛，血不养心而心神失守；肝阴耗伤，肝火过盛，筋失所养而痉挛抽搐；肾阴被耗，阴虚内热，肝火妄动，又反过来扰动神明和引动肝风，故发生意识丧失、阵发性与强直性肌肉痉挛。

2. 辨证

根据本病的病因、临床症状，可将本病分为外感风热、痰湿郁闭、心热内盛、肝肾阴虚和肝经热盛五种证型。

（1）外感风热　症见发热，头痛，咳嗽流涕，烦躁不安，继而热势嚣张，出现壮热神昏、四肢抽搐、项背强直等症，舌苔薄黄，舌尖红，脉浮数。

（2）痰湿郁闭　患羊精神沉郁或高度沉郁，头低耳耷，闭目呆立似睡，或头顶墙壁经久不动。发作持续时间较长，发作结束后也往往不立即站起，形体疲惫。口吐白色泡沫量多，口色青黄或灰黄，脉象沉滑。

（3）心热内盛　发作时病羔羊惊狂不安，眼球不断抽动，咩叫声高亢，张口伸舌，口温升高，舌质红，苔黄厚腻，脉象洪数。

（4）肝肾阴虚　症见形体瘦弱，精神疲惫，发作次数较频，每次发作持续时间较长，口色淡白，脉象沉细无力。

（5）肝经热盛　症见身壮热，目上视，抽搐，角弓反张，狂乱惊厥，舌红、苔燥、少津，脉弦数。

3. 中兽药治疗

（1）外感风热

［治则］　疏风清热，开窍镇惊。

［方药］　银翘白虎汤加味。药用金银花、生石膏、蒲公英各20克，连翘、薄荷、柴胡各10克，青蒿15克，知母、地骨皮、牡丹皮、僵蚕、蝉蜕、地龙、钩藤、石菖蒲、茯神各5克，甘草4克，共研为细末，开水冲调，候温，加入蛋清1枚为引，一次灌服，每天1剂，连用3～5天。

（2）痰湿郁闭

［治则］　豁痰开窍，利湿醒神。

［方药］　温胆汤加味。茯苓35克，石菖蒲、合欢皮、陈皮、乌梅、竹茹、枳实、大枣各20克，生姜15克，制半夏10克，胆南星、甘草各5克，共研为细末，开水冲调，候温，加入蛋清1枚为引，一次灌服，每天1剂，连用3～5天。

（3）心热内盛

［治则］　清热熄风，宁心安神。

［方药］　方剂一：羚角钩藤汤。生地黄30克，羚羊角粉（可用山羊角粉）15克，钩藤、竹茹、茯神、菊花、白芍各20克，桑叶15克，贝母12克，甘草5克，共研为细末，开水冲调，候温，加入鸡蛋清1枚为引，一次灌服，每天1剂，连用3～5天。

方剂二：钩藤天麻汤。天麻、全蝎各20克，钩藤5克，防风、远志、茯神各10克。水煎2次，混合煎液，候温，一次灌服，一般连用2天，隔天再用1～2天即愈。

方剂三：镇肝熄风汤。怀牛膝、生龙骨（捣碎）、生牡蛎（捣）各35克，生代赭石（轧细）、生龟甲（捣）、生杭芍、玄参、天冬各20克，生麦芽、茵陈各15克，川楝子（捣）、甘草各10克，共研为细末，开水冲调，候温，加入蛋清1枚为引，一次灌服，每天1剂，连用3～5天。

(4) 肝肾阴虚

[治则] 养肝血，滋肾阴。

[方药] 一贯煎加味。生龙骨（捣碎）、生牡蛎（捣碎）、北沙参、生地黄各35克，枸杞子、麦冬、当归、怀牛膝、生龟甲（捣）、白芍、炙鳖甲各20克，川楝子10克，菊花15克，甘草5克，共研为细末，开水冲调，候温，加入蜂蜜50毫升为引，一次灌服，每天1剂，连用3～5天。

(5) 肝经热盛

[治则] 凉肝熄风，镇惊安神。

[方药] 羊角钩藤汤加味。山羊角、茯神、远志各15克，钩藤、桑叶、菊花、白芍各20克，生地黄、龙胆、甘草各10克，水煎，候温灌服，每天1剂，连用2天。

4. 针灸治疗

选用天门、百会等穴，采用烧烙、火针、水针或毫针刺激，隔日1次，连续3次为一个疗程。

第九章 羊常见中毒性疾病

一、羊马铃薯中毒

羊马铃薯中毒是羊采食了富含龙葵素的马铃薯及其茎叶而引起的。临床上以神经功能紊乱、胃肠炎及皮疹为特征。

轻度中毒，以消化道的症状为主，即胃肠型。其表现为精神沉郁，食欲减少，反刍停止，嗜睡；多数体温在38～39℃，心跳、呼吸加快，呕吐，流涎，瘤胃臌胀，腹痛，腹泻，粪便中混有血液。有的在口唇、肛门、尾根、乳房部位发生湿疹或水疱性皮炎。

重度中毒，以神经系统症状为主，即神经型。发病开始兴奋不安，继而转为沉郁、痴呆；反应迟钝，后肢无力，走路摇晃，步态不稳；同时出现剧烈频繁腹泻，稀便带血，呼吸无力，气喘，心力衰竭，如治疗不及时1～2天死亡。

也有的病羊出现皮疹型症状，即伴有溃疡性结膜炎、口膜炎，腿上起水疱和鳞屑样湿疹。

1. 病因

马铃薯别名土豆，其营养价值较高。马铃薯正常情况下也含有极微量的龙葵素，但不能引起中毒。若马铃薯储存时间过长，阳光下曝晒过久，保存不当而出芽、霉变、腐烂可使马铃薯内龙葵素增加，羊采食后就会引起中毒。此外，腐烂的马铃薯还含有一种腐败毒，未成熟的马铃薯含有硝酸盐，都对羊有毒害作用。

2. 辨证

可参考中兽医学的火热炽盛等证进行辨证。

（1）热犯营血　症见四肢内侧、乳房、阴囊、肛门、阴道及尾根等皮肤较薄处斑疹隐隐，甚至肢端皮肤发生坏死。

（2）心火炽盛　症见口舌糜烂，兴奋不安，横冲直撞，继之精神沉郁，行如酒醉，后躯无力，运动失调，步态不稳，四肢麻痹，多伴有呼吸无力、腹痛、呕吐、气喘，最后心力衰竭而亡。

3. 中兽药治疗

（1）热犯营血

［治则］　气血两清，清热解毒。

［方药］　方剂一：石膏 120 克，水牛角（先煎）、生地黄、赤芍各 40 克，牡丹皮、黄连、黄芩、黄柏、连翘、知母各 30 克，栀子、甘草各 20 克，共研为细末，开水冲调，候温，分 2 次灌服。

方剂二：滑石粉 150 克，甘草 60 克，地榆 35 克，丹参 30 克，黄连、黄芩、黄柏、党参、白术、大黄、茯苓、猪苓、茯神、远志各 20 克，水煎 3 次，混合煎液，分 4 次灌服，每 6 小时一次，连用 3 天。

（2）心火炽盛

［治则］　利尿排毒，清热泻火。

［方药］　方剂一：金银花土茯解毒饮加减。金银花、土茯苓各 60 克，大黄、山豆根、山慈姑、枳壳、连翘、菊花、龙胆各 35 克，黄连、黄芩、黄柏、蒲公英各 20 克，甘草 15 克。共研为细末，开水冲调，待凉加蜂蜜 80 克，一次灌服。

方剂二：滑石、麻子仁各 40 克，黄连、黄柏、黄芩、知母、板蓝根、茵陈各 20 克，生地黄、山栀、牵牛子、泽泻、甘草、茯苓各 15 克，木通、龙胆各 10 克，水煎，候温灌服。

4. 针灸治疗

针刺尾尖、胸堂、耳尖、苏气穴。

二、羊棉籽饼中毒

棉籽饼中毒是羊采食棉籽饼引起的以出血性胃肠炎、全身水肿、血红蛋白尿和实质器官变性为特征的中毒性疾病。

临床表现为病羊精神沉郁、衰弱，食欲废绝，极少反刍或不反刍，步态蹒跚，后肢无力，卧地不起。呻吟、磨牙，全身发抖；眼睑水肿，双眼畏光流泪。肺部听诊有啰音或捻发音，呼吸困难，心律不齐，心跳较快（每分钟 90 ～ 110 次）。病羊瘤胃臌气，先便秘后腹泻，粪便呈黑褐色，混有黏液和血液，恶臭，严重者出现血尿与水肿。病至后期出现神经症状，惊叫乱跑，气喘，流涎，下颌间隙、胸腹下和四肢出现水肿。

1. 病因

棉籽饼粗蛋白质含量为 25% ～ 40%，是羊的良好精饲料，但棉籽饼及棉叶中所含的游离棉酚，是一种细胞毒和神经毒，对动物有一定毒性，对胃肠黏膜有强烈的刺激性，并能溶解红细胞。酚毒和酚毒苷为血液毒和细胞浆毒，对神经、血管及实质脏器均有明显的毒害作用，并可侵害胎儿。所以大量或长期饲喂棉籽饼可以引起中毒。当棉籽饼发霉、腐烂时，毒性更大。但游离棉酚通过加热或发酵，可与棉籽蛋白的氨基结合成为比较稳定的结合棉酚，毒性大大降低，游离棉酚可与硫酸亚铁离子结合，形成不溶性铁盐而失去毒性。

2. 辨证

可参考中兽医学的肝肾阴虚、肾虚水泛和湿热内蕴进行辨证。

（1）肝肾阴虚　症见食欲减退，黄疸，视力障碍或夜盲，甚至双目失明，妊娠母羊多有流产或产瞎眼羔羊等。

(2) 肾虚水泛　症见心跳、呼吸加快，血尿，下颌、四肢明显水肿，严重时四肢肿胀。

(3) 湿热内蕴　症见食欲骤减或废绝，粪便黑褐色、带血和黏液、气味恶臭，小便不利，全身无力，心力衰竭，常因极度虚脱而死亡。

3. 中兽药治疗

(1) 肝肾阴虚

[治则]　柔肝滋肾，育阴潜阳。

[方药]　蒲公英 60 克，沙参、当归、车前子、麦冬、丹参、生地黄各 40 克，白芍、枸杞子、川楝子、五味子、甘草各 30 克；或用山药 80 克，菊花 60 克，枸杞子、熟地黄、山茱萸、泽泻、牡丹皮、茯苓各 40 克，水煎灌服，或共研为细末，开水冲调，候温灌服。

(2) 肾虚水泛

[治则]　滋补肾阳，温阳化水。

[方药]　山药 80 克，茯苓、泽泻、山茱萸、牡丹皮、川牛膝、熟地黄各 40 克，肉桂、附子各 20 克，当归、木瓜、川芎各 12 克，水煎，候温灌服，一日 2 剂。

(3) 湿热内蕴

[治则]　清热利湿，调气止痛。

[方药]　白芍、大黄、黄芩各 30 克，当归、黄连、木香、甘草各 20 克，槟榔、肉桂各 15 克，水煎两次，候温灌服。

4. 针灸治疗

针刺颈脉穴，放血量 20 ～ 30 毫升。

三、羊尿素中毒

尿素中毒是羊采食过量尿素或饲喂尿素不当引起的一种中毒性疾病，临床上以肌肉强直，呼吸困难，循环障碍，新鲜胃内容物

有氨气味为特征。

病羊症状出现的迟早与食入的尿素量有关。羊食入尿素后30～60分钟出现症状。表现沉郁，呆滞，不断呻吟，大量流涎，有时口鼻流泡沫状液体。随后出现兴奋不安和感觉过敏，肌肉抽搐、震颤，步态不稳，反刍停止，瘤胃臌气，反复发作强直性痉挛，呼吸困难，流涎，出汗，心动亢进，心率达每分钟100次以上，后期倒地，瞳孔散大，肛门松弛，四肢划动，窒息而亡。尿液pH升高，血液氨浓度达3～6毫克/升，红细胞容积增加10%～15%。

1. 病因

因尿素保管不当，被羊大量误食（作为食盐）或偷吃；饲喂被尿素污染或人为添加尿素的饲料可发生中毒；或者尿素作为反刍动物蛋白质饲料的补充时，用量没有逐次加大，而是突然饲喂大量尿素；在饲喂尿素过程中，不按规定控制用量（用量一般控制在饲料总干物质的1%以下或精饲料的3%以下），或添加的尿素与饲料混合不匀，或用法不当，将尿素溶解成水溶液喂给时，均可发生中毒。

2. 辨证

本病可参考中兽医学肝血不足所致的肝风内动进行辨证。症见大量流涎，口吐白沫，瘤胃臌气，反刍停止，抽搐痉挛，牙关紧闭，角弓反张，肌肉颤抖，行如酒醉，呼吸困难，肛门松弛，瞳孔散大。

3. 中兽药治疗

［治则］　滋养肝肾，柔肝熄风。

［方药］　方剂一：丹参80克，菊花、当归、白芍、五加皮各40克，天麻、钩藤、牛膝、川芎、赤芍、桑寄生、葛根、夜交藤各30克，水煎两次，混合药液，候温灌服。

方剂二：立即停喂撒过尿素的青贮饲料，保持病羊安静，首先给病羊食醋300毫升和蜂蜜200克，加大量冷水，成年羊一次灌服。

方剂三：仙人掌 150 ～ 200 克，去皮刺捣烂，加温水适量，混匀灌服。

［经验方］

① 食醋 300 毫升、30% 糖溶液 200 ～ 300 毫升，一次灌服。

② 食醋 300 ～ 500 毫升、20%～ 30%蜂蜜液 100 毫升，加冷水适量，一次灌服。

③ 成年羊，葛根、绿豆各 200 克，滑石粉 100 克，炙甘草 40 克，水煎服，候温灌服，每日 1 剂。

④ 轻度中毒者，仙人掌 200 克，去皮刺捣烂，加适量温水，一次灌服。然后用常水稀释食醋 500 毫升，一次灌服。

⑤ 重度中毒者，应在西药治疗基础上，适当加大仙人掌剂量，必要时可行瘤胃穿刺放气，并立即停喂撒过尿素的青贮饲料。

4. 针灸治疗

针尾尖、耳尖、胸堂放血。

四、羊有机磷农药中毒

有机磷农药是农业上常用的杀虫剂之一，也是引起羊中毒的主要农药。如使用不当或饲槽、饲料和饮水被污染，均可使羊发生中毒。临床上以毒蕈碱样症状、烟碱样症状和中枢神经症状为特征。

毒蕈碱样症状：出现最早，表现为平滑肌痉挛和腺体分泌增加。食欲不振，恶心，呕吐，疝痛，多汗。尚有流泪，流涕，流涎，腹泻，尿频，大小便失禁，心跳减慢和瞳孔缩小，支气管痉挛和分泌物增加，咳嗽，呼吸困难，严重病羊出现肺水肿及发绀。

烟碱样症状：表现为乙酰胆碱在横纹肌神经肌肉接头处过度蓄积和刺激，使面、眼睑、舌、四肢和全身横纹肌发生肌纤维颤动，甚至全身肌肉强直性收缩。而后，肌力减退和瘫痪，呼吸肌麻

痹引起周围性呼吸衰竭。交感神经节受乙酰胆碱刺激，其后交感神经纤维末梢释放儿茶酚胺使血管收缩，引起血压升高，心跳加快和心律失常。

中枢神经症状：中枢神经系统受乙酰胆碱刺激后羊兴奋不安，体温升高，共济失调，抽搐和昏迷。

1. 病因

有机磷农药主要通过消化道、呼吸道、皮肤黏膜进入羊体引起中毒。饲喂或偷吃喷洒有机磷农药后的青草或作物，误饮撒布农药后的田水、沟水、塘水而中毒。敌百虫、敌敌畏治疗羊虱和疥癣时，用量过大，方法不当，通过皮肤黏膜吸收中毒。偷吃拌有农药的种子而发生中毒。

2. 辨证

本病参考中兽医学的肝风内动与阳气虚脱进行辨证。

（1）肝风内动　症见兴奋不安，体温升高，共济失调，眼球震荡，眼睑、面、舌、四肢颤动，全身痉挛抽搐，严重者呼吸困难，瘫痪不起，昏迷，心跳加快和心律失常。

（2）阳气虚脱　症见病羊食欲不振，痛苦呻吟，反刍及瘤胃蠕动停止，出现瘤胃臌气，腹泻便血，尿频，大小便失禁，四肢厥冷，全身冷汗，流涎，流涕，口吐白沫，心跳减慢和瞳孔缩小。

3. 中兽药治疗

有机磷中毒病势迅猛，除及时洗胃与使用胆碱酯酶复能剂及阿托品外，同时参考中兽医学的肝风内动与阳气虚脱进行辨治，多能收到事半功倍的效果。

（1）肝风内动

［治则］　镇肝熄风，通络宣窍。

［方药］　牡蛎 80 克，龟甲 60 克，生地黄、白芍、阿胶（烊化兑入药液）、女贞子、鳖甲各 40 克，墨旱莲、甘草各 30 克，水煎两次，混合药液，候温灌服。

（2）阳气虚脱

［治则］ 益气温阳，回阳固脱。

［方药］ 黄芪80克，山茱萸60克，党参40克，附子、麦冬、炙甘草各30克，干姜、肉桂、五味子各20克，水煎两次，候温灌服。

4. 针灸治疗

针刺颈脉、尾尖、胸堂、耳尖放血20～30毫升。

五、羊铅中毒

铅中毒是指由于羊误食含铅物质及被铅污染的饲草和饮水，致使发生以铅脑病、胃肠炎和外周神经变性为特征的中枢神经和消化功能紊乱的中毒性疾病。

本病典型表现为胃肠炎症状与铅脑病症状。前者为流涎、腹泻、腹痛等，在成年羊上较为突出；而后者为兴奋狂躁、感觉过敏、肌肉震颤、痉挛、麻痹等，在羔羊上比较多见。急性多见于羔羊，突然发作，甚至尚未观察到症状即已倒毙。病羔羊口吐白沫，空嚼磨牙，眨眼，眼球转动，步态蹒跚，头、颈肌肉明显震颤，吼叫，惊厥，对触摸和声音感觉过敏，瞳孔散大，双眼失明，角弓反张，脉搏和呼吸加快。或表现为狂躁症状，横冲直撞，爬越围栏，头紧抵固定物体，步态僵硬，站立不稳，多因呼吸衰竭死亡。亚急性多见于成年羊，病羊可存活3～4天，表现为精神迟钝，食欲废绝，流涎，磨牙，踢腹，眼睑反射减弱或消失，失明，瘤胃蠕动微弱，先便秘后腹泻，排恶臭稀粪，步态蹒跚，共济失调，间歇性转圈。有的出现感觉过敏和肌肉震颤，或极度沉郁。

1. 病因

由于羊误食含铅物质及被铅污染的饲草和饮水。

羊对铅较为敏感，即使少量接触也可导致中毒。饮水中含铅140毫克/千克即可使羊中毒，牧草含铅80～120毫克/千克时，

即可使羊中毒。羔羊的急性致死含铅量为 300 ～ 400 毫克 / 千克体重，成年羊为 400 ～ 600 毫克 / 千克体重。

2. 辨证

本病临床表现多种多样，其证型各异，主要可按以下两方面来辨证。

（1）肝阴不足，肝风内动　症见兴奋狂躁，感觉过敏，肌肉震颤，痉挛，口吐白沫，空嚼磨牙，步态蹒跚，头、颈肌肉明显震颤，吼叫，惊厥，瞳孔散大，两眼失明，角弓反张，脉搏和呼吸加快。

（2）肝胆湿热，肝郁气滞　症见精神迟钝，食欲废绝，流涎，磨牙，踢腹，眼睑反射减弱或消失、失明，步态蹒跚，共济失调，间歇性转圈，长时间呆立，或盲目行走。

3. 中兽药治疗

（1）肝阴不足，肝风内动

［治则］　滋补肝肾，镇肝熄风。

［方药］　生赭石 80 克，茯苓、泽泻、白术、阿胶（烊化兑入药液）、生龙骨、生牡蛎、鸡血藤、枸杞子各 40 克，怀牛膝、川芎各 30 克，砂仁、天麻各 20 克，大枣 20 枚，水煎分 2 次服，每天 1 剂。

（2）肝胆湿热，肝郁气滞

［治则］　疏肝解郁，清热利湿。

［方药］　绿豆 80 克，茵陈 45 克，柴胡、黄芩、金钱草各 40 克，郁金、甘草各 30 克，生大黄 20 克，水煎两次，混合后候温灌服。

六、羊氟中毒

氟是动物生长和发育所必需的微量元素之一，参与机体正常代谢，可以促进牙齿和骨骼的钙化，对神经兴奋性的传导和酶系统的代谢也有重要作用。但过量的氟进入动物体内，会产生一系列不良影响，导致氟中毒，出现氟斑牙和氟骨症等相应的临床症状。

急性中毒羊，多表现为厌食，流涎，恶心呕吐，腹痛，腹泻，呼吸困难，肌肉震颤，阵发性痉挛以及虚脱。慢性中毒者，表现为长骨、肋骨柔软，肋骨和肋软骨结合部呈串珠样肿胀；被毛枯燥无光，春季换毛延迟，渐进性消瘦。稍严重者精神委顿，采食缓慢，异食癖，尤其喜食骨头，反应迟钝，拱背缩腹，行走强拘或跛行，四肢关节触压有痛感；牙齿松动，门齿失去光泽，过度磨损，中间有黑色条纹及凹陷斑，呈左右对称的波状及台阶状，采食困难。

1. 病因

饲用磷酸盐不脱氟或脱氟不彻底是造成动物氟中毒的主要原因。此外，我国高氟地区较多，如西北地区的部分盆地、盐碱地、盐池及沙漠的边缘等地区放牧的羊易得此病。工业氟污染也是造成中毒不可忽视的原因之一，对放牧动物具有潜在威胁。

2. 辨证

可参考中兽医学的肝肾阴虚和脾肾阳虚等证进行辨证。

（1）肝肾阴虚　症见拱背缩腹，行走强拘或跛行，四肢疼痛，门齿色如枯骨，中间有黑色条纹及凹陷斑，左右对称，牙齿松动，臼齿过度磨损，采食困难。

（2）脾肾阳虚　症见厌食，流涎，恶心呕吐，腹痛，腹泻，呼吸困难，肌肉震颤，阵发性痉挛以及虚脱，骨软，被毛枯燥无光，春季换毛延迟，渐进性消瘦，精神委顿，采食缓慢，异食癖，尤其喜食骨头。

3. 中兽药治疗

（1）肝肾阴虚

［治则］　补肾壮骨。

［方药］　通关散加减。没药15克，川楝子、藁本、牵牛子、防己各15克，茴香、巴戟天、胡芦巴、木通、补骨脂、红花、木瓜、乌头各10克，共研为细末，水煎，候温灌服。

（2）脾肾阳虚

［治则］　温脾补肾。

［方药］　益智仁散加减。当归30克，益智仁、大枣各20克，五味子、肉桂、白术、川芎、白芍、白芷、厚朴、青皮各15克，草果、肉豆蔻、砂仁、木香、槟榔、枳壳各15克，甘草、生姜各10克，细辛5克，共研为细末，开水冲调或水煎，候温灌服。

七、羊闹羊花中毒

闹羊花中毒是羊采食闹羊花的花和叶后引起的一种中毒病。临床上以口吐白沫，呕吐，腹痛，皮温低，口鼻冰凉，共济失调，运动障碍等为特征。

羊在误食闹羊花4～5小时后发病，中毒羊精神沉郁或兴奋不安，发病初期横冲直撞，共济失调，步态不稳，形同醉酒状。后期重症时卧地不起，四肢麻痹，皮肤、口鼻冰凉，瞳孔先缩小，后放大，呈昏睡状态。病羊流涎，口吐白沫，磨牙，呕吐，食欲、反刍减少或废绝，肚腹膨胀，腹泻，不安，粪中混有带血的黏液，胃肠蠕动音增强。心跳减慢（30～50次/分钟），心律不齐，脉弱。

1. 病因

闹羊花又名羊踯躅、黄花草、黄杜鹃、映山黄，为杜鹃花科植物。常见于山坡、石缝、灌木丛中，分布于我国华东、中南、西北地区及内蒙古、贵州等地。闹羊花的花和叶中含有梫木毒素、杜鹃花毒素等有毒成分（特别是花中含毒最多），对羊有强烈的毒性。在早春季节放牧过程中，当羊进入生长有闹羊花的山坡、草地，误食闹羊花的嫩芽和花，可引起中毒。

2. 中兽药治疗

［治则］ 排出毒素，强心护肝，以解毒为主，对症治疗。

［方药］ 调味承气汤加减。金银花 15 克，大黄、朴硝各 10 克，枳壳、连翘、莱菔子、甘草各 5 克，水煎，候温灌服。

八、羊棘豆中毒

棘豆中毒是指羊因采食了某些棘豆属或黄芪属植物，引起以消瘦、神经症状为特征的一种病症，又称疯草病。

本病多见于每年秋末至春初牧草不足季节。一般呈慢性经过。最初，病羊精神沉郁，摇头，目光呆滞，反应迟钝，行走慢且头高昂，食欲下降。随着病情的发展，病羊行走时后肢无力，后躯摇摆，离群，呈渐进性消瘦，最终后躯完全无力，有的呈犬坐姿势或卧地不起，不能采食、饮水，极度消瘦，因衰竭而死亡。一般体温、呼吸、心率变化不大。母羊发情延迟或不发情或屡配不孕，致使受胎率下降，怀孕母羊因体质虚弱而发生流产。大多数羊从出现症状到死亡一般为 30 ～ 60 天（快的为 20 ～ 30 天，慢的超过 90 天或更长）。大部分病羊对刺激反应强烈。

1. 病因

某些棘豆属植物含有苦马豆素、臭豆碱等有毒物质，引发羊体代谢功能异常与器官功能障碍。

2. 辨证

本病在前期解毒的基础上，后期参考中兽医学的心肾阳虚进行辨证论治。

3. 中兽药治疗

（1）前期

［治则］ 排出毒素，强心护肝。

［方药］ 绿豆银花解毒汤。绿豆 60 克，金银花、甘草、明矾

各 15 克，共研为末，加食盐 20 克、食醋 100 毫升（为 2 只成年羊的药量），加水适量，灌服，每日 1 剂，连服 2 ～ 3 剂。

（2）后期

［治则］　益气温阳，回阳固脱。

［方药］　用黄芪 80 克，山茱萸 60 克，党参 40 克，附子、麦冬、炙甘草各 30 克，干姜、肉桂、五味子各 20 克，水煎两次，候温灌服。

第十章 羊常见寄生虫病

一、羊蛔虫病

羊蛔虫病由羊蛔虫（又名羔羊新蛔虫、羔羊弓首蛔虫）寄生在羊的小肠引起的一种寄生虫病。临床上以肠炎、下痢、腹部膨大、腹痛等消化道症状为特征。

本病轻症病羊被毛粗乱，精神、食欲稍差，喜卧，常回头顾腹，时而呻吟，排灰白色如膏泥样粪便。重症病羊精神萎靡，食欲废绝，鼻镜干燥，下痢带血，气味腐臭，腹痛，仰卧。危症病羊剧泻、带血，眼球凹陷，腹痛不安，后肢无力，卧地不起，精神高度沉郁，肌肉痉挛，呼吸喘粗。胆道蛔虫病则表现为病羊下颌水肿，角膜黄染，常张口吐舌，喜将下颌浸入水中。病羊后期多出现四肢无力，消瘦，肌肉弛缓，四肢下部和口鼻发凉，病羊趴卧不起，贫血严重，呼吸困难，咳喘，严重者因衰竭而死。

1. 虫体特征及生活史

羊蛔虫是一种大型线虫，淡黄色，呈中间稍粗、两端较细的圆柱形。雄虫长 11 ～ 26 厘米，雌虫长 14 ～ 30 厘米。虫卵近圆形，大小为（70 ～ 80）微米 ×（60 ～ 66）微米，壳厚，外层呈蜂窝状，内含一个卵细胞。雌虫在小肠内产卵，卵随宿主粪便排出体外，在

适当的温度和湿度下，经 7 ～ 9 天在卵壳内发育为第一期幼虫，再经 13 ～ 15 天，经一次蜕化，变为第二期幼虫，即感染性虫卵。羊吞食后，幼虫在小肠内逸出，穿过肠壁，移行到肝、肺、肾等器官组织，进行第二次蜕化，变为第三期幼虫，并停留在这些器官组织内。待母羊妊娠 4.5 个月左右时，幼虫便移行至子宫，进入胎盘羊膜液中，进行第三次蜕皮，变为第四期幼虫，在胎盘蠕动作用下，被胎羊吞入小肠中发育，进行最后一次蜕皮后，经 25 ～ 31 天发育为成虫。另一途径是幼虫从胎盘的血液循环到胎儿肝脏、肺脏，然后穿过支气管、气管、咽到小肠，在小肠内发育为成虫。羔羊出生时小肠中已有成虫。成虫在羊小肠中可存活 2 ～ 5 个月，以后逐渐排出。

2. 中兽药治疗

（1）初期

［治则］　安蛔，驱蛔。

［方药］　方剂一：神曲、贯众各 20 克，使君子、苦楝皮各 12 克，雷丸、槟榔各 16 克，水煎，分两次灌服。

方剂二：使君子、雷丸、木香、鹤虱、干漆各 20 克，贯众 40 克，轻粉 8 克，共研为末，加适当面粉和水调制成丸，每次灌服 60 ～ 90 克丸剂。

方剂三：百部、枇杷叶、贯众各 20 克，青皮、槟榔各 10 克，共研为末，以洋葱 80 克为引，冲水灌服。

方剂四：石榴皮 25 克，槟榔 12 克，乌梅 50 个，共研为末，拌入饲料中饲喂。

方剂五：青皮、槟榔各 10 克，百部、枇杷叶、贯众各 20 克，共研为细末，以洋葱 80 克为引，冲水灌服。

（2）后期

［治则］　健运脾胃。

［方药］　香砂六君子汤。木香、砂仁各 15 克，炒党参、炒白术、茯苓、制半夏各 40 克，炙甘草、炒广陈皮各 20 克，共研为末，

开水冲调，候温灌服。

另外，还可使用以下验方治疗。

① 乌梅散加味：乌梅 15 克，大黄、槟榔、使君子各 5 克，干柿、党参、白术各 8 克，诃子、黄连、姜黄各 4 克，研末，开水冲调，候温灌服。

② 槟榔35～45克，炒山楂30克，炒麦芽20克，车前子15克，滑石 10 克，米壳 2 克，开水冲调，候温灌服。

③ 鲜苦楝根皮 35 ～ 60 克，百部根 20 ～ 35 克，切碎捣烂，加水 300 毫升煎煮至沸，待冷，过滤，备用。治疗时取煎煮液 100 毫升，一次灌服。

④ 生南瓜子（剥皮）65 ～ 100 克，健胃散 100 克，将南瓜子捣碎，混合，一次灌服。

二、羊螨病

疥螨病又称羊癞子、疥疮，是由疥螨科的螨类寄生于羊体表或表皮内所引起的慢性皮肤病，能引起羊发生剧烈的痒感以及各种类型的湿疹性皮炎。临床上以患部奇痒、皮肤增厚、脱毛并逐渐向周围扩展和高度接触性传染为主要特征。

羊疥螨多在头、颈部发生不规则丘疹样病变，病羊剧痒，使劲摩擦患部，使患部落屑、脱毛，皮肤增厚而失去弹性，形成厚厚的褶皱，鳞屑、污物、被毛和渗出物黏结在一起，形成痂垢，病变部逐渐扩大，严重时可蔓延至全身。病羊食欲逐渐减退，生长发育缓慢、消瘦。

1. 虫体特征及生活史

疥螨形体很小，肉眼不易见，呈龟形，背面隆起，腹面扁平，浅黄色。体背面有细横纹、锥突、圆锥形鳞片和刚毛，腹面有 4 对粗短的足。虫体前端有一假头（咀嚼式口器）。雌螨的第 1 对、2 对足，雄螨的第 1 对、2 对、4 对足的跗节末端长有一带长柄的

膜质、钟形吸盘。

疥螨和痒螨的全部发育过程都在宿主体上度过，包括虫卵、幼虫、若虫和成虫 4 个阶段，其中雄螨有一个若虫期，雌螨有两个若虫期。疥螨的发育是在羊的表皮内不断挖掘隧道，并在隧道内不断繁殖和发育，完成一个发育周期 8 ～ 22 天。痒螨在皮肤表面进行繁殖和发育，完成一个发育周期 10 ～ 12 天。

2. 中兽药治疗

［治则］　杀虫止痒。

［方药］　方剂一：狼毒 300 克，煅硫黄 90 克，炒白胡椒 30 克，共研为细末，取药 20 克，加入烧开的植物油 500 毫升，搅匀，凉后，用带柄毛刷涂搽患部。

方剂二：硫黄、花椒、木鳖子、大枫子各 20 克，蛇床子 40 克，食盐 10 克，胡桃仁 80 克，共研为细末，用棉油调匀，涂搽患部。

方剂三：花椒 20 克，儿茶、雄黄、白矾各 15 克，冰片 10 克，水煎 20 分钟，过滤去渣，待温后洗患部。每次洗的时间不少于 15 分钟，连用 3 天为一个疗程，隔 5 天一个疗程，可连用 2 ～ 3 个疗程。

方剂四：木槿皮、蜂房各等量。木槿皮晒干与蜂房共碾为细末，加适量清油混合，调匀后装瓶备用。临用时直接涂搽患部。每 2 天 1 次，连用 3 ～ 5 次。

方剂五：苦参、白矾各 60 克，地肤子 40 克，苦楝皮 170 克，煎水外洗，每剂可洗 4 次，一般 2 剂可愈。

方剂六：水蛭数条，蜂蜜少许，待水蛭溶化后，涂搽患处。

方剂七：满天星适量，捣溶，混硫黄少量，涂搽患处。

方剂八：硫黄粉 6 克，烟叶末 4 克，植物油 90 毫升，调匀涂搽患部。

方剂九：辣椒 300 克，烟叶 900 克，加水 900 ～ 1500 毫升，混合水煎，去汁浓缩至 300 ～ 600 毫升，去渣，候温涂搽患部。

三、羊蜱病

蜱俗称“壁虱”“草爬子”“草瘪子”“扁虱”“狗豆子”，是羊体表最常见的一类寄生虫。羊蜱病是节肢动物蜱寄生在羊体表并以吸血为主的外寄生虫病。该病多发生在夏、秋季，特别是每年7～9月是蜱病的高发期，全球各地均有分布，临床上可导致机体局部发生炎性水肿、出血、皮肤发炎，毛皮质量、泌乳量及乳品质下降，最终导致机体衰弱，甚至死亡，而且能在许多家畜和人之间传播，给人类健康及畜牧业的发展带来较大危害。

一般在羊皮肤较薄的地方（如嘴部、眼皮、耳朵、阴门、前后肢内侧等部位）可见较多大小不一的蜱，临床上患病羊主要表现为精神沉郁，食欲减退，消瘦，烦躁不安，可视黏膜苍白，被毛粗乱无光泽，皮肤可见局部机械性损伤，组织水肿和出血，皮肤出现皮炎和溃疡等，严重时还可继发细菌感染，引起皮肤化脓和蜂窝织炎，导致患羊贫血、生长发育受阻，而且还会出现神经症状及麻痹症状，最终因机体衰竭而死亡，怀孕母羊患病后可引起流产，分娩后的母羊和羔羊患病后死亡率较高。

1. 虫体特征及生活史

蜱属于节肢动物门、蛛形纲、蜱螨目、蜱总科，为体表寄生虫，是一些人兽共患病的传播媒介和贮存宿主。蜱总科又分为硬蜱科、软蜱科和纳蜱科，寄生在绵羊和山羊身体的蜱为硬蜱，以羔羊和青年羊最易感染。硬蜱背侧体壁呈厚实的盾片状角质板，硬蜱可传播病毒病、细菌病和原虫病等，而软蜱却没有盾片，由弹性的草状外皮组成，饥饿时躯体缩小，食饱后迅速膨胀。蜱的发育过程分为卵、幼虫、若虫、成虫4个阶段，蜱的雌雄成虫在宿主身体上交配后，雄虫即死亡，而雌虫吸饱血液以后落地，在圈舍、墙角、石下、草根、树根等处爬行，然后在表层缝隙中产卵，卵呈椭圆形或球形，为黄褐色或淡色，长约0.5毫米，并在适宜的环境下15～30天内孵出幼虫，幼虫有肢3对，无呼吸孔和生殖孔，又经

过 7 ～ 30 天蜕皮成为若虫，若虫再到宿主身体上吸取血液，落地后再经 7 ～ 30 天蜕皮而为成虫。硬蜱完成一代生活史所需时间为 2 个月至 3 年不等。

2. 辨证

蜱寄生于羊体表，可参照中兽医的正衰邪陷、气阴两伤等进行辨证。正衰邪陷临床表现精神萎靡，嗜睡，甚则神昏，呼吸急促，少尿，汗出肢冷，脉细数或微等。气阴两伤表现低热，乏力，纳差，口渴，舌质红，苔薄白，脉细数或缓。

3. 中兽药治疗

前期主要使用外用药杀虫止痒，后期治疗按照正衰邪陷、气阴两伤等进行辨证论治。

（1）外治法

［治则］　杀虫止痒。

［方药］　方剂一：花椒 20 克，儿茶、雄黄、白矾各 15 克，冰片 10 克，水煮沸 20 分钟，过滤去渣，待温后洗患部。每次洗的时间不少于 15 分钟，连用 3 天为一个疗程。

方剂二：硫黄粉 6 克，烟叶末 4 克，植物油 90 毫升，调匀涂搽患部。

方剂三：苦参、白矾各 60 克，地肤子 40 克，苦楝皮 170 克。煎水外洗，每剂可洗 4 次。

（2）正衰邪陷

［治则］　扶正固脱，解毒开窍。

［方药］　参附龙牡汤合生脉散加减。红参 20 克（先煎），制附子 25 克，生龙骨 30 克（先煎），生牡蛎 30 克（先煎），石菖蒲、制南星、麦冬、郁金各 10 克，五味子 6 克，人工牛黄 5 克，水煎，候温灌服。

（3）气阴两伤

［治则］　清解余邪，益气养阴。

［方药］ 连翘竹叶石膏汤加减。石膏25克，连翘、竹叶、青蒿、麦冬各15克，北沙参、太子参、陈皮、半夏各10克，鲜芦根20克，炙甘草5克，水煎，候温灌服。

四、羊肝片吸虫病

肝片吸虫病也叫肝蛭病，是由肝片吸虫和大片吸虫的成虫寄生在肝脏和胆管中引起急性或慢性肝炎和胆管炎，并发全身中毒现象的一种病症，临床上以营养障碍、贫血、消瘦、水肿、异食癖为特征。

本病多呈慢性经过，羔羊症状明显，成年羊一般不明显，但如果感染严重，营养状况较差时，也能引起死亡。临床表现为病羊精神沉郁，被毛粗乱，食欲减退，步行缓慢，黏膜苍白，继而出现周期性瘤胃臌胀或前胃弛缓，腹泻，日渐消瘦。到后期颌下、胸下出现水肿，触诊有波动感或捏面团样感觉，严重贫血，公羊生殖力降低，母羊不孕或流产，往往由于极度衰竭而死亡。

1. 虫体特征及生活史

肝片吸虫成虫虫体呈扁平如柳叶状，灰褐色，长20～35毫米，宽5～13毫米，雌雄同体。虫卵为长椭圆形，黄褐色，两层卵壳内含有一个胚细胞和许多小的卵黄颗粒，一端还有一个不明显的卵盖。肝片吸虫在胆管内寄生产卵，虫卵随粪便排出体外。在温暖潮湿有适量水分条件下，虫卵发育成毛蚴，当毛蚴游于水中遇中间宿主椎实螺，则在其体内发育成尾蚴。尾蚴离开螺体很快变成囊蚴，囊蚴黏附于草上或游于水中。羊在吃草或饮水时吞食囊蚴被感染。囊蚴最终进入肝胆管发育为成虫，需要2～4个月。成虫寿命3～5年，但一般1年左右即被羊自然排出。

2. 辨证

本病可参考中兽医学的气血虚弱、寒湿困脾、肝胆湿热等证进行辨证。

（1）气血虚弱 病至后期症见精神倦怠，口色淡白；畏寒，四肢冷凉，下颌、胸下水肿，饮食欲大减乃至废绝，呼吸极度困难，常卧地不起，泻粪如注，脉象细弱。

（2）寒湿困脾 症见头低耳耷，四肢沉重，倦怠喜卧，食欲不振，渴不欲饮，粪便稀薄，排尿不畅，水肿，口腔黏滑，口色青白或黄白，舌苔白腻，脉象迟细。

（3）肝胆湿热 症见可视黏膜黄染，发热，尿液短赤或黄浊，苔黄腻，脉象弦数。

3. 中兽药治疗

（1）气血虚弱

［治则］ 益气生血。

［方药］ 方剂一：党参、黄芪、白术、远志、木香、当归、干姜、大枣各35克，酸枣仁30克，鸡矢藤65克，阿胶、甘草各30克，每天1剂，连服2剂。

方剂二：补中益气汤加减。炙黄芪35克，党参、白术、白芍、陈皮各30克，升麻、柴胡、茵陈、炙甘草、大枣各15克，水煎灌服。

（2）寒湿困脾

［治则］ 温中燥湿，健脾利水。

［方药］ 方剂一：胃苓汤加减。苍术40克，泽泻30克，厚朴、陈皮各25克，甘草、大枣、桂枝各15克，猪苓、生姜、茯苓、白术各20克，水煎，候温灌服。

方剂二：复方贯众驱虫散。贯众100克，槟榔、榧子、苍术、陈皮、厚朴、龙胆、藿香各35克，碾成粉末或水煎后分2次口服。

（3）肝胆湿热

［治则］ 清肝利胆，除湿去热。

［方药］ 方剂一：加味茵陈蒿汤。茵陈蒿100克，栀子40克，大黄、黄芩、黄柏、连翘各30克，木通20克，甘草15克，水煎，候温灌服。

方剂二：肝蛭散加减。贯众、茯苓各35克，苦参、槟榔、苦楝皮、龙胆各30克，大黄、泽泻、厚朴各20克，苏木、肉豆蔻各15克，水煎，候温灌服，服药前30分钟灌服蜂蜜150克。多用于疾病后期，如羊极度瘦弱，出现水肿、贫血等现象时使用。

方剂三：贯众、槟榔各35克，苏木、雷丸、使君子、乌梅各30克，茯苓、龙胆各20克，苦楝皮（鲜皮）45克，南瓜子15克，水煎，候温灌服。

五、羊皮蝇蛆病

羊皮蝇蛆病又称羊翁眼或羊跳虫病。是由狂蝇科皮蝇属的羊皮蝇和纹皮绳的幼虫寄生于羊的背部皮下组织内所引起的一种慢性寄生虫病。临床上以皮肤痛痒、局部结缔组织增生和皮下蜂窝织炎为特征。

雌蝇飞翔产卵时，常引起羊只不安，影响采食，有些羊只在奔逃时受外伤或流产。幼虫钻入羊皮肤时，引起羊瘙痒、不安和局部疼痛。幼虫在体内长时间移行，使组织受损伤，在咽头、食管移行时引起咽炎、食道壁炎症。幼虫分泌的毒素对羊有一定毒害，常使羊出现消瘦、贫血、肌肉稀血症，导致肉的质量降低，产乳量下降。幼虫寄生于羊背部皮下时，其寄生部位往往发生血肿和蜂窝织炎。感染化脓时，常形成瘘管，经常流出脓液，直到幼虫逸出后，瘘管才逐渐愈合，形成瘢痕。

1. 虫体特征及生活史

本病的病原为皮蝇科皮蝇属的羊皮蝇和纹皮蝇的幼虫。其成虫形态相似，不致病，外形像蜜蜂，体表被有绒毛，触角分3节，口器已退化，不能采食，亦不能螯咬羊只。羊皮蝇体长约15毫米，虫卵产在羊的四肢上部、腹部、乳房区和体侧的被毛上，单个地粘着于被毛上。卵呈淡黄白色，有光泽。羊皮蝇的第三期幼虫，体较粗大，长约28毫米，深褐色，分为11节，背面较平，腹面呈疣状

带小刺的结节，最后两节背腹面均无小刺，虫体前端较尖，无口钩，后端较平，有两个呈漏斗状深棕褐色的气孔板。

纹皮蝇比羊皮蝇小，体长只有 13 毫米，虫卵产在羊后腿的后下方和前腿部分，一根毛上可固着成排的虫卵。纹皮蝇的第三期幼虫与羊皮蝇的相似，体长 26 毫米，虫体最后一节无小刺，第 10 节的腹面仅后缘有刺，气孔板较平。

成蝇于每年 4 ～ 8 月追羊产卵，卵后端有长柄，牢固地粘在羊毛上。蝇卵经 4 ～ 7 天孵出第 1 期幼虫，经羊皮肤钻入其体内移行，8 月至翌年 1 月纹皮蝇第二期幼虫在羊食管寄生；10 月至翌年 3 月羊皮蝇幼虫在椎管硬膜中寄生。纹皮蝇与羊皮蝇第三期幼虫在背部皮下停留两个半月，经皮肤逸出落地变成蛹，羽化成蝇，整个发育周期为一年。

2. 中兽药治疗

［治则］　以除虫止痒，去腐生肌为主。

［方药］　① 创口不大不深，蝇蛆不多的病灶，可先用葫芦茶 300 克，煎水 3 升，去渣，用药液清洗伤口，清除蝇蛆，再用桃叶 150 克，石灰粉少许或葫芦茶叶适量，桃叶适量，樟脑粉少许，捣烂外敷患处。

② 如创口又大又深，并且已感染而形成溃疡，组织坏死，并有脓液，蝇蛆又多的病灶，宜先用冷开水反复冲洗脓液及蝇蛆，至脓洗净为止；再用葫芦茶 300 克，田基黄 150 克，白背叶 150 克，加水 2 升，水煎取 1 升，去渣，候温，取药汁再洗伤口。清除蝇蛆，消毒伤口后，再用黄花母叶、桃叶各 60 克，石灰少许，捣烂敷伤口。一天后，将药洗净，检查创口，如坏死组织还未清除，则再用一剂外敷，直至将坏死组织清除干净为止，然后用桃叶 150 克、石灰少许，捣烂敷患部，每天换药一次，直至伤口愈合为止。

③ 如合并感染，体温上升而出现严重炎症的病羊，除外用药外，用马樱丹 150 克，板蓝根 30 克，称星木 300 克，玉叶金花

300 克，加水 1.5 升，煎煮至 500 毫升，候温灌服。

④ 如创口过深，蝇蛆钻得过深者，可用长穗猫尾草 300 克加水 1 升，煎服；或者鳊鱼 600 克去胆，切片，煎粥灌服，使蝇蛆从深层组织内纷纷爬出。

另外，还可使用以下验方治疗。

① 外敷：葫芦茶 60 克，陈石灰 15 克，将 2 味药捣烂敷患处。口服：葫芦茶 300 克，鳊鱼（或维鱼）1 条，水煎，去渣，候温灌服。

② 用红烟丝（炒）适量，捣烂后加适量煤油混匀塞进患处。

③ 无根藤 300 ～ 500 克，水煎，去渣，候温灌服 2 ～ 3 次，并洗患处。

④ 生石灰 30 克，红烟丝 60 克，加水调成糊状，塞进患部。

⑤ 葫芦茶 150 克，白背叶 150 克，水煎，去渣，候温灌服。

⑥ 狗骨粉、石灰适量，用桃叶煎水洗患处后，取上药混合撒入患处。

⑦ 樟脑粉适量，用纸卷成筒，吹进患部，蝇蛆便爬出掉地死亡。

⑧ 熟香蕉皮 10 个，捣烂后加水适量灌服。外用百草霜、煤油适量混匀，涂患处。

六、羊伊氏锥虫病

伊氏锥虫病又称苏拉病，俗称肿脚病，是由伊氏锥虫寄生于羊血液中引起的一种原虫病。主要由虻和螫蝇传播，多发于夏、秋季节，羊较易感。本病多呈慢性经过。临床上以间歇性发热、贫血、消瘦、水肿以及神经症状为特征。

本病的潜伏期为 4 ～ 14 天。有急性和慢性两种。一般多呈慢性经过或带虫状态。

急性型：多发生于春耕和夏收期间的肥壮羊，发病后体温突然升高到 40℃以上，精神不振，黄疸，贫血，呼吸困难，心悸亢

进，口吐白沫，心律不齐，外周血液内出现大量虫体。如不及时治疗，多于数天或数周内死亡。

慢性型：病羊精神沉郁，嗜睡，食欲减少，瘤胃蠕动减弱，粪便秘结，贫血，间歇热，结膜稍黄染，呈进行性消瘦，皮肤干裂，最后坏死。四肢下部、前胸及腹下水肿，起卧困难甚至卧地不起，后期多发生麻痹，不能站立，最终死亡。少数有神经症状，妊娠母羊常常发生流产。

1. 虫体特征及生活史

伊氏锥虫为单型锥虫，呈柳叶状，长 18 ～ 34 微米，宽 1 ～ 2 微米。前端较尖，虫体中部有一呈圆形的主核，靠近后端有一动基体，其稍前方有一生毛体，鞭毛由此长出，并沿虫体边缘向前延伸。鞭毛和虫体之间有波动膜相连。伊氏锥虫寄生在血液、淋巴液及造血器官中，以纵分裂方式进行繁殖。虻等吸血昆虫在患病或带虫动物体上吸血时，将虫吸入体内。伊氏锥虫在吸血昆虫体内不发育，只起到机械传播病原的作用。当携带伊氏锥虫的虻等再吸食健康动物的血时，即把伊氏锥虫传给健康动物。注射或采血时消毒不严以及带虫的妊娠动物经胎盘均有传播可能。

2. 辨证

可参考中兽医学的太阳少阳并病、气虚邪不尽、热毒肿疮及气血虚弱等证进行辨证。

（1）太阳少阳并病　症见间歇发热，精神倦怠，黄疸，四肢关节肿痛，食欲不振。

（2）气虚邪不尽　症见贫血，消瘦，发热或不热，眼结膜潮红或苍白、附着灰白色黏性分泌物，体表淋巴结及肢体管骨部肿胀。

（3）热毒肿疮　症见发热，精神沉郁，眼结膜充血、潮红、畏光、流泪，体表淋巴结及肢体管骨部肿胀，或日久皮肤溃烂，流出淡黄色黏稠液体，结成黑色皮痂。

（4）气血虚弱　症见消瘦，贫血，心功能衰竭及水肿，精神委顿，消化不良，粪便干。

3. 中兽药治疗

（1）太阳少阳并病

［治则］　太阳少阳双解。

［方药］　柴胡桂枝汤。柴胡、桂枝、生白芍各 30 克，党参、黄芩各 20 克，制半夏 15 克，炙甘草 15 克，生姜、大枣各 40 克，水煎，候温灌服。

（2）气虚邪不尽

［治则］　补气除邪，通络止痛。

［方药］　生黄芪、党参、苍术、土茯苓、蒲公英、金银花、连翘各 35 克，生地黄、玄参、黄柏、甘草、当归各 30 克，共研为末，开水冲调，候温灌服。

（3）热毒肿疮

［治则］　解毒消肿，杀虫。

［方药］夏枯草、鱼腥草、蒲公英、野菊花根、葛根各 50 克，灯心草、车前草、薄荷、苦参根、土大黄各 20 克，皂角刺 10 克，水煎，候温灌服，每天 1 次，连用 7 ～ 10 天。

（4）气血虚弱

［治则］　益气补血。

［方药］　归脾汤加减。党参、当归、白术、炙黄芪、龙眼肉、酸枣仁各40克，熟地黄、白芍、川芎、茯苓各30克，远志、大黄、玄参各 20 克，木香、生姜、大枣各 15 克，炙甘草 10 克，水煎服，候温灌服。

另外，还可使用以下验方治疗。

灭锥灵：白英 15 克，白花蛇舌草、马鞭草、锦鸡儿、虎杖、淡竹叶各 10 克，黄荆子 8 克，南瓜子、生地黄、茯苓各 6 克，苦参、黄柏、黄芩、茵陈、鱼腥草、车前草、厚朴、苍术、龙胆、田皂角、当归、半边莲、薏苡仁各 5 克，瞿麦 4 克，白术 3 克，

贯众、萹蓄、泽泻各 3 克，水煎，取药液，候温灌服，每天 1 剂，连用 5 天。

七、羊泰乐焦虫病

泰勒焦虫是由环形泰勒虫和瑟氏泰勒虫寄生于羊的网状内皮系统和红细胞内所引起的一种原虫病。临床上以高热、贫血、消瘦和体表淋巴结肿大为主要特征。此病分布广泛，呈地方性流行，发病后病情严重，常造成羊只死亡。

本病潜伏期为 14 ～ 20 天，病初体表淋巴结肿痛，体温升高到 40.5 ～ 42℃，呈稽留热，呼吸急促，心跳加快，精神委顿，结膜潮红。中期体表淋巴结显著肿大，为正常的 2 ～ 5 倍，反刍停止，先便秘后腹泻，粪中带血丝，可视黏膜有出血斑点，步态蹒跚，起立困难。后期结膜苍白，黄染，在眼睑和尾部皮肤较薄的部位出现粟粒至扁豆大的深红色出血斑点，病羊卧地不起，最后衰竭死亡。

1. 虫体特征及生活史

环形泰勒焦虫寄生在红细胞内，血液型虫体标准形态为戒指状，大小为 0.8 ～ 1.7 微米，另外还有椭圆形、逗点状、杆状、十字形等形状，但环形的戒指状比例始终大大多于其他形状。姬姆萨染色核位于一端，染成红色，原生质淡蓝色。一个红细胞内感染虫体 1 ～ 12 个，常见 2 ～ 3 个。瑟氏泰勒虫血液型虫体亦呈环形、椭圆形、逗点形和杆状等，其与环形泰勒虫的主要区别为杆形虫体多于圆形虫体。

环形泰勒焦虫生活史需两个宿主，一个是蜱，另一个是羊。其中蜱是中间宿主，羊是终末宿主。泰勒焦虫需经无性生殖和有性生殖两个阶段，并产生无性型及有性型两种虫体。

无性生殖阶段在羊体进行，当虫体子孢子随蜱唾液进入羊体后，在脾、淋巴结、肝等网状内皮细胞内进行裂体增殖，经大裂殖体（无性型），到大裂殖子，大裂殖子又侵入其他网状内皮细胞，重复上述裂殖过程，此过程是无性繁殖。产生的大裂殖子侵入网状内皮细胞时变为小型殖体（有性型），后形成小裂殖子，进入红细胞内变为配子体（血液型虫体），分为大配子体与小配子体。当幼蜱吸血时，红细胞进入蜱胃内后，释放出的大小配子体结合成为合子。进而经动合子、孢子体，在唾液腺内增殖成许多子孢子，此过程为有性繁殖。当蜱吸血时，子孢子随蜱唾液进入羊体内，完成一个生活史的循环。

2. 辨证

可参考中兽医学的气血虚弱、热入营分等证进行辨证。

（1）气血虚弱　症见体瘦毛焦，起立及运步艰难，或卧地不起，尿色浅红或深红，黄疸，水肿，病羊迅速衰弱，妊娠母羊多流产。

（2）热入营分　症见高热稽留，或有间歇热，精神沉郁，肌肉震颤，体表淋巴结肿大，粪呈棕黄色，舌红苔黄白，脉细数。

3. 中兽药治疗

（1）气血虚弱

[治则]　健脾补血。

[方药]　归脾汤加减。党参、当归、白术、炙黄芪、龙眼肉、酸枣仁各 40 克，熟地黄、白芍、川芎、茯苓各 30 克，远志 20 克，木香、生姜、大枣各 15 克，炙甘草 10 克，水煎，候温灌服。

（2）热入营分

[治则]　清营解毒，透热养阴。

[方药]　清营汤。水牛角、生地黄、玄参、金银花各 40 克，连翘、黄连、丹参、麦冬各 30 克，竹叶心 20 克，水煎，候温灌服。

另外，还可使用以下验方治疗。

灭焦虫散：青蒿 60 克（为粉，另包），苦楝根皮、常山根各

30克，黄芩、苦参、马鞭草各20克，槟榔、使君子、川黄柏、生栀子各15克，贯众10克，共研为细末，候温，冲青蒿粉灌服。若体温41℃以上，口、舌、结膜潮红，脉搏洪数，心悸亢进者，加川黄连25克；体温41℃左右，肌肉震颤者，加柴胡、金银花各25克；颌下淋巴结显著肿大者，加板蓝根、山豆根各40克；结膜黄染或有黄疸者，加茵陈蒿65克、龙胆30克；病羊毛焦体瘦、气血虚弱或出盗汗者，加党参、生黄芪、当归、麦冬、茯苓各30克；大便泻泄者，加土炒白术、茯苓、泽泻各30克；大便秘结者，加火麻仁150克、郁李仁40克、川大黄30克；反刍、食欲减少或停止者，加火麻仁100克、焦三仙各40克，川大黄、枳壳各30克；尿赤或血红者，加瞿麦、仙鹤草各40克；气喘者，加瓜蒌仁40克、苦杏仁30克；大便含黏液、脓血或有血痢血丝者，加白头翁、槐花各40克；流鼻血者，加白茅根、马齿苋各40克；肚腹臌胀者，加枳实、川厚朴、莱菔子各30克。

对早期发病的羊群，用大青叶注射液15毫升/头、青蒿素注射液15毫升/头对患病羊进行紧急注射（静脉滴注最佳），日注两次，并配合槟榔、苍术、甘草各30克，贯众、熟地黄各40克，百部、山药、枳实各30克，金银花、大黄各20克，加水4升煎汁，供1头羊饮用。药渣拌入精饲料中供羊自由采食，5天为一个疗程。对未患病的羊预防性治疗，可用青蒿、熟地黄各30克，百部、贯众、当归各30克，党参、甘草各20克，苍术15克，泽泻10克，加水3升煎汁，供1头羊饮用，5天为一个疗程。

圣愈汤：党参25～100克，黄芪35～100克，当归30～100克，川芎30～100克，熟地黄30～110克，白芍30～40克。圣愈汤对羊焦虫病中后期贫血，有使红细胞、血红蛋白、红细胞压积显著升高和血沉值显著下降的作用。

对重型、贫血严重的中、后期羊，用十全大补汤：党参30～50克，茯苓20～40克，白术40～60克，炙甘草15～35克，当归30～60克，川芎15～35克，白芍30～50克，熟地黄40～60克，黄芪50～100克，肉桂15～30克，共研为细末，开水冲调，候温，一次灌服，每天 1 剂。

八、羊球虫病

球虫病是球虫寄生于羊肠道而引起临床上以出血性肠炎为特征的寄生虫病。主要发生于羔羊，可导致死亡。文献记载，寄生于羊的球虫有 10 余种，以邱氏艾美耳球虫、羊艾美耳球虫和奥博艾美耳球虫的致病性最强，也最常见。该病多见于夏秋潮湿阴雨季节，呈地方性流行。

本病潜伏期为 2 ～ 3 周，有时达 1 个月，羔羊一般为急性经过，病程为 10 ～ 15 天，也有在发病后 1 ～ 2 天羔羊即发生死亡的情况。病初，病羊精神沉郁，被毛松乱，体温正常或略升高。粪便稀薄稍带血液。约一周后，症状加剧，病羊食欲废绝，消瘦，精神萎靡，喜躺卧。体温上升到 40 ～ 41℃，瘤胃蠕动和反刍停止，肠蠕动增强，排出带血的稀粪，其中混有纤维素性假膜，恶臭。疾病末期，粪便呈黑色，几乎全是血液，体温下降，在恶病质状态下死亡。

慢性者可能长期下痢，消瘦，贫血，如不及时治疗，亦可发生死亡。

1. 虫体特征及生活史

邱氏艾美耳球虫主要寄生在直肠，也可寄生在盲肠、结肠黏膜上皮细胞内。卵囊为圆形或椭圆形，大小为（14 ～ 17）微米 ×（17 ～ 20）微米，呈淡黄色。原生质团几乎充满了卵囊腔。卵囊壁为双层，光滑，厚 0.8 ～ 1.6 微米。无卵膜孔，卵囊和胞子囊内无残体。

羊艾美耳球虫寄生在羊小肠、盲肠和结肠黏膜上皮细胞内。卵囊呈椭圆形，大小（20 ～ 21）微米 ×（27 ～ 29）微米，呈褐色。卵囊壁亦为双层，光滑，内层厚约 0.4 微米，外层厚约 1.3 微米。卵膜孔不明显，卵囊内无残体，胞子囊内有残体。

各种羊球虫在寄生的肠管上皮细胞内首先反复进行无性的裂

体增殖，继而进行有性的配子生殖（内生性发育）。当卵囊形成后随粪便排出体外，经 48 ～ 72 小时的孢子生殖过程，卵囊发育成熟（外生性发育）。如羊吞食了孢子化的卵囊后即发生感染。

2. 辨证

可参考中兽医学的湿热下痢、肠风下血等证进行辨证。

（1）湿热下痢　症见发热，粪便色黑恶臭，混有血液，里急后重，食欲废绝，反刍停止等。

（2）肠风下血　症见精神不振，粪便正常或稀软，稍带血液，体温正常或略高，食欲废绝，逐渐消瘦，喜卧少立。

3. 中兽药治疗

（1）湿热下痢

［治则］　清热解毒，凉血止痢。

［方药］　方剂一：白头翁汤加减。白头翁 30 克，黄连、广木香各 15 克，秦皮、炒槐花、地榆炭、仙鹤草、炒枳壳各 20 克，水煎服，候温灌服。

方剂二：贯众散。炒贯众 30 克，黄连、黄柏、黄芩、侧柏叶、焦白术、甘草、仙鹤草各 20 克，川厚朴、陈皮、使君子各 15 克，共研为末，开水冲调，候温灌服。

（2）肠风下血

［治则］　清肠止血，疏风理气。

［方药］　槐花散加减。炒槐花、炒侧柏叶、荆芥炭、炒枳壳各 20 克，共研为末，开水冲调，候温灌服。或地榆炭、诃子、五倍子各 55 克，槐花、马齿苋、白头翁各 50 克，仙鹤草 35 克，研末温水调匀，中等体格的羊一次灌服。

第十一章 公羊常见疾病

一、羊阳痿

本病又称性欲低下或性欲缺乏，是指公羊在交配时性欲不强，以致阴茎不能勃起或不愿与母羊接触的疾病。发病无季节性，现代兽医学中某些成年公羊的维生素 E 缺乏症及种公羊的不育症可按中兽医中的阳痿辨证论治。

1. 病因

多因奔跑过度，劳伤元气和阴精；或种公羊配种过早或过于频繁，或人工授精术不当，致使肾阳不足，下元虚惫，因而阳痿不举；或配种不当，闪伤腰胯，损伤肾气而成。或因湿热蕴结脾胃，阳明气衰，谷不生精，脾失运化，水谷精微不能藏精于肾，致下元亏虚，精亏阳败而发；或湿热下注，命门之火为湿热所遏制而成。或饲养失宜，饲料单一，缺乏运动，营养不足，致肾精亏耗，肾阳衰败，精气不能复原而性欲减退。或配种时遭受鞭打，或人工采精术动作鲁莽，致肝气郁结而发。

2. 辨证

根据病因、主证可分为肝气郁滞、湿热下注、下元亏虚、腰肾损伤四种证型。

（1）肝气郁滞　肝气郁结而发。症见易惊善恐，性情暴躁，

食欲减退，反刍减少；配种时厌配或拒配，阴茎不举，或举而不坚，缺乏性冲动。口色暗红，脉弦滑。

（2）湿热下注　湿热遏制命门之火，宗筋弛纵而发。症见精神倦怠，食欲减退或反刍减少，后肢举迈缓慢，小便黄赤；配种时阴茎痿软，厌配或拒配，缺乏性冲动；阴囊潮湿，臊臭；口色黄红，舌苔黄腻，舌津黏涎；脉濡数。

（3）下元亏虚　肾精虚衰，肾阳不足而发。症见阳虚型和阴虚型。阳虚者，精神倦怠，气虚畏寒，腰腿软弱，行走无力，食欲不振，粪稀软；公羊阴茎痿软不举，或举而不坚，厌配或拒配；口色淡白或夹黄，舌苔白，舌体绵软，舌津清稀；脉沉迟或沉细。阴虚者，神衰力乏，后躯出汗，躁动不安，食欲减退或反刍减少；配种或采精时阴茎痿软不举，或举而不坚，精子活力差，密度稀；口色发红，苔少或无，舌津短少；脉细数。

（4）腰肾损伤　闪伤腰胯，气血瘀滞而发。症见腰腿疼痛，后腿难移，运动后症状加剧；配种时阴茎举而不坚，难于进行交配。口色偏红或瘀红，脉沉数或沉紧。

3. 中兽药治疗

（1）肝气郁滞

［治则］　疏肝理气，滋补肾阴。

［方药］　方剂一：柴胡疏肝散加减。柴胡、白芍、香附子、枳壳各 20 克，丹参、杜仲、巴戟天各 18 克，陈皮 15 克，共研为末，开水冲调，候温，分 2 次灌服，每天 1 剂。

方剂二：龙胆泻肝汤。龙胆、生地黄、泽泻各 30 克，车前子、柴胡、当归、栀子、黄芩各 20 克，木通 15 克，甘草 10 克，共研为末，开水冲调，候温灌服，或煎汤服。

（2）湿热下注

［治则］　清热利湿。

［方药］　知柏地黄汤加减。生地黄、熟地黄、山茱萸各 30 克，黄柏、知母、茯苓、山药各 20 克，牡丹皮、泽泻各 15 克，共研为

末，开水冲调，候温灌服，或煎汤服。

（3）下元亏虚

［治则］　滋阴暖脾，益肾填精。

［方药］　方剂一：右归饮加减。熟地黄、山茱萸、淫羊藿、菟丝子各20克，山药、麦冬，巴戟天、五味子、茯苓、补骨脂各15克，枸杞子、阳起石各18克，甘草10克，共研为末，开水冲调，候温，一次灌服，亦可分2次服用。适用于下元亏虚的阳虚者。

方剂二：巴戟天散加减。巴戟天、肉苁蓉、补骨脂、胡芦巴各30克，小茴香、肉豆蔻、陈皮、青皮各20克，肉桂、木通、苦楝子各15克，槟榔10克，共研为末，开水冲调，候温灌服，或煎汤服。适用于下元亏虚的阳虚者。

方剂三：六味地黄汤加减。熟地黄30克，山茱萸、山药各15克，牡丹皮、泽泻、茯苓各10克，共研为末，开水冲调，候温灌服，或煎汤服。适用于下元亏虚的阴虚者。

（4）腰肾损伤

［治则］　活血散瘀，强腰益肾。

［方药］　杜仲散加减。杜仲、黄芪、苍术、秦艽各20克，牛膝、地龙、香附子各15克，生姜、羌活、黄柏、红花、没药各10克，共研为末，开水冲调，候温，分2次灌服，每天1剂。适用于腰肾损伤者。

二、羊滑精

滑精是因肾阳亏耗或心肾阴虚而使肾失封藏，精关不固，公羊不交配而精液外泄或即将交配精液早泄的一种病症，又称流精。

1. 病因

饲养不良，饲料单一，营养不良，致肾气亏损，肾失封藏；或配种过早、过度，精窍屡开，损伤肾精，肾阳亏虚，则精关不

固；或老瘦衰弱，空肠过饮浊水或内伤阴冷致使肾阳亏耗而发；或肾阴不足，阴火妄行，热扰精室，致肾封藏失职而精液滑泄。

2. 辨证

根据主证可分为阴虚火旺型和肾阳不固型两种。

（1）阴虚火旺　症见阴茎频频勃起，流出精液，遇见母羊加重；或配种未交，精液早泄。重者拱腰，举尾，或有躁动不安。口色淡红，苔少或无。口津干少，脉细数。

（2）肾阳不固　症见羊体瘦弱，精神倦怠，出虚汗，动则尤甚，肢寒耳冷，喜卧暖处，小便频数，或见粪便溏泻；阴茎常伸出，软而不举，精液自流。口色淡白，舌体绵软，舌津清稀；脉细弱。

3. 中兽药治疗

本病治宜补肾固精。

（1）阴虚火旺

［治则］　滋阴降火。

［方药］　知柏地黄汤加减。生地黄、熟地黄、山茱萸各 30 克，黄柏、知母、茯苓、山药、龙骨、牡蛎各 20 克，牡丹皮、泽泻、天冬、麦冬各 15 克，共研为末，开水冲调，候温灌服。

（2）肾阳不固

［治则］　补肾固精。

［方药］　方剂一：金锁固精丸加减。沙苑子、煅龙骨、煅牡蛎各 20 克，芡实、莲须各 40 克，水煎去渣，候温灌服。

方剂二：巴戟天散加减。巴戟天、肉苁蓉、补骨脂、胡芦巴各 30 克，小茴香、肉豆蔻、陈皮、青皮各 20 克，肉桂、木通、苦楝子各 15 克，槟榔 10 克，共研为末，开水冲调，候温灌服，或煎汤服。

三、羊血精症

血精是公羊精液中夹有血液，它既是病名，又是症状，最常见于患精囊炎的病羊。

1. 病因

多因下焦湿热，热伤血络，热迫血溢，血液妄行所致；或交配过度，肾精亏虚，虚火妄动，火灼血络，血不归经，血液外溢所致；或因伤血络，气滞血瘀，血不归经所致。

2. 辨证

根据主证可将其分为阴虚火旺、湿热下注和外伤血瘀三种证型。

（1）阴虚火旺　性欲旺盛，盗汗，精液呈淡红色，腿软，行走无力，圈内乱翻跳，烦躁，舌质红，少苔，脉细数。

（2）湿热下注　精液呈鲜红色，射精时伴有疼痛，小便淋涩，大便干燥，舌质红、苔黄腻，脉滑数。

（3）外伤血瘀　精液呈暗红色，且射精时伴有疼痛，有的出现腹痛。

3. 中兽药治疗

（1）阴虚火旺

［治则］　填精补肾，潜纳虚火。

［方药］　知柏地黄丸加味。知母、黄柏、生地黄、龙骨、牡蛎、鳖甲、龟甲各 35 克，山药、枣皮、牡丹皮、茯苓、泽泻各 30 克，共研为细末，开水冲调，候温灌服。

（2）湿热下注

［治则］　清热利湿，凉血止血。

［方药］　八正散合小蓟饮子加减。萹蓄、瞿麦、大蓟、小蓟、牛膝各 35 克，血余炭、茜草炭、生薏苡仁各 30 克，海金沙、栀子炭、车前子、黄柏各 20 克，共研为细末，开水冲调，候温灌服。

（3）外伤血瘀

［治则］　通络、理气止痛，化瘀止血。

［方药］　下焦逐瘀汤加减。牛膝 40 克，童便（兑服）60 毫升，当归、川芎各 30 克，桃仁、木香、延胡索、郁金、乳香、没药、

三七粉（分冲服）各15克，共研为细末，开水冲调，候温灌服。

四、羊睾丸炎及附睾炎

睾丸炎是睾丸实质的炎症。由于睾丸和附睾紧密相连，易引起附睾炎，两者常同时发生或互相继发，根据病程和病性，临床上可分为急性与慢性，非化脓性与化脓性。

1. 病因

睾丸炎常因直接损伤或由泌尿生殖道的化脓性感染蔓延而引起。直接损伤如打击、蹴踢、挤压，尖锐硬物的刺创、撕裂创及咬伤等，发病以一侧性为多。化脓性感染可由睾丸、附睾附近组织或鞘膜的炎症蔓延而来，病原菌常为葡萄球菌、链球菌、化脓棒状杆菌、大肠杆菌等。某些传染病（如布鲁氏菌病、结核病、放线菌病、鼻疽、腺疫、沙门菌病、媾疫等）亦可继发睾丸炎和附睾炎，以两侧性为多。

2. 辨证

根据主证可将其分为阳肾黄和阴肾黄两种证型。

（1）阳肾黄　病羊精神不振，食欲减少，阴囊及睾丸肿胀，触之发硬、有热，疼痛拒按。口色发红，脉象紧数。严重者背腰拱起，后腿难移，不愿行走。

（2）阴肾黄　病羊阴囊肿胀，包皮水肿，触之发软、无热，不痛。指按患部凹陷经久不起。脉象迟细，口色青白。重者行走困难，胯拽腰拖。羊睾丸、包皮水肿的症状，往往在运动后即有减轻的现象，但当运动停止，则阴囊、包皮水肿又起，这是阴肾黄病的特点之一，也是阴肾黄与阳肾黄在临床诊断上重要鉴别之处。

3. 中兽药治疗

（1）阳肾黄

［治则］　滋阴降火，消肿止痛。

［方药］ 方剂一：知母（酒炒）、黄柏（酒炒）、生地黄、没药各30克，连翘、金银花、栀子各20克，小茴香（盐炒）10克。开水冲调，候温灌服。同时，用5%盐汤于患部热敷，一日两次。

方剂二：小茴香、肉桂、干姜、川楝子、茯苓、泽泻、秦艽各20克，当归、白术各30克。开水冲调，候温灌服。同时，用防风煎汤于患部热敷。用于治疗阴肾黄。

方剂三：龙胆泻肝汤加减。龙胆（酒炒）、生地黄（酒洗）各30克，黄芩（炒）、栀子（酒炒）、泽泻、木通、连翘各20克，车前子、当归（酒炒）、黄连、大黄各15克，甘草10克。水煎，候温灌服，每天1剂，5天为一个疗程。若肝胆实火较盛，可去木通、车前子，加淡竹叶20克以助泻火之力；若湿盛热轻者，可去黄芩、生地黄，加滑石、薏苡仁以增强利湿之功效。

（2）阴肾黄

［治则］ 暖肾，祛寒，利湿。

［方药］ 方剂一：导气汤加减。川楝子、小茴香各60克，木香、吴茱萸各20克，共研为细末，开水冲调，候温灌服。

方剂二：加减茴香散。小茴香、桂枝、苍术、泽泻、升麻、益智各20克，防己、补骨脂、干姜、荜澄茄、青皮、川楝子、木通各15克，丁香10克，大葱35克（捣烂入药），共研为末，开水冲调，候温灌服。

方剂三：香术散加减。藿香80克，白术40克，黄芩15克，蒲公英、茯苓皮、大腹皮、荔枝核各20克，木香15～20克，川芎、五味子、桂枝各10～15克，共研为细末，开水冲调，候温灌服，一天1剂。不食者加山楂、六神曲或炒莱菔子各20～35克，气虚者加生黄芪20～35克。

方剂四：橘核丸加减。橘核、海藻、昆布、川楝子、桃仁各25克，厚朴、木通、枳实、延胡索、肉桂、木香各15克，水煎，候温灌服，每天1剂，5天为一个疗程。

五、羊阴茎麻痹

阴茎麻痹又称阴茎不收，中兽医称之为垂缕不收，是因肾阳亏损，精气耗败，或外受损伤致下元不固，阴茎不能缩回而垂脱于包皮之外，日久水湿下注发生水肿的病症。

1. 病因

多因公羊交配、采精过度，损伤肾经；或负载太重，劳役过度，劳伤元气，肾气不固；或空肠过饮浊水，阴气过盛，传于肾经；或过服苦寒下泻药物，致肾阳亏损，精气耗败，下元不固。或外受挫伤，或跌扑损伤，或狂奔猛跌，或重物打击，或猛起猛卧，使阴茎退缩肌麻痹，阴茎不能缩回包皮内，日久水湿下注，气血瘀结发生肿胀。或羊体瘦弱，饮喂失调，劳伤过度，以致肾气亏损，精气衰败，阴茎不缩，垂脱于外。

2. 辨证

根据病因可分为气血瘀结和肾阳亏虚两种。

（1）气血瘀结　症见阴囊或阴茎肿胀，阴茎垂脱于包皮之外，不能缩回；日久则口色瘀红，脉沉涩。

（2）肾阳亏虚　症见精神倦怠，头低耳耷，食欲减退，肷吊毛焦，四肢无力，行动迟缓，阴茎垂脱于包皮之外，收缩迟缓无力，轻者尚能部分收回，重者痿软无力，经久难收，继则包皮水肿，腰拖胯拽，拱腰，食欲减退或反刍减少。口色淡白或夹黄，舌体绵软；脉沉迟或迟细。

3. 中兽药治疗

（1）气血瘀结

［治则］　散瘀消肿，活血止痛。

［方药］　方剂一：没药散加减。没药、大黄、紫苏、蜈蚣（去脚）各 10 克，葱 2 根。除葱以外的药物研为细末，将葱切碎，共捣一处，先用荆芥汤洗，后敷于阴茎上，用纱布包好。

方剂二：荆防汤加减。荆芥、防风、苍术各40克，薄荷、艾叶、排风草各20克。水煎汤，热时先熏，温时洗患部，洗后在阴茎肿胀突出部涂抹清油。

（2）肾阳亏虚

［治则］ 暖腰肾，除寒湿。

［方药］ 方剂一：固肾散加减。巴戟天25克，枸杞子15克，补骨脂、小茴香各40克，胡芦巴、川楝子各30克，青皮、陈皮各10克，共研为末，开水冲调，候温，加童便一碗，一次灌服，每天1剂，连用3～4天。

方剂二：补骨脂散加减。补骨脂、血竭、延胡索、胡芦巴、白术、牵牛子、川楝子各10克，没药、肉桂各15克，青皮、山茱萸各8克，甘草、乌药、小茴香、陈皮各6克，葱20克，白酒20毫升，共研为末，开水冲调，候温加酒。一次灌服，每天1剂，连用3～4天。

附录一 羊的健康养殖技术

一、羊场址选择

1. 地形地势要求

① 平坦、开阔的平原地区，场址应选择在较高的地方，以利于排水，地下水位应低于地面建筑物地基深度 0.5 米以上。

② 靠近河流、湖泊的地区，场地应比当地水文资料中最高水位高 1 ～ 2 米，以防涨水时被水淹没。

③ 山区建场应尽量选择在背风向阳、面积较大的缓坡地带，坡面向阳，总坡度不超过 25°，建筑区坡度应在 2.5° 以内。山区建场还要注意地质构造情况，避开断层、易滑坡、易塌方的地段，同时，也要避开坡底和谷地以及风口，以免受山洪和暴风雪的袭击。

④ 场区土质以沙壤土为好，透水性好。如土质黏性过重，透气、透水、排水性差，不适宜建场。

2. 饲草料资源

饲草料是肉羊赖以生存的最基本条件，在以放牧为主的羊场，应有足够的可供放牧的草场。以舍饲为主的农区、农垦区和较集中的肉羊育肥区，必须要有足够的饲草、饲料基地或者便利的饲料原料来源，切忌在草料缺乏或者附近无放牧草场的地方建羊场。

3. 水源

清洁而充足的水源，是建设羊场必须考虑的基本条件。羊场要求四季供水充足，取用方便，最好使用自来水、泉水、井水或流动的河水，并且水质良好，水中大肠杆菌数、固形物总量、硝酸盐和亚硝酸盐的总含量等指标应符合 NY 5027—2008《无公害食品　畜禽饮用水水质》的要求。切忌在严重抽水或水源严重污染的地方建羊场，如羊场附近有排放污水的工厂，应将羊场建于工厂的上游。羊场选址还要避开人类生活用水水源，防止羊粪尿等污水对居民水源造成污染。

4. 供电

选址前需了解电源与羊场的距离，最大供电允许量，是否经常停电，有无可能双路供电等。通常，建设肉羊场要求有二级供电电源，如果只有三级以下供电电源时，则需自备发电机，以保证场内供电的稳定可靠。另外，为减少供电投资，应尽可能靠近输电线路，以缩短新线路架设距离。

5. 交通

肉羊场应建在交通便利的地方，便于饲草和羊只的运输。羊场距公路、铁路等交通要道的远近应综合考虑交通运输便利、防疫安全、水电资源和电信条件，距离村镇不小于 500 米，距离一般道路 500 米以上、交通干线 1000 米以上，应与村落保持 150 米以上的距离，并尽量在村落下风向，场区应低于农舍和生活水源。

6. 防疫

羊场应远离居民区、闹市区、学校和交通要道，选址最好有天然屏障，如树林、高山、河流等，使外界人畜不易接近。应尽量避开其他场区的羊群转场通道，以便发生疫病时及时隔离和封锁。选址时要充分了解当地和周围的疫情状况，切忌将羊场建在羊传染病和寄生虫病流行的疫区，也不能将羊场建于化工厂、屠宰场、制

革厂等易造成环境污染的企业的下风向。

7. 环境生态

选择场址必须符合本地区农牧业生产发展总体规划、土地利用发展规划和城乡建设发展规划的用地要求。必须符合珍惜和合理利用土地的原则，不得占用基本农田，尽量利用荒地和劣地建场。肉羊场建设选址必须遵循 GB 14554—1993《恶臭污染物排放标准》和 NY/T 388—1999《畜禽场环境质量标准》要求，应注意避开以下地区或地段：①规定的自然保护区、生活饮用水水源保护区、风景旅游区；②受洪水或山洪威胁及有泥石流、滑坡等自然灾害多发地带；③自然环境污染严重的地区。

二、羊舍类型

羊舍的类型因各地的自然环境、经济条件、饲养方式和管理水平等差异而不同。根据四周墙壁密闭程度，羊舍可分为封闭式、半封闭式和开放式；根据屋顶结构，羊舍可分为单坡式、双坡式和圆拱式；根据建筑材料，羊舍可分为砖木结构、土木结构及敞篷结构等。

1. 开放式羊舍

开放式羊舍三面有墙，朝阳的一面没有墙，敞开向外延伸成运动场。其敞开的一面朝南，冬季阳光能够进入舍内，夏季阳光只能照到屋顶，其他三面的墙壁具有遮阴、避雨、挡风的作用。另外，还有四面均无墙，仅有顶棚，四周敞开的开放式羊舍，采光通风良好，施工简单，造价低，投资少，但是保温性能差，适合我国长江以南天气较热的地区。

（1）单坡开放式羊舍　这类羊舍一般东、西、北面有墙，南面敞开，中间设有运动场，运动场可根据分群饲养需要隔成若干圈。羊舍跨度为 4.0 ～ 4.5 米，前高 2.0 ～ 2.5 米，后高 1.7 ～ 2.0 米，长度可根据饲养数量确定。饲槽、水槽等设置在运动场内，阴雨多的地区在饲槽上面可加盖开放式防雨遮阳棚。这类羊舍结构简单，施工方便，造价低。但是保温性差，防疫难度大，适合小规模农区肉羊饲养。如果寒冷地区采用这种羊舍，也可在运动场上边加盖塑料大棚，使整个羊舍的后半部分为单坡式硬棚顶，前半部分为拱形塑料棚顶，这种羊舍也叫半棚式塑料暖棚羊舍。

（2）双坡开放式羊舍　双坡开放式羊舍也叫凉棚，只起到遮阴、避雨、挡风雪的功能，用料少、施工方便、造价低，适合南方天气较热的地区，或者用于北方夏天的凉棚。这类羊舍保温性能差，防疫难度大。

（3）楼式开放式羊舍　楼式开放式羊舍有上下两层结构，隔层为漏缝式地板，距地面 2 米左右，下设积粪斜面和粪尿沟，外面设有运动场，运动场一侧设有排水暗沟，卫生条件好。在炎热、多雨、潮湿的夏季和秋季，上层养羊，通风凉爽、干燥防潮；在寒冷多风的冬季和春季，将下层清理消毒后养羊，上层可贮存饲草。

2. 半开放式羊舍

半开放式羊舍指三面有墙，正面上部敞开，下部仅有半截墙的羊舍。其敞开的部分冬季可以进行封闭，增加保温性能。这种羊舍建设成本低，可根据季节和气候的变化进行调整，适合我国中部或西部地区肉羊的饲养。

（1）单坡半开放式羊舍　单坡半开放式羊舍前墙高 1.8 ～ 2.0 米，后墙高 2.2 ～ 2.5 米，羊舍宽度 5 ～ 6 米，长度根据饲养数量而定；羊舍的门高 1.8 ～ 2.0 米、宽 1.0 ～ 2.0 米，妊娠后期母羊、哺乳母羊及种公羊舍门宽度要大一些。前窗距地面高度 1.0 ～ 1.2 米，后窗距地面高度 1.4 ～ 1.5 米，窗高 0.6 ～ 0.8 米、宽 1.0 ～ 1.2 米，窗间距不超过窗宽的 2 倍。羊舍地面以黏土或者混凝土为宜，舍内地面高于舍外 20 ～ 30 厘米，并呈后高前低的斜坡状。运动场地面比羊舍地面低 15 ～ 30 厘米，比场外地面高 30 厘米左右，运动场围栏（墙）高 1.2 ～ 1.5 米，门宽 1.0 ～ 1.5 米、高 1.5 米。

（2）双坡半开放式羊舍　双坡半开放式羊舍屋顶中间有屋脊，

屋脊两侧为对称的双坡，东、西、北三面的围墙与屋顶相接，南面墙高 1.2 ～ 1.5 米，北面墙上开设窗户，南面墙上开设圈门，靠北墙留有 1.7 米宽的操作通道，靠近通道一侧的围栏内设有食槽、水槽和盐槽。这种羊舍面积大，饲养管理条件好，适合各种肉羊的饲养，但造价相对较高。

3. 封闭式羊舍

封闭式羊舍指通过墙体、屋顶、门窗等围护结构形成全封闭状态的羊舍。这种羊舍四周均有墙，北墙留有窗户，南墙留有通往运动场的门。舍内饲养设备齐全，饲养管理全在舍内。封闭式羊舍密闭性好，跨度大，通风换气依赖于门窗和通风管道，可增设加温、通风设备，便于人工控制羊舍的温度、湿度等环境条件，有利于防疫，是北方寒冷地区工厂化养羊的理想圈舍，特别适用于待产母羊。封闭式羊舍也分为单坡式和双坡式两种。

三、羊杂交亲本选择

1. 杂交父本选择

（1）选择经过培育的肉羊品种　经过专门化肉羊培育的品种，生产性能好、遗传性能稳定，能够将优良性状稳定地传递到下一代，如无角陶赛特羊、萨福克羊、特克塞尔羊、杜泊羊等。

（2）选择与计划杂种类型相似的品种　例如生产肥羔羊，就应选择早期生长发育快、肉质好、肉用体形好的品种作为父本。

（3）选择外来品种　我国肉羊品种资源虽然丰富，但符合肉羊肥羔生产要求的品种不多。国外不仅肉羊品种资源丰富，而且如前所述许多品种达到了生产性能和体形外貌俱佳的有机结合。同时，国外品种本身所携带的遗传基因与国内品种差异较大，一般情况下杂交效果会更好。

（4）选择纯度高的品种　父本的数量虽少，但影响面远比母本大，俗话说“母羊好，好一窝，公羊好，好一坡”。因此，对杂交父本的纯度要求标准更高，尤其是广泛采用人工授精技术后，更应注重和严格要求纯度。

（5）**根据杂交方法与要求选择品种** 在安排三元杂交的情况下，选择的第一父本要在繁育性能方面与母本有良好的配合力，选择的第二父本在生产性能上要符合和达到预期杂交效果与要求。

2. 杂交母本选择

（1）**选择数量大的品种** 应选择本地区饲养量较大，适应性强，在国家和地方区划上已定位朝肉羊方向发展的品种、品系为母本。我国的绵羊以地方品种居多，经过多年的自然选择和人工选择，都能较好地适应当地的饲料资源和生态条件。选择本地羊作母本将为杂交羔羊能更好地适应当地环境和资源条件奠定基础。根据研究资料介绍，我国大多数地方肉羊品种在划定的范围内，都曾用作母本与引进品种进行过杂交试验。

（2）**选择繁殖力高的品种** 我国肉用绵羊品种的繁殖率在110%～280%，高的类群和个体达到300%以上，差别较大。母羊的产羔数是直接影响肉羊生产经济效益的主要因素，对一只母羊来说，多产一只羔羊的经济效益至少要提高30%。因此，选择繁殖率高的母羊作为杂交母本，是决定杂交肥羔生产成败的关键，是重中之重的技术环节。

（3）**选择泌乳力和母性好的品种** 母羊泌乳力直接影响羔羊的生长发育、增重速度和断奶体重，还会影响羔羊育肥期间的增重和出栏体重。因此，选择泌乳性能好的品种作为杂交母本是非常重要的一环。我国的小尾寒羊、洼地绵羊和湖羊都具备上述特点，适合做肉羊肥羔生产的杂交母本。

（4）**选择中等以上体形的地方品种** 只要不影响主要经济性状，有利于繁殖和杂种羔羊的生长发育，母羊的体形大小不要一概而论。国外引进品种除萨福克之外，普遍存在四肢短、个体矮的现象，这恰好与国内的小尾寒羊、洼地绵羊、湖羊、多浪羊具有互补性。

四、羊繁殖技术

1. 人工授精技术

人工授精技术包括器械的消毒、采精、精液品质检查、精液稀释、母羊发情鉴定和输精等主要技术环节。

（1）采精场地　采精要有一定的采精环境，以便公羊建立起巩固的条件反射，同时防止精液被污染。采精场地应该宽敞、平坦、安静、清洁，场内设有采精架以保定台羊，或设立假台羊，供公羊爬跨进行采精，采精场应与人工授精操作室和公羊舍相连。室内采精场的面积一般为 10 米 ×10 米，并附设喷洒消毒和紫外线照射杀菌设备。

（2）台畜　台畜分为真、假台羊。真台羊是指使用与公羊同种的母羊、阉羊或另一头种公羊作台羊。真台羊应健康、体壮、大小适中、性情温驯。选发情的母羊比较理想，经过训练的公羊、母羊也可作台羊。假台羊即采精台，是模仿母羊体形，选用金属材料或木料做成的一个具有一定支撑力的支架。

（3）采精前的器具准备　假阴道的准备及装配程序：先检验洗涤好的内胎是否破损，然后将内胎装入外壳，光滑面向内腔，将内胎两端翻卷在外壳上，使其松紧适度并用胶圈固定，用 75% 酒精棉球擦拭消毒，待挥发后用生理盐水冲洗，然后装上集精杯。然后按照下述步骤准备假阴道：①灌水，用漏斗由注水孔灌入 50℃左右的温水，水量为内胎与壳之间容量的 1/3 ～ 1/2，即 150 ～ 180 毫升；②涂抹润滑剂，用灭菌玻璃棒蘸取凡士林由阴道入口处均匀涂抹在假阴道内壁，为全长的 1/3 ～ 1/2；③测温，将消毒过的温度计插入内腔，测定温度在 38 ～ 40℃为宜；④调压，从调节钮吹入适量空气，使腔内具有一定压力，压力大小以使内胎面呈三角状为宜。

（4）采精　采精人员蹲在台羊的右后方，右手横握假阴道，食指顶住集精杯，活塞向下，使假阴道前低后高，并与地面呈

35° ～ 40° 角紧靠母羊臀部。当公羊爬跨伸出阴茎时，左手轻托公羊包皮，将阴茎导入假阴道内，公羊猛力前冲并拱腰后，完成射精。当公羊从母羊身上滑下时，将假阴道向后下方移动，并立即倒转竖立，集精瓶一端向下。打开活塞放气，取下集精瓶送检。种公羊每天可采精 1 ～ 2 次，采 3 ～ 5 天休息 1 天。对于体况较好的优秀种公羊可每天采集 3 ～ 4 次，每次间隔 2 小时。

（5）输精 适时输精，对提高母羊的受胎率十分重要。羊的发情持续时间为 24 ～ 48 小时。排卵时间一般多在发情后期 30 ～ 40 小时。因此，比较适宜的输精时间应在发情中期后（即发情后 12 ～ 16 小时）。一般以母羊外部表现来确定母羊是否发情。若上午开始发情的母羊，下午与次日上午各输精 1 次；下午和傍晚开始发情的母羊，在次日上午、下午各输精 1 次。每天早晨 1 次试情的，可在上午、下午各输精 1 次，2 次输精间隔 8 ～ 10 小时为好，至少不低于 6 小时。若每天早晚各 1 次试情的，其输精时间与以通过母羊外部表现来确定母羊发情的相同。如母羊继续发情，可再行输精 1 次。原精输精每只羊每次 0.05 ～ 0.1 毫升，低倍稀释为 0.1 ～ 0.2 毫升，高倍稀释为 0.2 ～ 0.5 毫升，冷冻精液为 0.2 毫升以上。

2. 同期发情技术

（1）孕激素阴道栓法 在羊发情周期的任意一天，将孕激素阴道栓放置在被处理羊的阴道深部（子宫颈口），8 ～ 14 天取出，取栓后几天内羊集中发情。

（2）孕激素阴道栓 + 孕马血清促性腺激素（PMSG）法 在羊发情周期的任意一天，将孕激素阴道栓放置在被处理羊的阴道深部，8 ～ 14 天取出。取栓的前 1 天，每只羊注射 PMSG 250 ～ 400 单位。

（3）孕激素皮下埋植法 在繁殖季节，给羊耳皮下埋植孕激素药管 6 ～ 9 天，再注射孕马血清促性腺激素 10 国际单位 / 千克，72 小时内母羊的同期发情率达 80% 以上，并可提高产羔率。

3. 频密产羔技术

母羊频密产羔技术是指通过将母羊发情诱导技术、羔羊早期断奶技术、母羊饲养技术等进行优化组合，合理组织生产，实现繁殖母羊一年两产或者两年三产的目的。频繁产羔体系，亦称密集繁殖体系，是随着现代集约化肉羊及肥羔生产而发展起来的高效生产体系。其含义是：打破羊的季节性繁殖特性，一年四季发情配种，全年均衡产羔，使繁殖母羊每年提供最多的胴体重量。其特点是：最大限度地发挥母羊的生产性能，全年均衡供应羊肉上市，缩短资金周转期；提高设备利用率和劳动生产率，降低成本；便于进行集约化的科学管理。频繁产羔体系有如下几种形式。

（1）一年两产体系　一年两产体系的核心技术是母羊发情调控、羔羊超早期断奶、早期妊娠检查等。按照一年两产生产的要求，制订周密的生产计划，将饲养、兽医保健、管理等融合在一起，最终达到预定生产目标。一年两产的第一产宜选在 12 月，第二产宜选在 7 月。一般在部分母羊群中实施比较可行，所有大群实施具有较大难度。

（2）两年三产体系　要达到两年三产，母羊必须每 8 个月产羔 1 次。该生产体系通常有固定的配种和产羔计划，如安排在每年 5 月配种，10 月产羔；1 月配种，6 月产羔；9 月配种，2 月产羔。羔羊通常在 2 月龄时断奶，母羊断奶后 1 个月进行配种。为了达到全年均衡产羔，在生产中将羊群分成产羔间隔相互错开的 4 个组，每 2 个月安排 1 次生产。如果母羊在第1组内妊娠失效，2 个月后可参加下组配种。

（3）三年四产体系　三年四产体系是按产羔间隔 9 个月设计的，这种体系适宜于多胎品种的母羊，通常首次配种在母羊产后第 4 个月进行，以后几轮则是在产后第 3 个月配种，即 1 月、4 月、7 月和 10 月产羔，5 月、8 月、11 月和第二年 2 月份配种。这样，全群母羊的产羔间隔为 6 个月和 9 个月。

（4）三年五产体系　三年五产体系又称星式产羔体系，是全年产羔的方案。羊群可被分为3组，开始时，第1组母羊在第一期产羔，第二期配种，第四期产羔，第五期再配种；第2组母羊在第二期产羔，第三期配种，第五期产羔，第一期再次配种。如此周而复始，产羔间隔7.2个月。该体系和规模化养猪生产节律安排相似，但是必须保证母羊群最佳繁殖年龄、良好的饲养管理条件和精细的生产组织管理条件。

五、羊饲养管理

1. 种公羊饲养管理

（1）加强营养　种公羊在配种期前1～1.5个月，日粮由非配种期日粮逐渐变为配种期日粮。日粮中禾本科干草占35%～40%，多汁饲料占20%～25%，精料占45%；放牧的种公羊，除保证在优质草场放牧外，每日补饲1.0～1.5千克混合精料。体重80～90千克的种公羊配种期每日需饲喂：混合精料1.2～1.4千克，苜蓿干草或其他优质干草2千克，胡萝卜0.5～1.5千克，食盐12～20克，骨粉5～10克，血粉或鱼粉5克。每日的饲草分2～3次供给，充分饮水。采精频繁时，每只羊每日增加1～2枚鸡蛋。

（2）增加运动量　配种期间，须增加种公羊运动量。舍饲条件下，除运动场上自由运动外，须保证运动道上人工驱赶，每日中等运动量不少于2小时（早晚各1小时）。放牧条件下，种公羊放牧运动时间不低于6小时。对精子活力较差、放牧的运动量不足的种公羊，每天早上可酌情定时、定距离和定速度人工驱赶运动1次。

（3）控制采精频率　实践证明，种公羊最大采精频率可达15次/天。但是为了保证精液品质、羊体健康及其使用寿命，必须适当控制每天的采精次数。种公羊在配种前一个月开始采精，检查精液品质。开始采精时，一周采精一次，之后一周两次，以后两天1次，到配种时每天采精1～2次，成年种公羊每天采精可多达

3～4次。多次采精的种公羊，两次采精的时间间隔不少于2小时，保证其有足够的休息时间。种公羊的采精次数应根据种羊的年龄、体况和种用价值确定。

2. 非配种期种公羊的饲养管理要点

① 种公羊在非配种期，虽然没有配种任务，但仍不能忽视饲养管理工作，应供应充足的能量、蛋白质、维生素和矿物质，保持中等膘性。

② 配种期过后，因种公羊的体况都具有不同程度的下降，这时的饲养管理以恢复种公羊的体况为主。精料喂给量不减，增加放牧或运动时间，经过一段时间待体况恢复后再适量减少精料，逐渐过渡到非配种期饲养。

③ 非配种期每日每只种公羊喂给精料0.6～0.8千克，冬春季节注意补饲优质干草和胡萝卜。

3. 母羊饲养管理

① 在配种前1～1.5个月按照饲养标准配制日粮进行短期优饲，对体况差、营养不良、泌乳力高或带双羔的母羊要加强营养管理，使母羊获得足够的蛋白质、矿物质、维生素，以及保持良好的体况，保证母羊发情早、排卵多、发情度整齐，提高受胎率和多羔率。

② 配种前15～20天注重蛋白质与维生素特别是维生素E饲料的供给。有条件的养殖场或农牧民可在配种前3周肌内注射维生素E和亚硒酸钠，促进卵泡发育。

③ 切忌日粮能量浓度过高，对于体质过肥的母羊，应采取限制饲养的方法，饲料供应以粗饲料为主，甚至完全饲喂粗饲料，以恢复母羊的种用价值。

④ 把好空怀母羊发情诊断重要环节，对发情母羊表现不明显的羊只，要注意观察、组织试情公羊进行试情，以免漏配。

⑤ 对有阴道炎和其他繁殖障碍的母羊应尽快治疗，使其恢复繁殖功能；对老、残的母羊尽早淘汰。

⑥ 加强运动，做好免疫和驱虫。

4. 妊娠母羊饲养管理

① 日粮营养水平略高于空怀母羊或与其相当，以满足母羊和胎儿体重增长的需要。

② 营养均衡供给，此时期胎儿生长发育缓慢，所需营养和空怀期基本相近，一般的母羊可适当增加精料或不增加精料。但是必须严格保证饲料质量、营养平衡和母羊所需营养物质的全价性。在舍饲情况下，应补喂一定量的优质蛋白质饲料。

③ 供应充足饮水、保持圈舍卫生清洁、干燥、安静，要做好夏季防暑降温和冬季保暖工作。

④ 尽量避免母羊受惊猛跑、出入圈舍拥挤，不饮冰水、不走滑冰道、不爬大坡，防止发生早期流产。

⑤ 禁止公羊入群、爬跨，防止母羊打斗。

⑥ 配种后 35 天内不得长途迁移或运输。

⑦ 避免母羊吃霜草、霉烂或有毒饲料。

5. 泌乳前期母羊饲养管理

① 泌乳期是母羊整个生产周期中生理代谢最为旺盛的时期，营养需求量大、质量高。因此，应根据母羊的体况及所哺乳羔羊的数量，按照营养标准配制日粮。日粮中精料比例相对较大，粗饲料宜多喂优质青干草、多汁饲料、青贮料，糟渣类饲料慎喂，新鲜番茄渣以不超过粗饲料总量的 20% 为宜，饮水要充足。

② 泌乳前期第一个月，母子分离饲养、定时哺乳、晚间合群，以便羔羊补饲和母羊采食及休息。羔羊一般不随母羊外出放牧，1 个月后母子合群外出放牧，但晚间母子分离，羔羊继续补饲。单羔、双羔分群分圈饲养，适当照顾初产母羊。

③ 母羊产后 1 周内的母子群应舍饲或就近放牧，1 周后逐渐延长放牧距离和时间，阴雨天、风雪天禁止舍外放牧。泌乳前期母羊应以舍饲为主，放牧为辅。

④ 母羊产前和产后 1 小时左右都应饮温水，产后第一次饮水（可以是麸皮水或红糖水）不宜过多。冬季产羔，注意保暖，保持圈舍干燥，切忌饮用冰冷水。

⑤ 产后 3 天开始对母羊补饲精料，酌情逐渐增加精料的喂量，注意避免消化不良或乳腺炎发生。

6. 泌乳后期母羊饲养管理

① 泌乳后期母羊的营养与日粮应按照母羊在该时期的饲养标准配制，日粮中多汁饲料、青贮饲料和精料比例较泌乳前期减少，营养水平也有所下降。

② 泌乳后期母羊应以放牧为主，逐渐取消补饲，处于枯草期的泌乳期母羊，可适当补喂青干草。

③ 泌乳后期放牧和饲养条件较差的地方，羔羊断奶日龄以 90 ～ 120 天为宜；一般舍饲羔羊断奶日龄以 60 ～ 90 天为宜；使用羔羊代乳料饲喂的多羔母羊，羔羊断奶日龄以 30 ～ 45 天为宜。

④ 要经常检查母羊乳房，发现异常情况及时采取相应措施处理。为预防乳腺炎的发生，可在羔羊断奶前一周内在母羊日粮（精饲料）中适量加入维生素 E，也可饮水口服或肌内注射。

7. 育成羊饲养管理

4 ～ 6 月龄是育成羊培育最关键的时期，这时期的羊正处于快速发育阶段，对营养的需求水平较高。而这个时期又恰在刚断奶、春草萌发、青黄不接的饲料转换阶段，成为后备羊培育成育成羊阶段的桎梏。因此，刚断奶的后备羊营养需求主要来自精饲料、混合精料，补饲至少应延长 1 个月，结合放牧补饲一定量的优质青干草（苜蓿）和青绿多汁饲料（玉米青贮），不要断然停止补饲。在舍饲养殖条件下育成羊日粮仍以精饲料为主、优质青干草为辅，注意补充维生素和微量元素添加剂或块根块茎类饲料，块根块茎类饲料要切片，饲喂时要少喂勤喂。育成羊阶段仍需注意精料量，有优质豆科干草时，日粮中精料的粗蛋白质含量提高到 15% 或 16%，混合精料中的能量水平占总日粮能量的70%左右为宜，每天喂混合精料以0.4千克为好，同时，还需要注意矿物质（钙、磷、食盐）的补给。育成公羊由于生长发育比育成母羊快，因此，精料需要量多于育成母羊。

8. 羔羊饲养管理

羔羊的饲养管理的主要任务有以下几点。

（1）尽早吃上初乳 羔羊出生后剥去胎蹄，便于尽快站起来，尽早吃上初乳。对因自身体质较弱、母羊母性不强难以自己吃奶的羔羊，须人工协助（保定母羊、辅助羔羊）使其吃到第一次初乳；对于丧母、母羊无奶、母羊初奶不下的羔羊，须寻找保姆羊使其尽早吃到初乳。如此坚持数天，让羔羊吃足初乳。

（2）尽早吃饱初乳 初乳是指母羊产后3～5天内分泌的乳汁，其乳质黏稠、营养丰富，易被羔羊消化，是任何食物不可代替的食料。同时，由于初乳中富含镁盐，镁离子具有轻泻作用，能促进胎粪排出，防止便秘；初乳中还含有较多的免疫球蛋白和白蛋白，以及其他抗体和溶菌酶，对抵抗疾病，增强体质具有重要作用。羔羊在初生后半小时内应该保证吃到初乳，对吃不到初乳的羔羊，最好能让其吃到其他母羊的初乳，否则很难成活。对不会吃乳的羔羊要进行人工辅助。

（3）羔羊免疫接种 羔羊出生半小时后称初生重，出生后12小时内肌内注射“破伤风抗菌素”灭活苗，预防感染破伤风。出生后1周内接种“三联四防”灭活苗（1毫升/只，肌内注射），避免抵抗力低且体质弱的羔羊感染上产气夹膜梭菌，造成羊只大批死亡。

（4）注意卫生 初生羔羊吃不到初乳或初乳不足，胎粪常粘在肛门周围形成干粪，甚至堵塞肛门，所以应及时清理肛门周围的胎粪，保持尾部干燥和清洁。

（5）注意保温 初生羔羊被毛稀疏、单薄，体温调节能力差，冬季尤其要注意产羔舍增温保暖，舍内温度应保持在5～10℃。

六、羊场的生物安全措施

羊场生物安全措施在保证羊群健康中起着决定性作用，同时也可最大限度地减少养殖场对周围环境的不利影响。肉羊场生物安全措施包括隔离、生物安全通道、卫生消毒、人员管理、物流控制、免疫及健康监测等要素。

1. 隔离

隔离措施主要包括空间距离隔离和设置隔离屏障。

（1）空间距离隔离　羊场场址应选择在地势高燥、水质良好、排水方便的地方，远离交通干线和居民区 1000 米以上，距离其他饲养场 1500 米以上，距离屠宰场、畜产品加工厂、垃圾及污水处理厂 2000 米以上。

根据生物安全要求的不同，羊场区划分为放牧区、生产区、管理区和生活区，各个功能区之间的间距不少于 50 米，羊舍之间的距离不应少于 10 米。

（2）设置隔离屏障　隔离屏障包括围墙、围栏、防疫壕沟、绿化带等。

羊场应设有围墙或围栏，将羊场从外界环境中明确地划分出来，并起到限制场外人员、动物、车辆等自由进出养殖场的作用。围墙外建立绿化隔离带，场门口设警示标志。

放牧区、生产区、管理区和生活区之间设围墙或建立绿化隔离带。

在远离放牧区和生产区的下风向区建立隔离观察室，四周设隔离带，重点对疑似病羊进行隔离观察。有条件的羊场应建立真正意义上的、各方面都独立运作的隔离区，重点对新进场动物、外出归场的人员、购买的各种原料、周转物品、交通工具等进行全面的消毒和隔离。

2. 生物安全通道

生物安全通道有两方面的含义：一是进出羊场必须经由生物

安全通道；二是通过生物安全通道进出羊场可以保证生物安全。

① 羊场应尽量减少出入通道，最好场区、生产区和羊舍只保留一个经常出入的通道。

② 生物安全通道要设专人把守，限制人员和车辆进出，并监督人员和车辆执行各项生物安全制度。

③ 设置必要的生物安全设施，包括符合要求的消毒池、消毒通道、装有紫外灯的更衣室等。

④ 场区道路尽可能实现硬化，清洁道和污染道分开且互不交叉。

3. 消毒

在生产过程中保持内外环境的清洁非常重要，清洁是发挥良好消毒作用的基础。羊场场区要求无杂草、垃圾；场区净道、污道分开；道路硬化，两旁有排水沟；沟底硬化，不积水；排水方向从清洁区流向污染区。熏蒸消毒圈舍时，舍内温度保持在18～28℃，空气中的相对湿度达到70%以上才能很好地起到消毒作用。盛装药品的容器应耐热、耐腐蚀，容积应不小于福尔马林和水总容积的3倍，以免福尔马林沸腾时溢出灼伤人。根据不同消毒药物的消毒作用、特性、成分、原理、使用方法及消毒对象、目的、疫病种类，选用两种或两种以上的消毒剂交替使用，但更换频率不宜太高，以防相互间产生化学反应，影响消毒效果。消毒操作人员要佩戴防护用品，以免消毒药物刺激眼、手、皮肤及黏膜等。同时也应注意避免消毒药物伤害动物及损伤物品。消毒剂稀释后稳定性变差，不宜久存，应现用现配，一次用完。配制消毒药液应选择杂质较少的深井水或自来水。寒冷季节水温要高一些，以防水分蒸发引起家畜受凉而患病；炎热季节水温要低一些并选在气温最高时，以便消毒的同时起到防暑降温的作用。喷雾用药物的浓度要均匀，对不易溶于水的药应充分搅拌使其溶解。生产区门口及各圈舍前的消毒池内药液应定期更换。

七、粪便无害化处理

羊粪即是宝贵的资源，又是严重的污染源，如不经妥善处理即排入环境中，将会对地表水、地下水、土壤和空气造成严重污染，危及畜禽本身及人体健康。粪便的无害化处理是现代集约化、规模化肉羊场建设必不可少的重要环节。

粪尿适宜寄生虫及病原微生物的寄生、繁殖和传播。羊粪便不利于羊场的卫生和防疫，为了变不利为有利，羊粪便需要进行无害化处理。国家颁布的《畜禽养殖业污染物排放标准》（GB 18596—2001）中明确规定，用于直接还田的畜禽粪便，必须进行无害化处理。最新颁布的中华人民共和国国务院令第643号《畜禽规模养殖污染防治条例》（2014年1月1日起实施）明确指出，要防治畜禽养殖污染，推进畜禽养殖废弃物的综合利用和无害化处理，保护和改善环境，保障公众身体健康，促进畜牧业持续健康发展。

羊粪便无害化环境标准是：蛔虫卵的死亡率≥95%；粪大肠菌群数≤10个/千克。恶臭污染物排放标准是：臭气浓度标准值为70。羊粪便无害化处理主要是指通过物理、化学、生物等方法，杀灭病原体，改变羊粪中适宜病原体寄生、繁殖和传播的环境，保持和增加羊粪便有机物的含量，达到污染物的资源化利用。

1. 粪便处理方法

（1）发酵处理

① 充气动态发酵：在适宜的温度、湿度以及供氧充足的条件下，好气菌迅速繁殖，将粪便中的有机物质分解成易吸收的物质，同时释放出硫化氢、氨等气体。在45～55℃下处理12小时左右，可生产出优质有机肥料和再生肥料。

② 堆肥发酵：传统处理羊粪便消毒方法中，最实用的方法是生物热消毒法，即在距羊场100～200米以外的地方设堆粪场，将羊粪便堆积起来，上面覆盖10厘米厚的沙土，发酵30天左右，利

用微生物进行生物化学反应，分解熟化羊粪便中的异味有机物，随着堆肥温度升高，杀灭其中的病原菌、虫卵和蛆蛹，达到无害化处理并成为优质肥料的目的。

③ 沼气发酵：沼气处理是厌氧发酵过程，可直接对粪便进行处理。其优点是产出的沼气是一种高热值可燃气体，沼渣是很好的肥料，经过处理的干沼渣还可作饲料。

（2）干燥处理

① 脱水干燥处理：通过脱水干燥，使其中的含水率降低到15%以下，便于包装运输，又可抑制畜粪中微生物活动，减少养分（如蛋白质）损失。

② 高温快速干燥处理：采用以回转圆筒烘干炉为代表的高温快速干燥设备，可在短时间（10分钟左右）内将含水率为70%的湿粪，迅速干燥至含水率仅10%～15%的干粪。

③ 太阳能自然干燥处理：采用专用的塑料大棚，长度可达60～90米，内有混凝土槽，两侧为导轨，在导轨上安装搅拌装置。湿粪装入混凝土槽，搅拌装置沿着导轨在大棚内反复行走，通过搅拌板的正反向转动来捣碎、翻动和推送羊粪，并通过强制通风排出大棚内的水汽，达到干燥畜粪的目的。夏季只需要1周即可把畜粪的含水率降到10%左右。

2. 粪便资源化综合利用

（1）粪便有机肥化 羊粪属热性肥料，适用于凉性土壤和阴坡地。羊粪含有机质24%～27%，氮0.7%～0.8%，磷（五氧化二磷）0.45%～0.60%，钾（氧化钾）0.4%～0.5%。羊粪较细，养分浓厚，含有丰富的氮、磷、钾等微量元素和高效有机质；羊粪能活化土壤中大量存留的氮、磷、钾，有助于农作物的吸收；同时，还能显著提高农作物的抗病、抗逆、抗掉花和抗掉果能力。与施用无机肥相比，施用羊粪可使粮食作物增产10%以上，蔬菜增产30%左右，块根作物增产40%左右。

（2）粪便基质化 应用羊粪和木屑等有机废弃物直接堆制有

机栽培基质过程中，废弃物的有机基质腐熟过程类似于有机肥堆肥，堆温的主要影响因素包括堆料有机质含量、初始含水率、堆肥通气条件等，堆温的上升速度和高温的维持时间与堆料的有机质含量呈正相关。一定比例的羊粪与木屑等有机废弃物直接混合堆制后的腐熟堆料适用于作为普通作物栽培基质。一定比例的羊粪和木屑、药渣、茶渣混合，在适宜的好氧条件与湿度条件下堆制可直接生产有机栽培基质，易于实现有机栽培基质的工厂化生产。

（3）粪便能源化　沼气作为清洁的可再生能源，经中国几十年来的研究与发展，在农村户用沼气技术上已相当成熟，推广普及率较高，已在广大农村产生了显著的生态效益和经济效益。粪便进行厌氧消化，产生的沼气经过脱硫、脱水、脱杂净化后进入贮气柜，实行沼气发电或供村民使用。沼渣进入预留干化场，作生产有机肥的原料。沼液流入沉淀池，沉淀后上清液流入贮存池，用于附近的农田和林地。

八、舍饲养羊疾病防治的基本原则

舍饲养羊除饲养管理方面与放牧饲养有不同之外，在疫病预防及常发病防治上也与放牧养羊有很多不同之处。舍饲养羊疾病的防治必须坚持“预防为主”的方针，应加强饲养管理，搞好环境卫生，做好防疫、检疫工作，坚持定期驱虫、预防中毒等综合性防治措施。现将舍饲养羊疫病的预防及常见病防治总结如下。

1. 加强饲养管理——提高羊体的抵抗力

（1）坚持自繁自养　羊场或养羊专业户应该选择健康的良种公羊和母羊，自行繁殖，以提高羊的品质和生产性能，增强对疾病的抵抗力，并减少入场检疫的劳务，防止因引入新羊而带来病原体。同时做好系谱记录，防止近亲交配。

（2）做好饲料贮备，满足羊的营养需要，提高羊的抗病力　营养对正在发育的幼龄羊、妊娠期和泌乳期的成年母羊和种公羊尤其重要，特别在配种期更需要保证较高的营养水平，饲料应多样化、营养全面，以利于羊的生长发育与繁殖。

（3）在舍内应有适度的运动，防止引起前胃弛缓等疾病。

2. 加强环境卫生与消毒——杀灭病原微生物

（1）环境卫生　从建场开始就应考虑场地的卫生、防疫设施，选择地势高、交通方便而又远离公路，水源水质条件好而不在低洼处建场，有一定规模的场要有兽医室、人工授精室等。平时为了净化周围环境，减少病原微生物滋生和传播的机会，一是对羊的圈舍、活动场地及用具等要经常保持清洁、干燥；二是粪便及污物要做到及时清除，并堆积发酵；三是防止饲草、饲料发霉变质，尽量保持新鲜、清洁以及其水源的清洁；四是注意消灭蚊蝇，防止鼠害、飞鸟等。

（2）消毒　消毒的目的是消灭传染源，杀灭散播于外界环境中的病原微生物，切断传播途径，阻止疫病继续蔓延。羊场应建立切实可行的消毒制度，定期对羊舍（包括用具）地面土壤、粪便、污水、皮毛等进行消毒。

① 羊舍消毒：羊舍除保持干燥、通风、冬暖夏凉以外，平时还应做好消毒。一般分两个步骤进行：第一步先进行机械清扫；第二步用消毒液。羊舍及运动场应每周进行 1 次消毒，整个羊舍用 2% ～ 4% 氢氧化钠消毒或用 1 ：（1800 ～ 3000）的百毒杀带羊消毒。

② 入场消毒：羊场应设有消毒室，室内两侧、顶壁设紫外灯；地面设消毒池，用麻袋片或草垫浸 4% 氢氧化钠溶液；入场人员要更换鞋，穿专用工作服，并做好人员登记；场大门车辆出入口设消毒池，经常喷 4% 氢氧化钠溶液或 3% 过氧乙酸等。消毒方法是将消毒液盛于喷雾器，喷洒天花板、墙壁、地面，然后开门窗通风，并用清水刷洗饲槽、用具，将消毒药味去除。如羊舍有密闭条件，可在舍内无羊时，关闭门窗，用福尔马林熏蒸消毒 12 ～ 24 小时，然后开窗通风 24 小时，福尔马林的用量为每立方米空间

用 25 ～ 50 毫升，加等量水，加热蒸发。在一般情况下，羊舍消毒每周 1 次，每年再进行 2 次大消毒。产房的消毒，在产羔前应进行 1 次，产羔高峰时要进行多次，产羔结束后再进行 1 次。在病羊舍、隔离舍的出入口处应放置浸有 4% 氢氧化钠溶液的麻袋片或草垫，以免病原扩散。

③ 地面土壤消毒：土壤表面可用 10% 漂白粉溶液、4% 福尔马林或 10% 氢氧化钠溶液进行消毒。停放过芽孢杆菌所致传染病（如炭疽）的病羊尸体的场所，应严格加以消毒。首先用上述漂白粉溶液喷洒地面，然后将表层土壤掘起 30 厘米以上，撒上干漂白粉与土混合，将此表土妥善运出掩埋。

④ 粪便消毒：羊的粪便消毒方法有多种，最实用的方法是生物热消毒法，即在距羊场 100 ～ 200 米以外的地方设堆粪场，将羊粪堆积起来，喷少量水，上面覆盖湿泥封严，堆放发酵 30 天左右，即可作肥料。

⑤ 污水消毒：最常用的方法是将污水引入处理池，加入化学药品（如漂白粉或其他氯制剂）进行消毒，用量视污水量而定，一般 1 升污水用 2 ～ 5 克漂白粉。

3. 免疫接种

免疫接种疫苗可激发动物机体对某种传染病发生特异性抵抗力，是动物从易感转为不易感的一种手段。在平时常发生某种传染病的地区或有某些传染潜在危险的地区，有计划地对健康羊群进行免疫接种，是预防和控制羊传染病的重要措施之一。各地区、各羊场可能发生的传染病各异，而可以预防这些传染病的疫苗又不尽相同，免疫期长短不一，因此羊场往往需用多种疫（菌）苗来预防不同的羊传染病，这就要根据各种疫苗的免疫特性和本地区的发病情况，合理安排疫苗种类、免疫次数和间隔时间。如防羊梭菌病用“羊四防”苗；重点预防羔羊痢疾时，应在母羊配种前 1 ～ 2 个月或配种后 1 个月左右进行预防注射。目前在国内还没有一个统一的羊免疫程序，只能在实践中探索，不断总结经验，制订出适合本地

区、本羊场具体情况的免疫程序。

4. 药物预防

药物预防是指把安全而价格低廉的药物加入饲料或饮水中进行的群体药物预防。常用的药物有磺胺类药物、抗生素和微生态制剂。药物占饲料或饮水的比例一般是：磺胺类药预防量占0.1%～0.2%，四环素族抗生素预防量占0.01%～0.3%，一般连用5～7天，必要时也可酌情延长。此外，成年羊口服土霉素等抗生素时，常会引起肠炎等中毒反应，必须注意，微生态制剂可长期添加，但不能和抗菌药物同用。

5. 定期驱虫

在羊的寄生虫病防治过程中，多采取定期（每年2～3次）预防性驱虫的方式，以避免羊在轻度感染后进一步发展而造成严重危害。驱虫时机要根据对当地羊寄生虫的季节动态调查而定，一般可在每年春、秋季各安排1次，这样有利于羊的抓膘及安全越冬。常用驱虫药的种类很多，如驱除多种线虫的左旋咪唑，可驱除多种绦虫和吸虫的吡喹酮，能驱除多种体内蠕虫的阿苯达唑、芬苯达唑、甲苯咪唑，以及既可驱除体内线虫又可杀灭多种体表寄生虫的伊维菌素、碘硝酚等，又可预防和治疗羊焦虫病的三氮脒等。所以在实践中，应根据当地羊体寄生虫病流行情况，选择合适的药物和给药时机、给药途径。

6. 检疫——杜绝传染病入场

检疫是应用各种诊断方法（临床的、实验室的）对羊及其产品进行疫病（主要是传染病和寄生虫病）检查，并采用相应的措施，以防止疫病的发生和传播。为了做好检疫工作，必须有一定的检疫手续，以便在羊流通的各个环节中做到层层检疫，环环紧扣，互相制约，从而杜绝疫病的传播与蔓延。羊从生产到出售，要经过出入场检疫、收购检疫、运输检疫和屠宰检疫，涉及外贸时，还要进行进出口检疫。出入场检疫是所有检疫中最基本最重要的检疫，羊只

须从非疫区购入，经当地兽医检疫部门检疫，并签发检疫合格证明书，在运抵目的地后，再经本场或专业户所在地兽医部门验证，检疫并隔离观察 1 个月以上，确认为健康者，经驱虫、消毒，没有注射过疫苗的还要补注疫苗，然后方可与原有羊混群饲养。有时还需在场内单独放牧一段时间。羊场采用的饲料和用具也要从安全地区购入，以防疫病传入。

7. 发生传染病时采取果断措施

羊群发生传染病时，应立即采取一系列紧急措施，就地扑灭，以防疫情扩大。兽医人员要立即向上级部门报告疫情，同时要立即将病羊和健康羊隔离，不让它们有任何接触，以防健康羊受到传染，对于发病前与病羊有过接触的羊（可疑感染羊），也必须单独圈养，经过 20 天以上的观察确认不发病者，才能与健康羊合群；如有出现病状的羊，则按病羊处理。对已隔离的病羊，要及时进行药物治疗；隔离场所禁止人、畜出入和接近，工作人员出入应遵守消毒制度；隔离区内的用具、饲料、粪便等，未经彻底消毒不得运出；没有治疗价值的病羊，由兽医根据国家规定进行严格处理，病羊尸体要焚烧或深埋，不得随意抛弃。对健康羊和可疑感染羊，要进行疫苗紧急接种或用药物进行预防性治疗。发生口蹄疫、羊痘等急性烈性传染病时，应立即报告有关部门，划定疫区，采取严格的隔离封锁措施，并组织力量尽快扑灭。

8. 预防中毒

引起羊中毒的原因有很多，如食用有毒植物、饲喂发霉饲料、饲料调配不当、施用农药及化肥、施放灭鼠药等均可引起羊中毒的发生，在平时饲养管理过程中，应设法除去病因，以防止羊发生中毒。羊一旦发生中毒，首先应使羊离开毒物现场，使其不能再食入或接触毒物，食入毒物的羊应尽快洗胃排出或投服泻剂及吸附药物，同时静脉放血后输入相应的葡萄糖生理盐水，也可注射利尿剂以促使毒物从肾脏排出。采取上述措施的同时再根据毒物性质给以解毒药，如有机磷中毒用阿托品、解磷定，砷制剂中毒用二巯基丙醇，酸中毒用碳酸氢钠、石灰水等，同时结合不同情况给以强心剂、利尿剂和镇静剂。

九、养羊管理时间任务表

1. 1～2月份

（1）主要生产任务 保膘、保胎、保羔、保健、防疫、驱虫，普通病防治；产好冬羔和早春羔。

（2）具体生产环节与工作

① 畜牧：按照饲养管理技术操作规程，规范饲养管理；将最优良的饲草料喂给母羊和羔羊；保胎防流产、早产、死胎、怪胎等；养殖户一定要做好接产助产与羔羊培育工作，使羔羊全产、全活、全壮，保证羔羊吃足初乳和常乳，羔羊编号，长瘦尾断尾；做好乳与草料过渡关；制订春季选配计划；加强种公羊饲养管理。

② 兽医：制订春季防疫和驱虫计划；加强消毒、检疫与隔离，防患于未然；普通病以防治消化系统病、呼吸系统病及产科病为主；注射三联四防或四联五防苗。

③ 管理：以保胎、产羔为中心，抓好初春各项生产工作。

2. 3～4月份

（1）主要生产任务 保膘、复膘、保胎、保羔、保健；防疫、驱虫，诊治普通病；产好早春羔和晚春羔；抓好春季放牧和春季种草工作。

（2）具体生产环节与工作

① 畜牧：除继续上期生产与工作外，养殖户要使产冬羔和早春羔的母羊尽快复膘；羔羊编号，长瘦尾断尾；冬羔要适时断奶；早春羔做好乳与草料过渡关；此期特别要对产晚春羔的母羊保膘；搞好种羊鉴定和春季配种；抓好春季放牧工作；做好春季种草工作。

② 兽医：防疫，3 月份注射羊痘、山羊传染性胸膜肺炎、布病苗；4 月份注射炭疽、口蹄疫、传染性脓疱、链球菌苗。驱虫，以驱除消化道寄生虫为主。严格做好消毒、检疫、隔离工作。加强普通病防治。

③ 管理：以产羔和羔羊培育为中心，全面安排好各项生产工作。

3. 5 ~ 6 月份

(1) 主要生产任务　复膘、育羔、早春羔断奶；加强夏季生产管理和放牧；防病治病。

(2) 具体生产环节与工作

① 畜牧：抓好夏膘，使产晚春羔的母羊尽快复膘；做好防暑工作；早春羔断奶，晚春羔编号，长瘦尾断尾；晚春羔做好乳与草料过渡关；青年羊培育；种羊鉴定、剪毛、修蹄；制订秋季选配计划。

② 兽医：做好消毒、检疫、隔离工作，普通病防治，山羊和绵羊剪毛后药浴。

③ 管理：以抓好夏膘和春夏之交羊只繁育管理为中心，重点加强羔羊和青年羊的培育。

4. 7 月份

(1) 主要生产任务　抓复膘，防暑热，加强夏季放牧与舍饲管理；防病治病。

(2) 具体生产环节与工作

① 畜牧：继续抓好复膘，做好防暑工作，晚春羔断奶；青年羊培育；种羊修蹄；做好秋配准备工作；加强种公羊饲养管理及精液品质检查等工作。

② 兽医：做好消毒、检疫、隔离工作，普通病防治，山羊和绵羊剪毛后药浴。

③ 管理：以抓好夏膘为中心，做好防暑、青年羊培育和秋配

准备工作。

5. 8 ~ 9月份

（1）主要生产任务　抓秋膘与秋配；青年羊培育；种草与贮备饲草；调整羊群，加强管理；防病治病。

（2）具体生产环节与工作

① 畜牧：配冬羔和早春羔；做好舍饲与放牧抓膘；抓住青年羊培育的关键时期；种好人工牧草，贮备青干草和青贮料；将老、弱、病、残及生产性能低下者与肥育羊一起淘汰出栏；选留优良健壮公、母羊过冬春季节；粗毛羊和半粗毛羊剪秋毛；羊只修蹄、去势等。

② 兽医：防疫，8月份注射三联四防苗或四联五防苗、口蹄疫苗、链球菌苗，9月份注射传染性脓疱苗、炭疽苗；做好消毒、检疫、隔离工作。驱虫，以驱除消化道、呼吸道寄生虫为主；普通病防治，山羊和绵羊剪秋毛后药浴。

③ 管理：抓好秋膘秋种、秋贮与秋配中心生产环节，为羊只安全越冬度春、减少损失做好各项工作。

6. 10 ~ 11月份

（1）主要生产任务　防寒保暖，保膘、保胎、接产育羔，防病治病。

（2）具体生产环节与工作

① 畜牧：健全防寒设施是关键工作环节，使羊保膘不掉膘；使冬羔和早春羔不流产、不早产、无死胎，胎儿发育健壮；产秋羔的要做好接产助产和育羔工作；配晚春羔的要做到全配全怀；继续贮好贮足冬春用草料。

② 兽医：注射大肠杆菌苗；做好消毒、检疫、隔离及妥善处理工作；防治羊鼻蝇等寄生虫病；做好普通病防治。

③ 管理：抓好秋冬之交的防寒、贮草和秋配工作是羊只过冬度春的关键所在，做好此期各项工作，为来年生产获得丰收奠定良

好的基础。

7.12 月份

（1）主要生产任务　防寒保暖，精心饲养，保膘、保胎，培育秋羔和青年羊，防病治病。

（2）具体生产环节与工作

① 畜牧：按规定实施冬春羊只饲养管理技术操作规程，精心饲养管理好怀孕母羊，保胎是来年羔羊丰收的保证；做好秋羔断奶关；继续搞好青年羊培育；始终重视防寒保暖工作；重视消毒、检疫和防病治病工作。

② 兽医：做好消毒、检疫、隔离及妥善处理工作，做好体外寄生虫病防治和普通病防治。

③ 管理：继续抓好以防寒保暖、保胎育幼为中心的冬季饲养管理工作，此期工作最重要。

附录二 羊的免疫

防疫就是指有目的地采取一些措施，提高羊的身体素质，增强其抗病能力。免疫就是指通过人为的接种某种疫苗，使其抗体通过一系列的免疫应答活动而形成对抗病原微生物侵入的能力。防疫、免疫是养羊场（户）工作的重中之重，只有搞好防疫、免疫，才能减少羊疫病的发生，减少医药费用支出和羊死亡的损失，获取更大的经济效益。

羊常见传染病较多，如炭疽病、口蹄疫、痘病、布鲁氏菌病、大肠杆菌病、链球菌病、传染性胸膜肺炎、传染性脓包等，危害严重，尤其是梭菌感染引起的疫病，如快疫、黑疫、猝狙、肠毒血症、羔羊痢疾等，常常引起羊急性猝死，发病后几乎没有治疗时间。

疫苗免疫是预防和控制传染病的最有效方法，应高度重视疫苗免疫工作。在进行疫苗免疫前后需要对羊进行检查并规范操作，才能确保疫苗免疫成功，同时也能确保操作人员及动物的健康。

预防这些疫病都有相应的疫苗，免疫保护期大多为半年至一年，应根据当地的疫情特点，制订合理的免疫接种计划，按照程序定期进行免疫接种，不要盲目地乱接种，否则会诱发某些疾病。

一、免疫前的检查

① 在注射疫苗前仔细阅读疫苗产品说明书和认真调查免疫动

物健康状况，对病畜、瘦弱畜和临产动物不进行免疫注射，待机体恢复正常后再进行免疫注射；对曾有过疫苗反应病史的动物，在注射疫苗前，先皮下注射 5 毫克 0.1% 盐酸肾上腺素后再注射疫苗，可减少不良反应的发生。

② 动物饲养环境及自身机体健康状况均是影响免疫的重要因素。在环境方面，定期或不定期对圈舍进行消毒，时常保持圈舍的通风和清洁。在饲料方面，选用优质饲料，合理配制营养成分，保证充足的营养，适时适当添加维生素、电解多维、免疫调节剂等，增强动物免疫力。

③ 注射疫苗前应注意观察羊是否患病，如测量体温、驱赶时观察羊的反应等，疫苗多用于健康动物，患病羊应通过治疗康复后再进行免疫。

④ 对免疫所用的疫（菌）苗，在使用前要逐瓶检查，发现玻璃瓶破损、瓶塞松动、没有瓶签或瓶签不清的，过期失效、色泽和性状不符的，没有按规定方法保存的等，都不能使用。

二、免疫中的注意事项

① 不同疫苗不能混合使用，也不能未经试验验证同时免疫，必须按照当地制订的免疫程序进行免疫。

② 免疫时最好使用一次性注射器，做到 1 只羊 1 针头，以免通过针头传播疾病。

③ 要准备好疫苗免疫的表格和编号的器具。

④ 免疫时兽医人员需穿工作服和胶鞋，必要时戴口罩，工作前后均需洗手消毒，工作中不吸烟和吃食物。

⑤ 免疫时应严格执行消毒及无菌操作。

⑥ 吸取疫苗时，先除去封口的火漆或石蜡，用酒精棉球消毒瓶塞，瓶塞上固定一专用针头吸取药液，吸液后不拔出，上盖酒精棉球，以便再次吸取。

⑦ 疫苗使用前必须充分振荡，使其均匀混合后才能应用。经

稀释后才能使用的疫苗，应按说明书的要求进行稀释。已经打开或稀释过的疫苗，必须当天用完，未用完的处理后弃去。免疫血清不应振荡，不应吸取沉淀，随吸随注射。

⑧ 针筒排气溢出的疫苗，应吸于酒精棉球上，并将其收集于专用瓶内，用过的酒精或碘酊棉球和吸入注射器内尚未用完的疫苗都放入专用瓶内，集中销毁。

⑨ 严格按照疫苗说明书注射疫苗，将规定剂量的疫苗注射至指定的机体位置（肌内、皮下、皮内等），严禁改变疫苗的用量或注射部位。

三、接种方式

1. 肌内注射法

适用于接种弱毒苗或灭活疫苗，注射部位在臀部或两侧颈部，一般使用 16 ～ 20 号针头。

2. 皮下注射法

适用于接种弱毒苗或灭活疫苗，注射部位在股内侧或肘后。用大拇指和食指捏住皮肤，注射时，确保针头插入皮下，进针后摆动针头，如感针头摆动自如，推压注射器的推管，药物极易进入皮下，无阻力感，则表示位置正确。如插入皮内，摆动针头带动皮肤，且推动药液时可感到有阻力，则表示位置错误。

3. 皮内注射法

注射部位为尾根皮肤，用卡介苗注射器和 16 ～ 24 号针头。尾根皮内注射，应将尾翻转，以左手拇指和食指将尾根皮肤绷紧，针头以与皮肤平行方向慢慢刺入，并缓缓推入药液，如注射处有一豌豆大小的小包，即表示注射成功（此法就像人作皮试一样）。目前此法一般适用于羊痘弱毒疫苗等少数疫苗。

4. 口服法

可将疫苗均匀地混于饲料或饮水中。口服免疫时，应按羊只数和每只羊的平均饮水量及采食量，准确计算疫苗用量。

口服免疫时必须注意以下几个问题。

第一，免疫前应停饮或停喂半天。

第二，稀释疫苗的水应用纯净的冷水。

第三，混合疫苗的饲料或饮水的温度，以不超过室温为宜。

第四，疫苗混入饲料或饮水后必须迅速口服，不能超过 2 ～ 3 小时，最好在清晨饮喂，应注意避免疫苗暴露在阳光下。

第五，用于口服的疫苗必须是高效价的。

四、免疫后的注意事项

1. 注意观察并及时处理免疫副反应

（1）一般反应　免疫后在 48 小时内注射部位出现红肿、热、痛等炎症反应。注射一侧肢体跛行，个别伴有体温升高、呼吸加快、恶心呕吐、减食或短暂停食、泌乳减少等现象为一般反应。一般反应是由疫苗本身固有特性引起的，一般不会对动物生长、繁殖或使役等造成影响。一般反应不需进行处理，持续 1 天可自行消退恢复健康；或供给复方多维自由饮水同时饲喂优质饲草料，即可缓解反应症状并逐渐恢复健康。

（2）严重反应　免疫后出现站立不安、卧地不起、呼吸困难、瘤胃臌气、口吐白沫、鼻腔出血、抽搐等现象，可立即皮下注射 0.1% 盐酸肾上腺素 1 毫升进行救治，然后观察动物病情缓解程度，如果需要，可在 20 分钟后重复注射一次；也可肌内注射盐酸异丙嗪 100 毫克，或肌内注射地塞米松磷酸钠 10 毫克，但地塞米松不能用于怀孕动物。怀孕动物免疫后出现流产征兆，可肌内注射复方黄体酮注射液 15 ～ 25 毫克，每天注射一次，连续注射两天。

（3）休克　羊休克后除按照严重反应动物的救治方法实施救治外，还可采取以下措施。

一是迅速针刺耳尖、尾根、蹄头、大脉穴等部位，放血少许。

二是迅速输液建立静脉通道，将去甲肾上腺素 2 毫克加入 10% 葡萄糖注射液 500 毫升中静脉滴注。待动物苏醒、脉律逐渐恢复后，撤去此组药物，换成 5% 葡萄糖注射液 500 毫升，加入 1 克维生素 C、500 毫克维生素 B_6 静脉滴注，之后再静脉滴注 5% 碳酸氢钠液 100 毫升。

2. 免疫后及时进行免疫效果的评价

按规定在疫苗免疫一定时间后采集血清，测定疫苗免疫产生的抗体效价，如果免疫抗体达不到规定的标准，应进行重复免疫或补免。

五、羊参考免疫程序

由于各地环境气候、动物生产、疾病流行特点等情况不同，目前国内没有一个统一的羊传染病免疫程序，只能在实践中探索，不断总结经验，制订出适合本地、本羊场具体情况的免疫程序。下面提供一个基本的免疫程序供参考。

1. 春季（按顺序打疫苗）

（1）破伤风

免疫时间：怀孕母羊产前一个月。

疫苗名称：破伤风类毒素。

免疫方法：皮下注射 0.5 毫升，注射于颈部中央 1/3 处，注射 1 个月后产生免疫力。

免疫期：1 年。

（2）羔羊痢疾

免疫时间：母羊分娩前 20 ～ 30 天。

疫苗名称：羔羊痢疾菌苗。

免疫方法：皮下注射 2 毫升，隔 10 天再皮下注射 3 毫升，10 天后产生免疫力。

免疫期：母羊 5 个月，经乳汁使羔羊被动免疫。

（3）羊快疫、羊肠毒血、羊猝狙

免疫时间：每年 2 月底或 3 月初。

疫苗名称：羊三联菌苗。

免疫方法：成年羊和羔羊一律皮下注射或肌内注射 5 毫升，14 天后产生免疫力。

免疫期：半年。

（4）山羊痘

免疫时间：每年 3 月中旬。

疫苗名称：羊痘鸡胚化弱毒疫苗。

免疫方法：羊痘干苗按瓶签说明的疫苗剂量，用生理盐水稀释 25 倍，不论大小羊一律皮下注射 0.5 毫升，6 天后产生免疫力。

免疫期：1 年。

（5）山羊传染性胸膜肺炎

免疫时间：每年 3 月下旬。

疫苗名称：山羊传染性胸膜肺炎氢氧化铝活苗。

免疫方法：6 月龄以下每只肌内注射 3 毫升，6 月龄以上每只肌内注射 5 毫升，14 天后产生免疫力。

免疫期：1 年。

（6）山羊口疮病

免疫时间：每年 3 月、4 月。

疫苗名称：口疮弱毒细胞冻干苗。

免疫方法：大小羊一律口腔黏膜内注射 0.2 毫升。

免疫期：半年。

（7）羊链球菌病

免疫时间：每年 3 月、4 月。

疫苗名称：羊链球菌氢氧化铝活苗。

免疫方法：背部皮下注射，6 月龄以下每只 3 毫升，6 月龄以上每只5毫升。

免疫期：半年。

（8）布鲁氏菌病

免疫时间：每年4月、5月。

疫苗名称：布鲁氏菌猪型2号弱毒疫苗。

免疫方法：羊臀部肌内注射1毫升（含菌50亿），阳性羊、3月龄以下、怀孕羊均不能注射。饮水免疫时，用量按每只羊服200亿菌体计算，两天内分两次饮服。种公羊不免疫。

免疫期：1年。

2. 秋季（按顺序打疫苗）

（1）炭疽

免疫时间：每年9月。

疫苗名称：第2号炭疽菌苗。

免疫方法：不论大小皮内注射1毫升，14天产生免疫力。

免疫期：1年。

（2）羊快疫、羊肠毒血、羊猝狙

免疫时间：每年9月。

疫苗名称：羊三联菌苗。

免疫方法：成年羊和羔羊一律皮下注射或肌内注射5毫升，14天后产生免疫力。

免疫期：半年。

（3）羊黑疫

免疫时间：每年9月。

疫苗名称：羊黑疫菌苗。

免疫方法：6月龄以下每只皮下注射1毫升，6月龄以上每只皮下注射3毫升。

免疫期：1年。

（4）山羊口疮病

免疫时间：每年9月。

疫苗名称：口疮弱毒细胞冻干苗。

免疫方法：大小羊一律口腔黏膜内注射 0.2 毫升。

免疫期：半年。

（5）羊链球菌病

免疫时间：每年 9 月、10 月。

疫苗名称：羊链球菌氢氧化铝活苗。

免疫方法：背部皮下注射，6 月龄以下每只 3 毫升，6 月龄以上每只 5 毫升。

免疫期：半年。

（6）羊衣原体病

免疫时间：春季或秋季羊怀孕时期。

疫苗名称：羊衣原体基因工程亚单位疫苗。

免疫方法：羊怀孕前或怀孕后一个月内，每只皮下注射 3 毫升。

免疫期：1 年。

3. 羔羊免疫程序

（1）接种时间：7 日龄

疫苗：羊传染性脓疱皮炎灭活苗。

接种方式：口唇黏膜注射。

免疫期：1 年。

（2）接种时间：15 日龄

疫苗：山羊传染性胸膜肺炎灭活苗。

接种方式：皮下注射。

免疫期：1 年。

（3）接种时间：2 月龄

疫苗：山羊痘灭活苗。

接种方式：尾根皮内注射。

免疫期：1 年。

（4）接种时间：2.5 月龄

疫苗：牛 O 型口蹄疫灭活苗。

接种方式：肌内注射。

免疫期：6个月。

（5）接种时间：3月龄

疫苗：羊梭菌病三联四防灭活苗。

接种方式：皮下注射或肌内注射（第一次）。

免疫期：6个月。

（6）接种时间：3月龄

疫苗：气肿疽灭活苗。

接种方式：皮下注射（第一次）。

免疫期：7个月。

（7）接种时间：3.5月龄

疫苗：羊梭菌病三联四防灭活苗Ⅱ号炭疽芽孢菌。

接种方式：皮下注射或肌内注射（第二次）。

免疫期：6个月。

（8）接种时间：3.5月龄

疫苗：气肿疽灭活苗。

接种方式：皮下注射（第二次）。

免疫期：7个月。

（9）接种时间：产羔前6～8周（母羊、未免疫）

疫苗：羊梭菌病三联四防灭活苗破伤风类毒素。

接种方式：肌内注射或皮下注射（第一次）。

免疫期：6个月。

（10）接种时间：产羔前2～4周（母羊）

疫苗：羊梭菌病三联四防灭活苗破伤风类毒素。

接种方式：皮下注射（第二次）。

免疫期：6个月。

（11）接种时间：4月龄

疫苗：羊链球菌灭活苗。

接种方式：皮下注射。

免疫期：6个月。

（12）接种时间：5 月龄

疫苗：布鲁氏菌病活苗（猪 2 号）。

接种方式：肌内注射或口服。

免疫期：3 年。

（13）接种时间：7 月龄

疫苗：牛 O 型口蹄疫灭活苗。

接种方式：肌内注射。

免疫期：6 个月。

羊基本免疫程序

项目名称	注射时间	使用方法	注射剂量	免疫期	产生免疫力时间	防病种类
传染性胸膜肺炎苗	一年一次，3～4 月或 9～10 月	肌内注射	6 月龄以上 5 毫升，6 月龄以下 3 毫升	1 年	21～28 天	传染性胸膜肺炎
羊三联苗	每年春、秋季各一次	皮下注射 / 肌内注射	5 毫升	6 个月	14 天	羊快疫、痢疾、猝狙、黑疫、肠毒血症
山羊痘苗	每年 3 月中旬	皮下注射	0.5 毫升	1 年	6 天	山羊痘
山羊口疮苗	每年春、秋季各一次	口腔黏膜注射	0.2 毫升	6 个月	14 天	山羊口疮病
羊链球菌苗	每年春、秋季各一次	背部皮下注射	成年羊 5 毫升，小羊 3 毫升	6 个月	14 天	羊链球菌病

备注：注射各种疫苗时，切忌多种疫苗同时注射，最好是某一种疫苗产生免疫力后再注射另一种疫苗。

附录三

无公害食品　肉羊饲养管理准则

1　范围

本标准规定了无公害肉羊生产中环境、引种和购羊、饲养、防疫、废弃物处理等涉及肉羊饲养管理的各环节应遵循的准则。

本标准适用于生产无公害羊肉的种羊场、人工授精站、胚胎移植中心、商品羊场、隔离场的饲养和管理。

2　规范性引用文件

下列文件中的条款通过本标准的引用而成为本标准的条款。凡是注日期的引用文件，其随后所有的修改单（不包括勘误的内容）或修订版均不适用于本标准，然而，鼓励根据本标准达成协议的各方研究是否可使用这些文件的最新版本。凡是不注日期的引用文件，其最新版本适用于本标准。

GB 16548　畜禽病害肉尸及其产品无害化处理规范

GB 16549　畜禽产地检疫规范

GB 16567　种畜禽调运检疫技术规范

GB/T 18407　农产品安全质量无公害畜禽产地环境要求

GB 18596　畜禽养殖业污染物排放标准

NY/T 388　畜禽场环境质量标准

NY 5027　无公害食品　畜禽饮用水水质

NY 5148　无公害食品　肉羊饲养兽药使用准则

NY 5149　无公害食品　肉羊饲养兽医防疫准则

NY 5150　无公害食品　肉羊饲养饲料使用准则

种畜禽管理条例

饲料和饲料添加剂管理条例

3　术语和定义

下列术语和定义适用于本标准。

3.1　肉羊　meat purpose sheep and goat　在经济或体形结构上用于生产羊肉的品种（系）。

3.2　投入品　input　饲养过程投入的饲料、饲料添加剂、水、疫苗、兽药等物品。

3.3　净道　non-pollutionroad　羊群周转、饲养员行走、场内运送饲料的专用道路。

3.4　污道　pollution road　粪便等废弃物出场的道路。

3.5　羊场废弃物　farm waste　主要包括羊粪、尿、尸体及相关组织、垫料、过期兽药、残余疫苗，一次性使用的畜牧兽医器械及包装物和污水。

4　羊场环境与工艺

4.1　羊场环境应符合 GB/T 18407 的规定。

4.2　场址用地应符合当地土地利用规划的要求，充分考虑羊场放牧的饲草、饲料条件，羊场应建在地质干燥、排水良好、通风、易于组织防疫的地方。

4.3　羊场周围 3km 以内无大型化工厂、采矿场、皮革厂、肉品加工厂、屠宰场或畜牧场等污染源。羊场距离干线公路、铁路、城镇、居民区和公共场所 1km 以上，远离高压电线。羊场周围有围墙或防疫沟，并建立绿化隔离带。

4.4　羊场生产区要布置在管理区主风向的下风或侧风向，羊舍应布置在生产区的上风向，隔离羊舍、污水、粪便处理设施和病、死羊处理区设在生产区主风向的下风向或侧风向。

4.5　场区内净道和污道分开，互不交叉。

4.6　按性别、年龄、生长阶段设计羊舍，实行分阶段饲养、集中育肥的饲养工艺。

4.7　羊舍设计应能保温隔热，地面和墙壁应便于消毒。

4.8　羊舍设计应通风、采光良好，空气中有毒有害气体含量应符合 NY/T 388 的规定。

4.9　饲养区内不应饲养其他经济用途动物。

4.10　羊场应设有废弃物处理设施。

5　羊只引进和购入

5.1　引进种羊要严格执行《种畜禽管理条例》第 7、8、9 条，并按照 CB 16567 进行检疫。

5.2　购入羊要在隔离场（区）观察不少于 15 天，经兽医检查确定为健康合格后，方可转入生产群。

6　饲养

6.1　饲料和饲料添加剂

6.1.1　饲料和饲料原料应符合 NY 5150 的规定。

6.1.2　不应在羊体内埋植或者在饲料中添加镇静剂、激素类等违禁药物。

6.1.3　商品羊使用含有抗生素的添加剂时，应按照《饲料和饲料添加剂管理条例》执行休药期。

6.1.4　放牧羊群实行轮牧、休牧制度。

6.2　饮水

6.2.1　水质应符合 NY 5027 的规定。

6.2.2　定期清洗消毒饮水设备。

6.3　疫苗和使用

6.3.1　羊群的防疫应符合 NY 5149 的规定。

6.3.2　防疫器械在防疫前后应彻底消毒。

6.4　兽药和使用

6.4.1　治疗使用药剂时，应符合 NY 5148 的规定。

6.4.2　肉羊育肥后期使用药物治疗时，应根据所用药物执行休药期。达不到休药期的，不应作为无公害肉羊上市。

6.4.3　发生疾病的种羊在使用药物治疗时，在治疗期或达不到休药期的不应作为食用淘汰羊出售。

7　卫生消毒

7.1　消毒剂　选用的消毒剂应符合 NY 5148 的规定。

7.2　消毒方法

7.2.1　喷雾消毒　用规定浓度的次氯酸盐、有机碘混合物、过氧乙酸、新洁尔灭、煤酚等，进行羊舍消毒、带羊环境消毒、羊场道路和周围以及进入场区的车辆消毒。

7.2.2　浸液消毒　用规定浓度的新洁尔灭、有机碘混合物或煤酚的水溶液，洗手、洗工作服或胶靴进行消毒。

7.2.3　紫外线消毒　人员入口处设紫外线灯照射至少 5min。

7.2.4　喷洒消毒　在羊舍周围、入口、产房和羊床下面撒生石灰或火碱液进行消毒。

7.2.5　火焰消毒　用喷灯对羊只经常出入的地方、产房、培育舍，每年进行 1 ～ 2 次火焰瞬间喷射消毒。

7.2.6　熏蒸消毒　用甲醛等对饲喂用具和器械在密闭的室内或容器内进行熏蒸。

7.3　消毒制度

7.3.1　环境消毒　羊舍周围环境定期用 2% 火碱或撒生石灰消毒。羊场周围及场内污染池、排粪坑、下水道出口，每月用漂白粉消毒 1 次。在羊场、羊舍入口设消毒池并定期更换消毒液。

7.3.2　人员消毒　工作人员进入生产区净道和羊舍，要更换工作服、工作鞋并经紫外线照射 5min 进行消毒。外来人员必须进入生产区时，应更换场区工作服、工作鞋，经紫外线照射 5min 进行消毒，并遵守场内防疫制度，按指定路线行走。

7.3.3　羊舍消毒　每批羊只出栏后，要彻底清扫羊舍，采用喷雾、火焰、熏蒸消毒。

7.3.4　用具消毒　定期对分娩栏、补料槽、饲料车、料桶等饲养用具进行消毒。

7.3.5　带羊消毒　定期进行带羊消毒，减少环境中的病原微生物。

8　管理

8.1　日常管理

8.1.1　羊场工作人员应定期进行健康检查，有传染病者不应从事饲养工作。

8.1.2　场内兽医人员不应对外诊疗羊及其他动物的疾病，羊场配种人员不应对外开展羊的配种工作。

8.1.3　防止周围其他动物进入场区

8.2　羊只管理

8.2.1　选择高效、安全的抗寄生虫药，定期对羊只进行驱虫、药浴，控制程序符合 NY 5148 的要求。

8.2.2　应对成年种公羊、母羊定期浴蹄和修蹄。

8.2.3　应经常观察羊群健康状态，发现异常及时处理。

8.3　饲喂管理

8.3.1　不喂发霉和变质的饲料、饲草。

8.3.2　育肥羊按照饲养工艺转群时，按性别、体重大小分群，分别进行饲养。群体大小、饲养密度要适宜。

8.3.3　每天打扫羊舍卫生，保持料槽、水槽用具干净，地面清洁。使用垫草时，应定期更换，保持卫生清洁。

8.4　灭鼠、灭蚊蝇

8.4.1　应定期定点投放灭鼠药，及时收集死鼠和残余鼠药，并应做深埋处理。

8.4.2　消除水坑等蚊蝇滋生地，定期喷洒消毒药物。

9 运输

9.1 商品羊运输前，应经动物防疫监督机构根据 GB 16549 及国家有关规定进行检疫，并出具检疫证明，合格者方可上市或屠宰。

9.2 运输车辆在运输前和使用后应用消毒液彻底消毒。

9.3 运输途中，不应在城镇和集市停留、饮水和饲喂。

10 病、死羊处理

10.1 对可疑病羊应隔离观察、确诊。有使用价值的病羊应隔离饲养、治疗，彻底治愈后，才能归群。

10.2 因传染病和其他需要处死的病羊，应在指定地点进行扑杀，尸体应按 GB 16548 的规定进行处理。

10.3 羊场不应出售病羊、死羊。

11 废弃物处理

11.1 羊场污染物排放应符合 GB 18596 的规定。

11.2 羊场废弃物应实行无害化、资源化处理原则。

12 资料记录

12.1 所有记录应准确、可靠、完整。

12.2 引进、购入、配种、产羔、哺乳、断奶、转群、增重、饲料消耗记录。

12.3 羊群来源，种羊系谱档案和主要生产性能记录。

12.4 饲料、饲草来源、配方及各种添加剂使用记录。

12.5 疫病防治记录。

12.6 出场销售记录。

12.7 上述有关资料应长期保存，最少保留 3 年。

无公害食品　肉羊饲养兽医防疫准则

1　范围

本标准规定了生产无公害食品的肉羊饲养场在疫病的预防、监测、控制和扑灭方面的兽医防疫准则。

本标准适用于生产无公害食品的肉羊饲养场的兽医防疫。

2　规范性引用文件

下列文件中的条款通过本标准的引用而成为本标准的条款。凡是注日期的引用文件，其随后所有的修改单（不包括勘误的内容）或修订版均不适用于本标准，然而，鼓励根据本标准达成协议的各方研究是否可使用这些文件的最新版本。凡是不注日期的引用文件，其最新版本适用于本标准。

GB 16548　畜禽病害肉尸及其产品无害化处理规程

GB 16549　畜禽产地检疫规范

NY/T 388　畜禽场环境质量标准

NY 5027　无公害食品　畜禽饮用水水质

NY 5148　无公害食品　肉羊饲养兽药使用准则

NY 5150　无公害食品　肉羊饲养饲料使用准则

NY/T 5151　无公害食品　肉羊饲养管理准则

中华人民共和国动物防疫法

3 术语和定义

下列术语和定义适用于本标准。

3.1 动物疫病 animal epidemic disease 动物的传染病和寄生虫病。

3.2 病原体 pathogen 能引起疾病的生物体，包括寄生虫和致病微生物。

3.3 动物防疫 animal epidemic prevention 动物疫病的预防、控制，扑灭的动物、动物产品的检疫。

4 疫病预防

4.1 环境卫生条件

4.1.1 肉羊饲养场的环境卫生质量应符合 NY/T 388 的要求，污水、污物处理应符合国家环保要求，防止污染环境。

4.1.2 肉羊饲养场的选址、建筑布局和设施设备应符合 NY/T 5151 的要求。

4.2 饲养管理

4.2.1 饲养管理按 NY/T 5151 的要求执行。

4.2.2 饲料使用按 NY 5150 的要求执行，禁止饲喂动物源性肉骨粉。

4.2.3 具有清洁、无污染的水源，水质应符合 NY 5027 规定的要求。

4.2.4 兽药使用按 NY 5148 的要求执行。

4.2.5 非生产人员不应进入生产区。特殊情况下，经消毒、更换防护服后方可入场，并遵守场内的一切防疫制度。

4.3 日常消毒 定期对羊舍、器具及其周围环境进行消毒，消毒方法和消毒药物的使用等按 NY/T 5151 的规定执行。

4.4 引进羊只

4.4.1 坚持自繁自养的原则，不从有痒病或牛海绵状脑病及高风险的国家和地区引进羊只、胚胎 / 卵。

4.4.2 必须引进羊只时，应从非疫区引进，并有动物检疫合格证明。

4.4.3　羊只在装运及运输过程中没有接触过其他偶蹄动物，运输车辆应做过彻底清洗消毒。

4.4.4　羊只引入后至少隔离饲养 30 天，在此期间进行观察、检疫，确认为健康者方可合群饲养。

4.5　免疫接种　当地畜牧兽医行政管理部门应根据《中华人民共和国动物防疫法》及其配套法规的要求，结合当地实际情况，制定疫病的免疫规划。肉羊饲养场根据免疫规划制定本场的免疫程序，并认真实施，注意选择适宜的疫苗和免疫方法。

5　疫病控制和扑灭

肉羊饲养场发生以下疫病时，应依据《中华人民共和国动物防疫法》及时采取以下措施：

5.1　立即封锁现场，驻场兽医应及时进行诊断，并尽快向当地动物防疫监督机构报告疫情。

5.2　确诊发生口蹄疫、小反刍兽疫时，肉羊饲养场应配合当地动物防疫监督机构，对羊群实施严格的隔离、扑灭措施。

5.3　发生痒病时，除了对羊群实施严格的隔离、扑杀措施外，还需追踪调查病羊的亲代和子代。

5.4　发生蓝舌病时，应扑杀病羊；如只是血清学反应呈现抗体阳性，并不表现临床症状时，需采取清群和净化措施。

5.5　发生炭疽时，应焚毁病羊，并对可能的污染点彻底消毒。

5.6　发生羊痘、布鲁氏菌病、梅迪 / 维斯纳病、山羊关节炎 / 脑炎等疫病时，应对羊群实施清群和净化措施。

5.7　全场进行彻底的清洗消毒，病死或淘汰羊的尸体按 GB 16548 进行无害化处理。

6　产地检疫

产地检疫按 GB 16549 和国家有关规定执行。

7　疫病监测

7.1　当地畜牧兽医行政管理部门必须依照《中华人民共和国

动物防疫法》及其配套法规的要求，结合当地实际情况，制订疫病监测方案，由当地动物防疫监督机构实施，肉羊饲养场应积极予以配合。

7.2 肉羊饲养场常规监测的疾病至少应包括：口蹄疫、羊痘、蓝舌病、炭疽、布鲁氏菌病。同时需注意监测外来病的传入，如痒病、小反刍兽疫、梅迪 / 维斯纳病、山羊关节炎 / 脑炎等。除上述疫病外，还应根据当地实际情况，选择其他一些必要的疫病进行监测。

7.3 根据实际情况由当地动物防疫监督机构定期或不定期对肉羊饲养场进行必要的疫病监督抽查，并将抽查结果报告当地畜牧兽医行政管理部门，必要时还应反馈给肉羊饲养场。

8 记录

每群肉羊都应有相关的生产记录，其内容包括：羊只来源，饲料消耗情况，发病率、死亡率及发病死亡原因，无害化处理情况，实验室检查及其结果，用药及免疫接种情况，消毒情况，羊只发运目的地等。所有记录应妥善保存。

附录五

无公害食品　肉羊饲养兽药使用准则

1　范围

本标准规定了在生产无公害食品的肉羊饲养过程中允许使用的兽药种类及其使用准则。

本标准只用于无公害食品的肉羊饲养过程的生产、管理和认证。

2　规范性引用文件

下列文件中的条款通过本标准的引用而成为本标准的条款。凡是注日期的引用文件，其随后所有的修改单（不包括勘误的内容）或修订版均不适用于本标准，然而，鼓励根据本标准达成协议的各方研究是否可使用这些文件的最新版本。凡是不注日期的引用文件，其最新版本适用于本标准。

NY/T 388　畜禽场环境质量标准

NY 5149　无公害食品　肉羊饲养兽医防疫准则

NY 5150　无公害食品　肉羊饲养饲料使用准则

NY 5151　无公害食品　肉羊饲养管理准则

中华人民共和国动物防疫法

兽药管理条例

中华人民共和国兽药典（2000 年版）

中华人民共和国兽药规范（1992）

中华人民共和国兽用生物制品质量标准

进口兽药质量标准（中华人民共和国农业部农牧发［1999］2 号）

兽药质量标准（中华人民共和国农业部农牧发［1999］16 号）

食品动物禁用的兽药及其他化合物清单（中华人民共和国农业部第 193 号公告）

3　术语和定义

下列术语和定义适用于本标准。

3.1　兽药　veterinary drug　用于预防、治疗和诊断畜禽等动物疾病，有目的地调节其生理机能并规定作用、用途、用法、用量的物质（含饲料药物添加剂）。包括：①血清、菌（疫）苗、诊断液等生物制品；②兽用中药材、中成药、化学原料药物及其制剂；③抗生素、生化药品、放射性药品。

3.1.1　抗菌药　antibacterial drug　能够抑制或杀灭病原菌的兽药，其中包括中药材、中成药、化学药品、抗生素及其制剂。

3.1.2　抗寄生虫药　antiparasitic drug　能够杀灭或驱除体内、体外寄生虫的药物，其中包括中药材、中成药、化学药品、抗生素及其制剂。

3.1.3　疫苗　vaccine　由特定细菌、病毒等微生物以及寄生虫制成的主动免疫制品。

3.1.4　消毒防腐剂　disinfectant and preservative　用于杀灭环境中的病原微生物、防止疾病发生和传染的药物。

3.2　休药期　withdrawal period　食品动物从停止给药到许可屠宰或他们的产品（乳、蛋）许可上市的间隔时间。

4　使用准则

4.1　饲养环境应符合 NY/T 388 的规定。

4.2　使用饲料应符合 NY/T 5150 的规定。

4.3　饲养管理应符合NY/T 5151，加强饲养管理，采取各种措施以减少应激，增强动物自身的免疫力。

4.4　应严格按《中华人民共和国动物防疫法》和NY 5149的规定，进行动物免疫，预防疾病。

4.5　必要时进行预防、治疗和诊断疾病所用的兽药必须符合《中华人民共和国兽药典》《中华人民共和国兽药规范》《兽药质量标准》和《进口兽药质量标准》的相关规定。

4.6　优先使用符合《中华人民共和国兽用生物制品质量标准》《进口兽药质量标准》的疫苗预防肉羊疾病。

4.7　允许使用消毒预防剂对饲养环境厩舍和器具进行消毒，并应符合NY 5151的规定。

4.8　允许使用《中华人民共和国兽药典》（二部）及《中华人民共和国兽药规范》（二部）收载的用于羊的兽用中药材、中药成方制剂。

4.9　允许使用国家畜牧兽医行政管理部门批准的微生态制剂。

4.10　允许使用附录A中的抗菌药和抗寄生虫药，并应注意以下几点：

① 严格遵守规定的作用与用途、用法与用量及其他注意事项。

② 严格遵守附录A中规定休药期。

4.11　所用兽药必须来自具有《兽药生产许可证》和产品批准文号的生产企业，或者具有《进口兽药许可证》的供应商。所有兽药的标签必须符合《兽药管理条例》的规定。

4.12　建立并保存免疫程序记录；建立并保存全部用药的记录，治疗用药记录包括肉羊编号、发病时间及症状、药物名称（商品名、有效成分、生产单位）、给药途径、给药剂量、疗程、治疗时间等；预防或促生长混饲用药记录包括药品名称（商品名、有效成分、生产单位及批号）、给药剂量、疗程等。

4.13　禁止使用未经国家畜牧兽医行政管理部门批准的兽药和

已经淘汰的兽药。

4.14 禁止使用《食品动物禁用的兽药及其他化合物清单》中的药物。

附录 A
（规范性附录）
无公害食品肉羊饲养允许使用的抗寄生虫药、抗菌药及使用规定

表 A.1 无公害食品肉羊饲养允许使用的抗寄生虫药、抗菌药及使用规定

类别	名称	制剂	用法与用量 （用量以有效成分计）	休药期/天
抗寄生虫药	阿苯达唑 albendazole	片剂	内服，一次量，10 ～ 15 毫克 / 千克体重	7
	双甲脒 amitraz	溶液	药浴、喷洒、涂刷、配成 0.025% ～ 0.05% 的乳液	21
	溴酚磷 bromphenophos	片剂、粉剂	内服，一次量，12 ～ 16 毫克 / 千克体重	21
	氯氰碘柳胺钠 closantel sodium	片剂	内服，一次量，10 毫克 / 千克体重	28
		注射液	皮下注射，一次量，5 毫克 / 千克体重	28
		混悬液	内服，一次量，10 毫克 / 千克体重	28
	溴氰菊酯 deltamethrin	溶液剂	药浴，5 ～ 15 毫克 / 升水	7
	三氮脒 diminazene aceturate	注射用粉针	肌内注射，一次量，3 ～ 5 毫克 / 千克体重，临用前配成 5% ～ 7% 溶液	28
	二嗪农 dimpylate	溶液	药浴，初液，250 毫克 / 升水；补充液，750 毫克 / 升水（均按二嗪农计）	28

续表

类别	名称	制剂	用法与用量（用量以有效成分计）	休药期/天
抗寄生虫药	非班太尔 febantel	片剂、颗粒剂	内服，一次量，5毫克/千克体重	14
	芬苯达唑 fenbendazole	片剂、粉剂	内服，一次量，5～7.5毫克/千克体重	6
	伊维菌素 ivermectin	注射剂	皮下注射，一次量，0.2毫克（相当于200单位）/千克体重	21
	盐酸左旋咪唑 levamisole hydrochloride	片剂	内服，一次量，7.5毫克/千克体重	3
		注射剂	皮下，肌内注射，7.5毫克/千克体重	28
	硝碘酚腈 nitroxynilum	注射液	皮下注射，一次量，10毫克/千克体重，急性感染，13毫克/千克体重	30
	吡喹酮 praziquantel	片剂	内服，一次量，10～35毫克/千克体重	1
	碘醚柳胺 rafoxanide	混悬液	内服，一次量，7～12毫克/千克体重	60
	噻苯咪唑 thiabendazole	粉剂	内服，一次量，50～100毫克/千克体重	30
	三氯苯唑 triclabendazole	混悬液	内服，一次量，5～10毫克/千克体重	28
抗菌药	氨苄西林钠 ampicillin sodium	注射用粉针	肌内、静脉注射，一次量，10～20毫克/千克体重	12
	苄星青霉素 benzathine benzylpenicillin	注射用粉针	肌内注射，一次量，3万～4万单位/千克体重	14

续表

类别	名称	制剂	用法与用量 （用量以有效成分计）	休药期/天
抗菌药	青霉素钾 benzylpenicillin potassium	注射用粉针	肌内注射，一次量，2万～3万单位/千克体重，一日2～3次，连用2～3天	9
	青霉素钠 benzylpenicillin sodium	注射用粉针	肌内注射，一次量，2万～3万单位/千克体重，一日2～3次，连用2～3天	9
	硫酸小檗碱 berberini sulfatis	粉剂	内服，一次量，0.5～1克	0
		注射液	肌内注射，一次量，0.05～0.1克	0
	恩诺沙星 enrofloxacin	注射液	肌内注射，一次量，2.5，一日1～2次，连用2～3天	14
	土霉素 oxytetracycline	片剂	内服，一次量，羔，10～25毫克/千克体重（成年反刍兽不宜内服）	5
	普鲁卡因青霉素 procaine benzylpenicillin	注射用粉针	肌内注射，一次量，2万～3万单位/千克体重，一日1次，连用2～3天	9
		混悬液	肌内注射，一次量，2万～3万单位/千克体重，一日1次，连用2～3天	9
	硫酸链霉素 streptomycin sulfate	注射用粉针	肌内注射，一次量，10～15毫克/千克体重，一日2次，连用2～3天	14

参考文献

［1］ 张克家 . 中兽医方剂大全［M］.2 版 . 北京：中国农业出版社，2009.

［2］ 郑继方 . 中兽医诊疗手册［M］. 北京：金盾出版社，2006.

［3］ 郭墨 . 新编兽医兽药手册［M］. 北京：中国致公出版社，2000.

［4］ 农业部兽医局 . 兽药管理政策法规选编（2007 年半）. 北京：中国农业出版社，2007.

［5］ 邓义桂 . 兽医方剂配伍［M］. 成都：四川科技出版社，1994.

［6］ 瞿自明 . 新编中兽医治疗大全［M］. 北京：中国农业出版社，1998.

［7］ 刘新淮 . 实用兽医中草药方剂［M］. 贵阳：贵州人民出版社，1986.

［8］ 宋大鲁，孙宝琏，陈洪涛，等 . 家畜常见病中兽医诊疗［M］. 上海：科学技术出版社，1984.

［9］ 杨志强 . 兽药安全使用知识［M］. 北京：中国劳动社会保障出版社，2011.

［10］ 刘建斌 . 现代肉羊生产实用技术［M］. 兰州：甘肃科学技术出版社，2014.

［11］ NY/T 5151—2002 无公害食品　肉羊饲养管理准则 [J]. 新疆畜牧业，2006（06）：14-16.

［12］ 无公害食品肉羊饲养兽医防疫准则 [J]. 饲料与畜牧，2003（03）：38-39.

［13］ 无公害食品　肉羊饲养兽药使用准则 .http：//www.ivdc.org.cn/aqyyzt/sysybz/200905/t20090527_32367.htm

［14］ 养羊需要打哪些疫苗？羊的免疫程序介绍 https：//mp.weixin.qq.com/s/ee98_QI0i7xcQQ1tFS64QA